电网新员工变配电技能培训教材

国网江苏省电力有限公司南京供电分公司　组编

刘泳　张弘鲲　主编

中国电力出版社

CHINA ELECTRIC POWER PRESS

图书在版编目（CIP）数据

电网新员工变配电技能培训教材 / 国网江苏省电力有限公司南京供电分公司组编；刘泳，张弘鲲主编. —北京：中国电力出版社，2024.8
ISBN 978-7-5198-8230-3

Ⅰ.①电…　Ⅱ.①国…②刘…③张…　Ⅲ.①变电所–配电系统–电力系统运行–技术培训–教材　Ⅳ.①TM63

中国国家版本馆 CIP 数据核字（2023）第 202144 号

出版发行：中国电力出版社
地　　址：北京市东城区北京站西街 19 号（邮政编码 100005）
网　　址：http://www.cepp.sgcc.com.cn
责任编辑：薛　红
责任校对：黄　蓓　马　宁
装帧设计：王红柳
责任印制：石　雷

印　　刷：北京雁林吉兆印刷有限公司
版　　次：2024 年 8 月第一版
印　　次：2024 年 8 月北京第一次印刷
开　　本：787 毫米×1092 毫米　16 开本
印　　张：18.25
字　　数：451 千字
印　　数：0001—1500 册
定　　价：125.00 元

本书编写组

主　　编　　刘　泳　　张弘鲲

副主编　　袁　峰　　沈凯安　　蒋　龙　　王晓燕

编写人员　　王徐延　　龚　平　　高　荣　　徐锁照

　　　　　　苗　阳　　赵星伟　　缪艺昕　　程宇顿

　　　　　　夏　冰　　王肖雨　　郭国化　　梁君涵

　　　　　　黄冠灵　　王雨薇　　姚　瑶　　章　立

　　　　　　苏　波　　马　超　　杨晓锋　　韩　峰

　　　　　　张　俊　　李梦园　　郑思源

前　言

为了贯彻落实国家电网有限公司"人才强企"行动，国网江苏省电力有限公司南京供电公司（简称南京供电公司）加快电网企业人才培养的步伐。而在企业人才培养的计划中，新员工是一个企业人才资源的重要来源，是一个企业职工队伍的新鲜细胞、新鲜血液和新生力量，是企业得以长期生存和发展的一支重要后备补充力量。

南京供电公司认真抓好新员工的变配电技能的培训工作，全面提高变配电运行人员的知识和操作技能水平，进一步做好变配电运行人员队伍建设，整体提升相关队伍的综合素质，为变电站、配电所的良好运行提供人才保障。依据以往的新员工培训经验，针对性地围绕变配电技能相关岗位的新员工的实际需求，开发《电网新员工变配电技能培训教材》，旨在帮助变配电运行相关岗位新员工系统、全面地了解供电企业变配电站设备的原理、构造和性能，操作技能、异常分析、故障处理等工作内容，帮助变配电运行相关岗位新员工在短时间内积累基础专业知识、掌握入门操作技能。除此之外，为新员工进入专业岗位打好基础，也为新员工迅速适应工作环境打下坚实的基础。有效提升变配电运行相关岗位新员工的工作能力，更好地引导新员工开展工作，持续为青年员工能力提升充电赋能。

全书内容按先理论学习，后实践操作的规律，从设备篇、现场作业篇、应急处置篇三个维度进行编写。其中设备篇包括变电站简介、电气设备、继电保护及自动装置、变电站交直流系统、电力电子装置、防误闭锁、监控信号、辅助系统及设施；现场作业篇包括工作要求、变电站巡视、倒闸操作、工作票管理；应急处置篇包括异常处理和事故处理。全书以变配电新员工的实际需求为核心，理论知识和技能要求相结合，图文并茂，相得益彰，通俗易懂，方便读者快速便捷学习，给予相关工作人员经验借鉴。本书的出版可针对性地提升相关从业人员的专业水平，从而助力培养实用型、创新型、技能型的员工队伍。

由于编制时间和经验所限，书中不足之处在所难免，恳请广大读者指正。

编　者
2024 年 7 月

目　录

前言

≫ 设　备　篇 ≪

》 现 场 作 业 篇 《

▶ 应 急 处 置 篇 ◀

设备篇

第1章
变电站简介

1.1 概　述

变电站是指电力系统中对电压和电流进行变换，接受电能及分配电能的场所。

变电站内的电气设备分为一次设备和二次设备，如图 1-1 所示。一次设备指直接生产、输送、分配和使用电能的设备，主要包括变压器、高压断路器、隔离开关、母线、避雷器、电容器、电抗器等。二次设备是指对一次设备和系统的运行工况进行测量、监视、控制和保护的设备，它主要包括继电保护装置、自动装置、测控装置、计量装置、自动化系统以及为二次设备提供电源的直流设备。

(a)　　　　　　　　　　　　　　　　(b)

图 1-1　电气设备

(a) 一次设备；(b) 二次设备

1. 变电站电压等级、重要性分类

按照电压等级、在电网中的重要性也可将变电站分为一类、二类、三类、四类变电站。

(1) 一类变电站是指交流特高压站，直流换流站，核电、大型能源基地（300 万 kW 及以上）外送及跨大区（华北、华中、华东、东北、西北）联络 750/500/330kV 变电站。

(2) 二类变电站是指除一类变电站以外的其他 750/500/330kV 变电站，电厂外送变电站（100 万 kW 及以上、300 万 kW 以下）及跨省联络 220kV 变电站，主变压器（简称主变）

或母线停运、开关拒动造成四级及以上电网事件的变电站。

（3）三类变电站是指除二类以外的 220kV 变电站，电厂外送变电站（30 万 kW 及以上，100 万 kW 以下），主变或母线停运、开关拒动造成五级电网事件的变电站，为一级及以上重要用户直接供电的变电站。

（4）四类变电站是指除一、二、三类以外的 35kV 及以上变电站。

2．变电站布置方式分类

变电站的布置方式分为户外式、户内式、半户内式三种。

（1）户外变电站，是指除控制设备、直流电源设备等放在室内以外，变压器、断路器、隔离开关等主要设备均布置在室外的变电站，如图 1-2 所示。这种布置方式占地面积大，电气装置和建筑物可以充分满足各类型的距离要求，如电气安全净距、防火间距等，运行维护和检修方便。电压较高的变电站一般需要采用室外布置。

图 1-2 户外变电站

（2）户内变电站，是指主要设备均放在室内的变电站，如图 1-3 所示。该类型变电站减少了总占地面积，但对建筑物的内部布置要求更高，具有紧凑、高差大、层高要求不一等特点，易满足周边景观需求，适宜市区居民密集地区，或位于海岸、盐湖、化工厂及其他空气污秽等级较高的地区。

（3）半户内变电站，是指除主变压器（简称主变）以外，其余全部配电装置都集中布置在一幢生产综合楼内不同楼层的电气布置方式，如图 1-4 所示。该方式结合了户内站节约占地面积、与四周环境协调美观、设备运行条件好和户外式变电站造价相对较低的优点，适宜在经济较发达的小城镇以及需要充分考虑环境协调性和经济技术指标的区域建设。

图 1-3　户内变电站

图 1-4　半户内变电站

1.2　变电站接线方式

1.2.1　220kV 变电站高、中压侧接线方式

220kV 变电站通常分为三个电压等级，高压侧电压等级为 220kV，中压侧为 110kV，低压侧为 35kV、20kV 或 10kV。220kV 变电站中常见的高、中压侧接线方式有以下几种。

1. 双母线

如图 1-5 所示为双母线接线方式，这种接线有两组母线（母线Ⅰ和母线Ⅱ），在两组母线之间通过母线联络断路器 QF 连接；每一条引出线和电源支路都经一台断路器与两组母线隔离开关分别接至两组母线上。

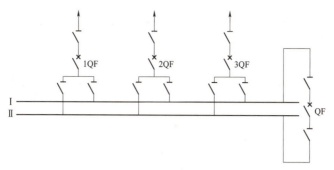

图 1-5　双母线接线

双母线接线的主要优点有：

（1）运行方式灵活。可以采用母联断路器合闸的双母线同时运行方式，也可以一组母线工作，一组母线备用，母联断路器分闸的单母线运行方式。

（2）检修母线不影响正常供电。只需将要检修母线上的所有回路切换至另一组母线上，便可不中断供电进行母线检修。

（3）检修任一母线侧隔离开关时，只需断开该回路。

（4）工作母线故障时，所有回路短时停电并能迅速恢复供电。

（5）便于扩建。双母线接线可以任意向两侧延伸扩建。

双母线接线的主要缺点有：

（1）切换运行方式时，需使用隔离开关切换所有负荷电流回路，操作过程比较复杂容易造成误操作，从而导致设备或人身事故。

（2）检修任一回路断路器时，该回路仍需停电或短时停电（用母联断路器代替线路断路器之前）。

（3）母线隔离开关数量较多，配电装置结构复杂、占地面积和投资大。

2．双母线带旁路

如图 1-6 所示为带旁路母线的双母线接线，图中 WP 为旁路母线，QFa 为专用的旁路断路器。旁路断路器可代替出线断路器工作，使出线断路器检修时，线路供电不受影响。

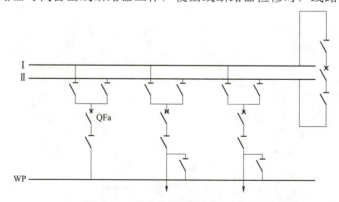

图 1-6　带旁路母线的双母线接线

带旁路母线的双母线接线供电可靠性和运行的灵活性较高，但所用设备较多、占地面积大，经济性较差。与双母线接线相比，多了一组旁路母线和旁路断路器间隔。当任一线路或变压器间隔的断路器、电流互感器进行检修时，通过旁路断路器代路运行，线路或变压器可不必停电。旁路断路器代路操作比较复杂，尤其是转代主变压器断路器时，需要切换保护电流回路，对操作顺序和操作技巧都有很高的要求，易发生误操作。

另外，还有将母联断路器兼做旁路断路器或者用旁路断路器兼做母联断路器的旁路母线接线，如图1-7和图1-8所示。

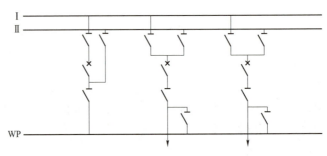

图1-7　母联断路器兼做旁路断路器接线

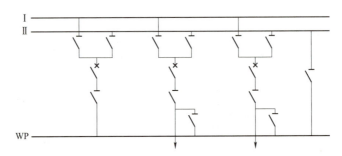

图1-8　旁路断路器兼做母联断路器接线

3. 双母线单分段

如图1-9所示为双母线单分段接线，Ⅰ母线由分段断路器分为两段，每段母线与Ⅱ组母线之间分别通过母联断路器连接。

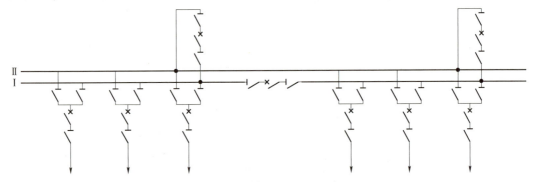

图1-9　双母线单分段接线

这种接线的主要优点是：具有单母线分段和双母线接线的特点，有较高的可靠性与灵活性。

4. 双母线双分段

双母线除可单分段接线外，还可以进行双母线双分段，如图1-10所示可将Ⅱ组母线也进行分段，便形成了双母线双分段接线。

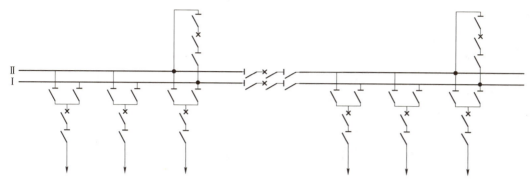

图1-10　双母线双分段接线

5. 单母线单分段

母线分段按照电源的数目、容量、出线回数、运行要求等不同，一般用分段断路器将母线分为2～3段。当对可靠性要求不高时，也可利用分段隔离开关进行分段。如图1-11所示为单母线单分段接线。

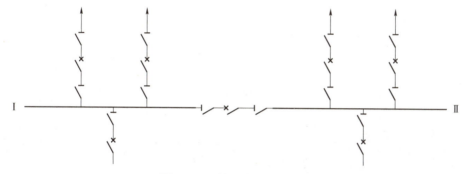

图1-11　单母线单分段接线

单母线单分段接线的优点是：当母线发生故障时，仅故障母线段停止运行，另一段母线仍可继续运行；两段母线可看成是两个独立的电源，提高了供电可靠性。

单母线单分段接线的缺点是：当母线侧隔离开关故障或检修时，该分段母线上的所有出线回路均需停电；任一出线断路器检修时，该出线必须停止运行。

1.2.2　110kV及以下变电站高压侧接线方式

110kV及以下变电站中常见的高压侧接线方式有以下几种。

1. 桥形接线

桥形接线适用于仅有两台变压器和两条出线的装置中时，桥形接线仅用三台断路器，根据桥回路QFL的位置不同，桥形接线又分为内桥接线和外桥接线两种形式。正常运行时，桥形接线三台断路器均可闭合工作也可以两台工作一台检修或备用。

（1）内桥接线。内桥接线如图1-12（a）所示，桥臂置于线路断路器的内侧。正常运行时线路停送电操作方便，变压器操作复杂；线路故障时，仅故障线路的断路器跳闸，其余三条支路可继续工作，并保持相互间的联系；变压器故障时，未故障线路的供电受到影响，需经倒闸操作后，方可恢复供电。

内桥接线便于线路的正常投切操作，适用于输电线路较长、线路故障率较高、穿越功率少和变压器不需要经常切换的场合。

（2）外桥接线。外桥接线如图 1－12（b）所示，桥臂置于线路断路器的外侧。正常运行时变压器切换方便，线路操作复杂；变压器发生故障时，仅跳故障变压器支路的断路器，其余三条支路可继续工作保持相互间的联系；线路发生故障时，未故障变压器的供电受到影响，需经倒闸操作后，方可恢复工作。

外桥接线便于变压器的切换操作，适用于线路较短、故障率较低、主变压器需按经济运行要求经常投切以及电力系统有较大的穿越功率通过桥臂回路的场合。

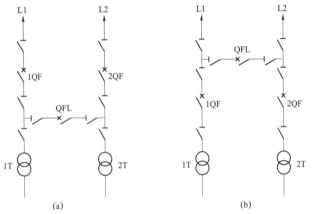

图 1－12　桥形接线

（a）内桥接线；（b）外桥接线

（3）扩大桥接线。桥形接线当用于有三台变压器和两条出线的装置中时，可以形成扩大桥接线。如图 1－13 所示为扩大桥接线方式。

2. 线路变压器组接线

如图 1－14 所示为线路变压器组接线，优点：接线最简单、设备最少，不需要高压配电装置。缺点：线路故障或检修时，变压器停运；变压器故障或检修时线路停运。

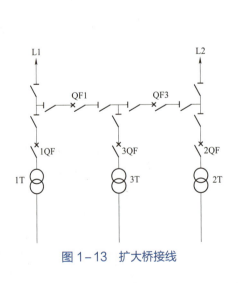

图 1－13　扩大桥接线　　　　图 1－14　线路变压器组接线

3．单母分段

与上节 220kV 变电站中单母分段接线相同，在此不重复描述。

1.2.3　220kV 及以下变电站低压侧接线方式

220kV 及以下变电站中低压侧接线方式以单母分段为主。

1.3　中性点运行方式

电力系统的中性点是指三相系统作星形连接的变压器和发电机的中性点。目前，我国电力系统常见的中性点运行方式可分为中性点非有效接地和有效接地两大类。中性点非有效接地包括：① 中性点不接地；② 中性点经消弧线圈接地；③ 中性点经高阻抗接地。中性点有效接地包括：① 中性点直接接地；② 中性点经低阻抗接地。

中性点采用不同的接地方式，会影响到电力系统许多方面的技术经济问题，如电网的绝缘水平、供电可靠性、对通信系统的干扰、继电保护的动作特性等。因此，选择电力系统的中性点运行方式是一个综合性问题。

1.3.1　小电流接地系统

小电流接地系统主要包括中性点不接地系统、中性点经高阻抗接地系统、中性点经消弧线圈接地系统。

1．中性点不接地系统

（1）正常运行。电力系统运行时，三相导体之间和各相导体对地之间，沿导体全长分布着电容，这些电容在电压的作用下将引起附加的电容电流。由于各相导体间的电容及其所引起的电容电流较小，可以不考虑。当三相导线经过完全换位后，各相导线对地的电容是相等的。分别用集中的等效电容 CA、CB 和 CC 代替。图 1-15 为中性点不接地系统正常运行的电路图。图中断路器 QF 正常运行时处于合闸状态。理想情况下，三相系统对称，各相对地电容相等，各相对地电容电流之和为零，所以没有电容电流流过大地。

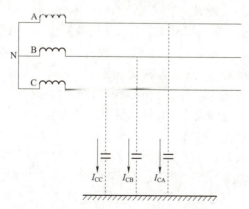

图 1-15　中性点不接地系统正常运行情况

（2）单相接地故障。如图 1-16 所示为 C 相 k 点发生完全接地的情况。所谓完全接地，也称为金属性接地，即认为接地处的电阻近似于零。

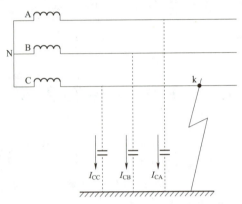

图 1-16　中性点不接地系统 C 相 k 点单相接地情况

由于 A、B 两相对地电压由正常时的相电压变为故障后的线电压，则非故障相对地的电容电流也相应增大 $\sqrt{3}$ 倍。此时，三相对地电容电流之和不再为零，大地中有电流流过，并通过接地点成为回路。单相接地故障时的接地电流，等于正常运行时一相对地电容电流的三倍。接地电流的值与网络的电压、频率和对地电容有关。而对地电容又与线路的结构（电缆或架空线）布置方式和长度有关。

以上分析是完全接地时的情况。当发生不完全接地时，即通过一定的电阻接地，接地相对地电压大于零而小于相电压，未接地相对地电压大于相电压而小于线电压，中性点对地电压大于零而小于相电压，线电压仍保持不变，但此时接地电流要小一些。

综上所述，中性点不接地系统发生单相接地故障时产生的影响可从以下几个方面来分析。

1）单相接地故障时，由于线电压保持不变，使负荷电流不变，电力用户能继续工作，提高了供电可靠性。然而要防止由于接地点的电弧或者过电压引起故障扩大，发展成为多点接地故障。所以在这种系统中应装设交流绝缘监察装置，当发生单相接地故障时，立即发出信号通知值班人员及时处理，《江苏省电力公司 220kV 变电站通用规程》规定：在中性点不接地的三相系统中发生单相接地时，继续运行的时间不得超过 2h，并要加强监视。

2）由于非故障相电压升高到线电压，所以在这种系统中，电气设备和线路的对地绝缘应按能承受线电压考虑设计，从而相应地增加了投资。

3）接地处有接地电流流过，会引起电弧。当接地电流不大时，交流电流过零值时电弧将自行熄灭，接地故障随之消失。但是，在 10kV 电网中接地电流大于 30A 时，将产生稳定电弧，此电弧的大小与接地电流成正比，从而形成持续的电弧接地。高温的电弧可能损坏设备，甚至导致相间短路，尤其在电机或电器内部发生单相接地出现电弧时最危险。在接地电流小于 30A 而大于 5～10A 时，可能产生一种周期性熄灭与复燃的间歇性电弧，这是由于网络中的电感和电容形成的振荡回路所致，随着间歇性电弧的产生将出现网络电压不应有的升高，引起过电压，其幅值可达 2.5～3 倍的相电压，足以危及整个网络的绝缘。

（3）适用范围。目前，电力网中的故障以单相接地为最多。特别是对于某些 35kV 及以下电压的电力网，当其单相接地电流不大时，如一般情况下接地电弧均能自行熄灭，这时这种电力网采用中性点不接地的方式是最合适的。但是，由于中性点不接地时，电力网的最大长期工作电压与过电压都较高，并且还存在电弧接地过电压的危险，因而对整个电力网的绝缘水平要求较高。所以对电压等级较高的电力网来说，采用这种方式会使绝缘方面的投资大为增加。同时，随着电压等级的提高，接地电流也相应增大，电弧熄灭也会更困难。此外，中性点不接地电力网由于单相接地电流较小，要实现灵敏而有选择性的接地继电保护也有困难。

目前我国中性点不接地系统的适用范围如下：

1）电压在 500V 以下的三相三线制装置（380/220V 的照明装置除外）。

2）3～6kV 系统当单相接地电流小于 30A 时；10kV 系统当单相接地电流小于 20A、电缆线路小于 30A 时。

3）3～10kV 钢筋混凝土或金属杆塔的架空线路构成的系统、20～66kV 系统当单相接地电流小于 10A 时。

如不满足上述条件，通常将中性点直接接地或经消弧线圈或小电阻接地。

2. 中性点经消弧线圈接地系统

（1）正常运行。中性点不接地系统具有当发生单相接地故障时仍可继续供电的优点，但在单相接地电流较大时却不能适用。为了克服这个缺点，出现了经消弧线圈接地的系统。消弧线圈装设于变压器或发电机的中性点。当发生单相接地故障时，可形成一个与接地电流的大小接近相等但方向相反的电感电流，这个电流与电容电流相互补偿，使接地处的电流变得很小或等于零，从而消除了接地处的电弧以及由它所产生的一切危害。消弧线圈也正是因此而得名的。此外，当电流经过零值而电弧熄灭之后，消弧线圈的存在还可以显著减小故障相电压的恢复速度，从而减小了电弧重燃的可能性。

消弧线圈是一个具有铁芯的可调电感线圈，线圈的电阻很小，电抗很大，电抗值可用改变线圈的匝数来调节，通常有 5～9 个分接头可供选用，以改变补偿的程度。为避免铁芯饱和，保持电流与电压的线性关系，消弧线圈采用具有空气隙的铁芯。传统的消弧线圈只能无载有级调整，停电后调节分接头改变电感量。目前，消弧线圈大量采用自动跟踪补偿调节，消弧线圈产品已经出现了多种负载调整方式，目前取得运行经验的主要有几种类型：调隙式、调匝式、调容式、磁偏式等。

消弧线圈装在系统中发电机或变压器的中性点与大地之间，正常运行时，中性点对地电压为零，消弧线圈中没有电流通过。

（2）单相接地故障。如图 1-17 所示 C 相接地为例，中性点对地电压上升为相电压，非故障相对地电压升高 $\sqrt{3}$ 倍，系统的线电压不变。此时，消弧线圈处于电源相电压作用下，有电感电流 I_L 通过，此电感电流必定通过接地点成为回路，所以接地处的电流为接地电流 I_C 与电感电流 I_L 的相量和，I_C 与 I_L 方向相反，在接地处相互抵消，称为电感电流对接地电流的补偿。如果适当选择消弧线圈的匝数，可使接地处的电流变得很小或等于零，从而消除了接地处的电弧以及由它所产生的危害。

（3）补偿方式。根据单相接地故障时消弧线圈电感电流 I_L 对接地电流 I_C 的补偿程度不同，可有三种补偿方式：完全补偿、欠补偿和过补偿。

1）完全补偿。完全补偿是使电感电流等于接地电流，即 $I_C = I_L$，接地处的电流为零。从消弧角度来看，完全补偿方式十分理想，但实际上却存在着严重问题。因为正常运行时，

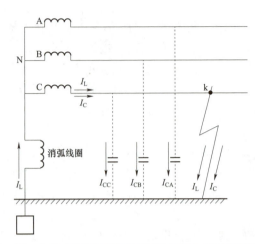

图 1-17 中性点经消弧线圈接地的 C 相 k 点单相接地情况

在某些条件下，如线路三相的对地电容不完全相等或断路器接通时三相触头未能同时闭合等，中性点与地之间会出现一定的电压。此电压作用在消弧线圈通过大地与三相对地电容构成的串联回路中，因此时感抗与容抗相等，满足谐振条件，形成串联谐振，产生过电压，危及设备绝缘。因此，一般不采用完全补偿方式。

2）欠补偿。欠补偿是使电感电流小于接地电流，即 $I_C < I_L$。单相接地故障时接地处有容性的欠补偿电流。但在这种方式下运行，若因停电检修部分线路或系统频率降低等原因使接地电流减少，又可能出现完全补偿，产生满足谐振的条件。因此，一般电网中变压器中性点不采用欠补偿方式。而大容量发电机中性点有时采用欠补偿方式。

3）过补偿。过补偿是使电感电流大于接地电流，即 $I_C > I_L$。单相接地故障时接地处有感性过补偿电流 $I_C - I_L$，这种补偿方式不会有上述缺点，因为当接地电流减小时，过补偿电流更大不会变为完全补偿。

即使将来电网发展使电容电流增加，由于消弧线圈留有一定裕度也可继续使用一段时间，故过补偿方式在电网中得到广泛使用。但应指出，由于过补偿方式在接地处有一定的过补偿电流，这一电流值不能超过 10A，否则接地处的电弧便不能自动熄灭。

近年来，在我国的许多电网中还广泛采用了自动跟踪调谐式消弧线圈成套装置，这是考虑到当电力系统中的电容电流因运行方式的变化（如线路的投切）、气象条件的变化等原因而发生变化时，为了达到最佳的补偿效果，应当自动及时地相应改变消弧线圈的电感值（如调节匝数或调节磁路以改变电感等）来实现自动跟踪补偿。这种装置的测量、调节、控制全部依靠自动装置来实现。从运行实践看，所取得的自动补偿效果是很好的，可以认为这是今后的发展方向。

（4）适用范围。中性点经消弧线圈接地系统与不接地系统同样有着在发生单相接地故障时，可继续供电 2h，提高供电可靠性，电气设备和线路的对地绝缘应按能承受线电压考虑的特点外，还由于中性点经消弧线圈接地后，能有效地减少单相接地故障时接地处的电流，迅速熄灭接地处电弧，防止间歇性电弧接地时所产生的过电压，故广泛应用于 6～63kV 电压等级的电网。在我国，规定凡不符合中性点不接地条件 6～63kV 电网（即 3～6kV 电压等级，电容电流在 30A 以上；10kV 电网，电容电流在 20A 以上；35～63kV 电压等级，电容电流在 10A 以上时）均可采用经消弧线圈接地。

如前所述，在这些电压等级的电力网中单相接地故障（如雷击闪络等）较易发生，采用不接地或经消弧线圈接地方式可以提高其供电可靠性。对于这两种中性点接地方式而言，由于单相接地电流都不大，故它们又称为小电流接地系统。

1.3.2　大电流接地系统

1. 中性点直接接地系统

随着电力系统输电电压的提高和线路的增长，电网的接地电流会随之增大，使中性点不接地或经消弧线圈接地的运行方式不能满足电力系统正常、安全、经济运行的要求。针对这样的情况，中性点可以采用直接接地的运行方式，即中性点经过非常小的电阻与大地连接。

（1）工作原理。正常运行时，由于三相系统对称，中性点对地电压为零，中性点无电流流过。在发生单相接地故障时（以图 1-18C 相 k 点接地为例），由于接地相直接经过地对电源构成单相短路，故称此故障为单相短路。单相短路电流很大，继电保护装置应立即动作，使断路器断开，迅速切除故障部分，以防止短路电流引起的危害。

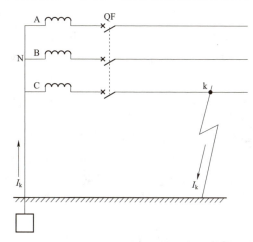

图 1-18　中性点直接接地系统 C 相 k 点接地情况

当中性点直接接地时，接地电阻近似为 0，所以中性点与地之间的电位永远相同。单相短路时，故障相对地电压为零，非故障相对地电压基本不变，仍接近于相电压。但是，线路上将流过较大的单相接地短路电流，从而使线路继电保护装置迅速断开故障部分，有效地防止了单相接地时产生间歇电弧过电压的可能。因而，采用中性点直接接地方式可以克服中性点不接地方式所存在的某些缺点。

（2）优缺点及适用范围。中性点直接接地的主要优点是在单相接地时中性点的电位近于零，非故障相对地电压接近相电压，这样设备和线路对地绝缘可以按相电压设计，从而降低了造价。电压等级愈高，其经济效益愈显著。目前，我国对 110kV 及以上的系统基本上都采用中性点直接接地方式。中性点直接接地系统由于单相接地时所产生的接地电流较大，故又称大电流接地系统。

中性点直接接地系统的缺点是：

1）由于中性点直接接地系统在单相短路时须断开故障线路，中断用户供电，将影响供电的可靠性。为了弥补这一缺点，目前在中性点直接接地系统的线路上，广泛装设有自动重合闸装置。当发生单相短路时，在继电保护作用下断路器迅速断开，经一段时间后，在自动重合闸装置作用下断路器自动合闸。如果单相接地是暂时性的，则线路接通后用户恢复供电；如果单相接地是永久性的，继电保护将再次使断路器断开。

2）单相短路时短路电流很大，有时甚至会超过三相短路电流，须选用较大容量的开关设备。

3）由于较大的单相短路电流只在一相内通过，在三相导线周围将形成较强的单相磁场，巨大的单相接地电流还将形成强大的电磁干扰源，对附近通信线路产生电磁干扰。必须在线路设计时考虑电力线路在一定距离内，避免和通信线路平行，以减少可能产生的电磁干扰。

2. 中性点经电阻接地

为了提高供电可靠性以及城市建设的要求，目前在城市电网中已经大量使用电缆线路来逐步代替架空线路。近年来，这种趋势发展更快，许多城市和大型工业区的中、低压网络都在朝着以电缆供电方式为主的方向转变。对于电缆供电的中、低压网络而言，传统的消弧线圈接地方式存在着补偿容量不足、过电压倍数较高、长时间接地运行破坏电缆绝缘、人身安全无法保证等问题。为了克服上述缺点，目前对主要由电缆线路所构成的电网，当电容电流超过 10A 时，均建议采用经小电阻接地，其电阻值一般小于 10Ω。

中性点经电阻接地的原理接线如图 1-19 所示。其基本运行性能接近于上述中性点直接接地方式，当发生单相接地故障时，经低电阻将流过较大的单相短路电流。同时，继电保护装置将使出口断路器 QF 断开，切除故障。这样非故障相的电压一般不会升高，也不致发生前述的内部过电压，因而电网的绝缘水平较之采用消弧线圈接地方式要低。但是，由于接地电阻值较小，故发生故障时的单相接地电流值较大。从而对接地电阻元件的材料及其动、热稳定性能也提出了较高的要求。目前我国有不少厂家都已生产了这种小电阻接地的成套装置，其运行情况良好。

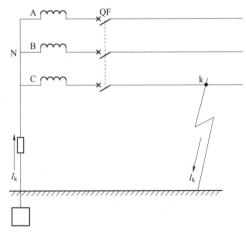

图 1-19　中性点经小电阻接地工作原理

1.3.3　电力系统中性点运行方式选择

以上全面地分析了影响中性点接地方式的各种因素，下面根据电压等级的不同，对电力系统中性点接地方式的选择问题再总结归纳如下：

（1）220kV 及以上电压的电网：这时对降低过电压与绝缘水平方面的考虑占首要地位，因为它对设备价格和整个电网建设的投资影响甚大。而且在这种电力系统中接地电流具有很大的有功分量，实际上使消弧线圈已不能起到消弧作用。所以目前世界各国在这个电压等级下都无例外的采用中性点直接接地方式。

（2）110～154kV 的电网：对这样的电压等级而言，上述几个因素对选择中性地接地方式都有影响。各个国家由于具体条件和考虑的侧重点的不同，所采用的方式是不一样的。有的国家是采用直接接地方式，而有的国家则采用消弧线圈接地的方式。在我国，110kV 电网则大部分采用直接接地方式，小部分采用经消弧线圈接地的方式。如前所述，对一些雷击活动强烈的地区或没有装设避雷线的地区，采用消弧线圈接地可以大大减少雷击跳闸率，从而提高了供电的可靠性。

（3）20～66kV 电网：这种电力系统一般来说线路长度不大，网络结构不太复杂，电压也不算很高，从绝缘水平对电网建设费用和设备投资的影响而言，不如 110kV 及以上电网那样显著。另外，这种电网一般都不是沿全线装设架空地线，所以，通常从供电可靠性出发，采用经消弧线圈接地或不接地的方式。而在电缆供电的城市电网，则一般采用经小电阻接地方式。

（4）3～10kV 电网：此时供电可靠性与故障后果是考虑的主要因素，当电力网的接地电流大于一定值时，则应采用经消弧线圈接地方式。在城市电网中，当采用电缆线路时，有时也采用经小电阻接地。

（5）1000V 以下的电网：由于这种电网绝缘水平低，保护设备通常只有熔断器，故障范围所带来的影响也不大。因此，几个方面都没有显著影响，可以选择中性点接地或不接地的方式。唯一例外的是对电压为 380/220V 的三相四线制系统，从对人员的安全的观点出发，它的中性点是直接接地的，这样可以防止一相接地时出现超过 250V 的危险电压。

1.4　智　能　变　电　站

1.4.1　概述

智能变电站是依据 IEC 61850 标准建立的，以全站信息数字化、通信平台网络化、信息共享标准化为基本要求，自动完成信息采集、测量、控制、保护、计量和监测等基本功能，并可根据需要支持电网实时自动控制、智能调节、在线分析决策、协同互动等高级功能的变电站。

与传统变电站相比，智能变电站具有以下特点：

（1）数据交换标准化：全站采用统一的通信规约 IEC 61850 标准实现信息交互。

（2）二次设备网络化：新增合并单元、智能终端、过程层交换机等，采用网络跳闸。光纤取代常规变电站控制电缆。

（3）一次设备初步智能化：新增电子互感器、合并单元、智能终端等过程层设备。

1.4.2 IEC 61850

IEC 61850 是国际电工委员会（IEC）TC57 工作组制定的《变电站通信网络和系统》系列标准，是基于网络通信平台的变电站自动化系统唯一的国际标准。也将成为电力系统从调度中心到变电站、变电站内、配电自动化无缝连接的通信标准，还可望成为通用网络通信平台的工业控制通信标准。

IEC 61850 规范了数据的命名、数据定义、设备行为、设备的自描述特征和通用配置语言。使不同智能电气设备间的信息共享和互操作成为可能。

1. 功能分层

IEC 61850 标准提出了变电站内信息分层的概念，无论从逻辑上还是物理概念上，都将变电站的通信体系分成站控层、间隔层和过程层（见图 1-20）。其中过程层设备通过过程层总线互联，间隔层设备通过站控层总线互联。

2. 面向通用对象事件（GOOSE）

IEC 61850 中提供了面向通用对象事件（Generic Object Oriented Substation Event，GOOSE）模型，可在系统范围内快速且可靠的传输数据值。GOOSE 使用 ASN.1 编码的基本编码规则（BER），不经过 TCP/IP 协议，直接映射到以太网链路层上进行传输，采用了发布者/订阅者模式，逻辑链路控制（LLC）协议的单向无确认机制，具有以下特点：

（1）信息按内容标识；

（2）点对多点传输；

（3）事件驱动。

GOOSE 报文采用发布/订阅机制，可以快速可靠的传输实时性要求非常高的跳闸命令，也可同时向多个设备传输开关位置等信息。

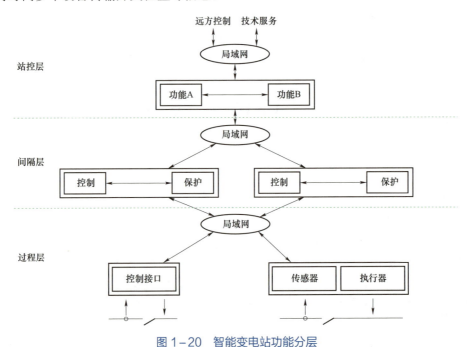

图 1-20 智能变电站功能分层

3. 服务（SV）

IEC 61850 中提供了采样值（Sampled Value，SV）相关的模型对象和服务，以及这些模型对象和服务到 ISO/IEC8802 – 3 帧之间的映射。SV 采样值服务也是基于发布/订阅机制，在发送侧发布者将采样值写入发送缓冲区；在接收侧订阅者从当地缓冲区读采样值。在值上加上时标，订阅者可以校验值是否及时刷新。

4. MMS（制造报文规范）

MMS 标准即 ISO/IEC 9506，是由 ISOTC184 提出的解决在异构网络环境下智能设备之间实现实时数据交换与信息监控的一套国际报文规范。IEC 61850 中采纳了 ISO/IEC 9506 – 1 和 ISO/IEC 9506 – 2 部分，制定了 ACSI 到 MMS 的映射。

在 IEC 61850 ACSI 映射到 MMS 服务上，报告服务是其中一项关键的通信服务，IEC 61850 报告分为非缓冲与缓冲两种报告类型，分别适用于遥测与遥信量的上送。

MMS 特点：

（1）定义了交换报文的格式，结构化层次化的数据表示方法，可以表示任意复杂的数据结构；

（2）定义了针对数据对象的服务和行为；

（3）为用户提供了一个独立于所完成功能的通用通信环境。

1.4.3　智能设备基本概念

智能设备是指一次设备和智能组件的有机结合体，具有测量数字化、控制网络化、状态可视化、功能一体化和信息互动化特征的高压设备，是高压设备智能化的简称。

1. 电子式互感器 Electronic Instrument Transformer

一种装置，由连接到传输系统和二次转换器的一个或多个电流或电压传感器组成，用于传输正比于测量的量，以供给测量仪器、仪表和继电保护或控制装置。

（1）电子式电流互感器 Electronic Current Transformer；ECT（见图 1 – 21）。一种电子式互感器，在正常适用条件下，其二次转换器的输出实质上正比于一次电流，且相位差在联结方向正确时接近于已知相位角。

（2）电子式电压互感器 Electronic Voltage Transformer；EVT（见图 1 – 22）。一种电子式互感器，在正常适用条件下，其二次电压实质上正比于　次电压，且相位差在联结方向正确时接近于已知相位角。

LDLZZB系列电子式
电流互感器

图 1 – 21　电子式电流互感器 ECT

图 1 – 22　电子式电压互感器 EVT

（3）电子式电流电压互感器 Electronic Current & Voltage Transformer；ECVT（见图 1–23）。一种电子式互感器，由电子式电流互感器和电子式电压互感器组合而成。

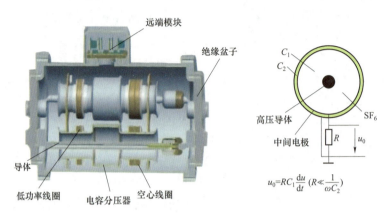

图 1–23　电子式电压电流互感器 ECVT

2. 智能组件 Intelligent Component

智能高压设备的组成部分，由本体的测量、控制、监测、保护（非电量）计量等全部或部分智能电子装置（IED）集合而成，通过电缆或光缆与高压设备本体连接成一个有机整体，实现和/或支持对高压设备本体或部件的智能控制，并对其运行可靠性、控制可靠性及负载能力进行实时评估，支持电网的优化运行。通常运行于高压设备本体近旁。

（1）合并单元 Merging Unit；MU。用以对来自二次转换器的电流和/或电压数据进行时间相关组合的物理单元。合并单元可是互感器的一个组成件，也可是一个分立单元。

（2）智能终端 Smart Terminal。一种智能组件。与一次设备采用电缆连接，与保护、测控等二次设备采用光纤连接，实现对一次设备（如：断路器、隔离开关、主变压器等）的测量、控制等功能。

3. 智能电子设备 Intelligent Electronic Device；IED

包含一个或多个处理器，可接收来自外部源的数据，或向外部发送数据，或进行控制的装置，例如：电子多功能仪表、数字保护、控制器等。为具有一个或多个特定环境中特定逻辑接点行为且受制于其接口的装置。

4. 交换机 Switch

一种有源的网络元件。交换机连接两个或多个子网，子网本身可由数个网段通过转发器连接而成。

5. 数据通信网关机 Communication Gateway

一种通信装置。实现智能变电站与调度、生产等主站系统之间的通信，为主站系统实现智能变电站监视控制、信息查询和远程浏览等功能提供数据、模型和图形的传输服务。

6. GOOSE Generic Object Oriented Substation Event

GOOSE 是一种面向通用对象的变电站事件。主要用于实现在多 IED 之间的信息传递，包括传输跳合闸信号（命令），具有高传输成功概率。

7. SV；Sampled Value

采样值。基于发布/订阅机制，交换采样数据集中的采样值的相关模型对象和服务，以及这些模型对象和服务到 ISO/IEC8802-3 帧之间的映射。

8. 顺序控制 Sequence Control

发出整批指令，由系统根据设备状态信息变化情况判断每步操作是否到位，确认到位后自动执行下一指令，直至执行完所有指令。

9. 智能变电站系统配置文件 Substation Configuration Description，SCD

描述变电站所有智能设备的实例配置和通信参数、智能设备之间的通信配置以及变电站一次系统结构。

1.4.4 智能站体系架构

1. 体系分层

智能变电站由高压设备、继电保护及安全自动装置、电能计量、监控系统、网络通信系统、站用时间同步系统、动态记录装置、电能质量监测系统、站用电源系统及辅助设备等设备或系统组成。智能变电站的通信网络和系统按逻辑功能划分为过程层、间隔层和站控层。

（1）过程层设备。过程层设备包括变压器、高压开关设备、电流/电压互感器等一次设备及其所属的智能组件以及独立的 IED 等，支持或实现电测量信息和设备状态信息的实时采集和传送，实现所有与一次设备接口相关的功能。

（2）间隔层设备。间隔层设备包括继电保护装置、测控装置、安全自动装置、一次设备的主 IED 装置等，实现或支持实现测量、控制、保护、计量、监测等功能。

（3）站控层设备。站控层设备包括监控主机、综合应用服务器、数据通信网关机等，完成数据采集、数据处理、状态监视、设备控制和运行管理等功能。

2. 网络结构

全站网络采用高速以太网，通信规约宜采用 DL/T 860 标准，传输速率不低于100Mbit/s。全站网络在逻辑功能上可由站控层、间隔层、过程层网络组成。变电站站控层、间隔层及过程层网络结构应符合 DL/Z 860.1—2018《电力自动化通信网络和系统 第1部分：概论》定义的变电站自动化系统接口模型，以及逻辑接口与物理接口映射模型。站控层网络、间隔层网络、过程层网络应相对独立，减少相互影响。智能变电站结构拓扑图如图1-24所示。

（1）站控层—间隔层网络：间隔层二次设备与站控层主机等设备通过站控层交换机按以太网方式连接，采用 MMS 规约（Manufacturing Message Specification，制造报文规范），遵循 IEC61850-8-1 标准。

（2）过程层—间隔层网络（含采样值和 GOOSE）：主要包括 SV 链路、GOOSE 链路及其网络设备。SV 网络主要完成采样报文的传输，遵循 IEC61850-9-2 标准；按照 Q/GDW 383—2009 对保护装置跳闸要求，对于单间隔的保护应直接跳闸，涉及多间隔的保护（母线保护）宜直接跳闸。对于涉及多间隔的保护（母线保护），如确有必要采用其他跳闸方式，相关设备应满足保护对可靠性和快速性的要求；其余 GOOSE 报文采用网络方式传输。

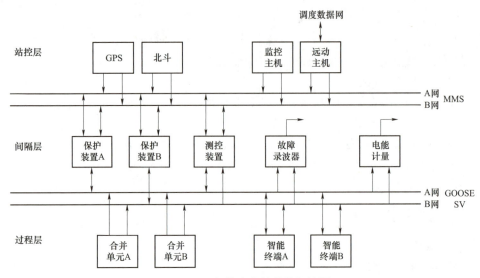

图 1-24 智能变电站结构拓扑图

1.4.5 智能变电站主要特点

智能变电站跟常规变电站主要差异在于一次设备智能化，二次设备网络化，有以下几点需关注。

1. 直采直跳和组网通信

智能站间隔层设备之间、间隔层与过程层设备之间的通信主要包括两种：直采直跳及组网方式。

直采直跳模式：对于单间隔要直接跳闸，保护装置和智能终端采用点对点的光纤，对于跨间隔的保护功能，跳闸命令要通过 GOOSE 光纤网络。直接采样是指智能电子设备（IED）间不经过以太网交换机而以点对点连接方式直接进行采样值传输，直接跳闸是指 IED 间不经过以太网交换机而以点对点连接方式直接进行跳合闸信号的传输。

组网模式：通过配置交换机，同时将 SV、GOOSE、IEEE1588 独立组网或者共网组建，网络冗余配置。保护装置通过交换机网络，从合并单元获取采样信号，并通过交换机获取下发控制信号到智能终端。基于双套保护配置网络，独立配置了两套网络基础，在两套网络之间宜配置流量交换机，以作为两套保护之间相互传递信息用途。

根据 Q/GDW 441—2010《智能变电站继电保护技术规范》要求，220kV 继电保护与合并单元、智能终端之间的 SV、GOOSE 信息流采集、保护至智能终端的 GOOSE 跳闸命令，采用直采直跳模式。除保护直采直跳以外的其他信息传输采用组网模式，另外，母差保护的启动失灵开入量、闭锁重合闸及母差动作远跳开出量等数据经过程层交换机进行传输（组网方式）。

2. 检修机制

继电保护、安全自动装置、合并单元及智能终端均设有一块检修硬连接片。该连接片投入时，装置将接收到 GOOSE 报文 TEST 位、SV 报文数据品质 TEST 位与装置自身检修连接片状态进行比较，做"异或"逻辑判断，两者一致时，信号进行处理或动作，两者不一致时则报文视为无效，不参与逻辑运算。

3. 电压并列

智能变电站不再设置母线电压并列装置，双母线电压并列功能由母线合并单元实现（软件逻辑）。区别于传统母线电压并列装置硬件采样方式进行并列。

电压并列通过软件方式在母线合并单元内完成，不存在母线二次并列时并列接点容量不够的问题，故倒母线时无需进行电压互感器二次并列操作。电压并列是通过现场母线电压互感器智能柜内电压强制并列把手进行切换。

第2章

电气设备

2.1 变压器

变压器在电力系统中的主要作用是变换电压，以利于功率的传输。电压经升压后可以减少线路损耗提高送电的经济性，达到远距离送电的目的。降压变压器能把高压电变为用户所需要的各级使用电压满足用户需要。

变压器按电磁感应原理工作，当一次绕组加上电压，流过交流电流时，在铁芯中就产生交变磁通。这些磁通中的大部分绞链着二次绕组，称为"主磁通"。在主磁通的作用下两侧绕组分别产生感应电动势，电动势的大小与匝数成正比。变压器的一、二次绕组的匝数不同，这样就起到了变压作用。通过电磁感应在两个电路之间实现能量的传递。变压器一次侧为额定电压时，其二次侧电压随着负荷电流的大小和功率因数的高低而变化。主变压器如图2-1所示。

图2-1 主变压器实物图

2.1.1 主要技术参数

额定容量 S_N：变压器在铭牌规定条件下，以额定电压、额定电流时连续运行所输送的大单相或三相总视在功率。

额定电压 U_N：变压器长时间运行，设计条件所规定的电压值。

空载损耗（铁损 P_0）：变压器一个绕组加上额定电压，其余绕组开路时，在变压器消耗的功率。

短路损耗（铜损 P_k）：变压器一侧加电压，另一侧短接，使电流为额定电流时（三绕组变压器，第三个绕组应开路），变压器从电源吸收的有功功率。

百分比阻抗（短路电压 U_k）：变压器二次绕组短路，使一次绕组电压逐渐升高，当二次绕组的短路电流达到额定值时，一次侧电压与额定电压比值百分数。

型号表示方式为：□□□□□□□□/□□

以上型号字母从左至右依次表示：

绕组耦合方式（自耦变压器为 O）；相数（三相 S、单相 D）；冷却方式（油浸自冷不标、风冷 F、水冷 W）；循环方式（自然循环不标、强迫油循环 P、强迫油导向 D）；绕组数量（双绕组不标、三绕组 S）；导线材料（铝线 L）；调压方式（无励磁调压不标、有载调压 Z）；设计序列号；额定容量 kVA；高压绕组电压等级、特殊使用环境代号。

2.1.2　组成及各部分作用

变压器由铁芯、绕组、绝缘油及辅助设备组成。

辅助设备包括：油箱、储油柜、吸湿器、压力释放装置、冷却器、绝缘套管、分接开关、气体继电器、温度计等。

（1）铁芯：变压器基本部件，由磁导体和夹紧装置组成，框型闭合结构。其中套线圈的部分为芯柱，不套线圈只起闭合磁路作用的部分为铁轭。

变压器在运行时或进行高压试验中，铁芯及其金属部件都处于强电场中的不同位置，由静电感应的电位也各不相同，使得铁芯和各金属部件之间或对接地之间产生电位差，在电位不同的金属部件之间会形成断续的火花放电，所以铁芯需要接地。铁芯只允许单点接地，接地点一般应设置在低压侧，需要接地的各部件之间只允许单线连接。

（2）绕组：变压器的电路部分，一次绕组为电源输入，二次绕组为电能输出。

降压变绕组分布（从里到外）：低、中、高。从绝缘方面考虑，因为铁芯接地，低压绕组靠近铁芯容易满足绝缘要求；高压绕组安装在外面便于引出分接开关。

升压变绕组分布（从里到外）：中、低、高。高压侧在外也是从绝缘方面考虑；由于升压变的能量从低压传递到低压、高压，把低压放中间可减少能量损耗。

（3）油：用于绝缘、散热、灭弧。测量油温、油位可以监视变压器。油可保护铁芯和绕组组件，延缓设备老化。

油位表：指示储油柜中的油面。油位表刻有 +40℃、+20℃、−30℃，分别表示：环境最高温度 +40℃时满载运行中油位的最高限额线；年平均温度为 +20℃时满载运行时的油位高度；环境温度为 −30℃时变压器空载运行的最低油位线。正常情况下运行中的变压器油位应处于 +40℃与 −30℃之间。

（4）防爆管和压力释放装置。

防爆管：变压器内部发生故障时，防止油箱内产生过高压力的释放保护装置。

压力释放装置：是一种安全保护阀门，在全密封变压器中用于代替安全气道作为油箱防爆保护装置。

（5）冷却器：变压器上层油温与下部油温产生温差时，通过冷却器形成油的对流，经冷却器冷却后流回油箱，起到降低变压器油温的作用。

冷却方式：油浸式自然冷却 ONAN、油浸风冷式 ONAF、强迫油循环风冷式 OFAF、强迫油循环导向冷却 ODAF（不同于 OFAF，在绕组内设置了导油通道）。

冷却器切换开关：

"工作"位置：冷却器运行状态；

"停用"位置：冷却器停用状态；

"辅助"位置：冷却器处于辅助位置，受上层油温（或负荷）控制自动投切；

"备用"位置：当运行的主变冷却器故障时自动投入。

2.2 断 路 器

高压断路器是指额定电压 1kV 及以上，主要用于开断和关合导电回路的电气设备，是电力系统一次设备中唯一的控制和保护设备，是接通和断开回路，切除和隔离故障的重要控制设备。断路器如图 2-2 所示。

图 2-2　断路器实物图

主要作用：切断和接通正常工作电流、过负荷和短路电流；改变运行方式和故障时与继电保护配合将故障设备从系统中切除。

分类：按灭弧介质：SF_6 断路器、真空断路器。

按装设地点：户外式、户内式。

按操作机构总类：液压机构断路器、气动机构断路器，弹簧机构断路器，直流电磁机构断路器。

2.2.1　主要技术参数

额定电压：断路器在运行中能长期承受的系统最高电压。

额定电流：在规定的使用和性能条件下能持续通过的电流的有效值。

额定短时耐受电流（热稳定电流）：在规定的使用条件下，在规定的短时间内，断路器设备在合闸状态下能够承载的电流的有效值。

额定短时持续时间：断路器设备在合闸状态下能够承受额定短时耐受电流的时间间隔。（110kV 及以下 4s，220kV 为 3s）。

额定短路开断电流：在规定的使用和性能条件下，断路器所能开断的最大短路电流。

额定峰值耐受电流（动稳定电流）：在规定的使用条件下，断路器设备在合闸状态下能够承载的额定短时耐受电流的第一个大半波的电流峰值（2.5 倍额定短时耐受电流）。

金属短接时间：断路器自动重合闸过程中断路器重合闸触头全部接通起，到断路器再次跳闸触头刚分为止的一段时间（"跳—合—跳"中"合—跳"的时间）。

分（合）闸时间：从接到分（合）闸指令开始到所有触头都分离（接触）瞬间的时间间隔。

2.2.2　组成及各部分作用

高压断路器一般由导电主回路、灭弧室、操动机构、绝缘支撑及传动部件几部分组成。

导电主回路：通过动触头、静触头的接触与分离实现电路的接通与隔离。

灭弧室：使电路分断过程中产生的电弧在密闭小室的高压力下于数十毫秒内快速熄灭、切断电弧。

绝缘支撑及传动部件：通过绝缘支柱实现对地的电气隔离，传动部件实现操作功的传递。

操动机构：操动机构为断路器提供操作动力，保证断路器能够可靠地进行正常的分合闸操作，在设备故障的情况下能可靠地使断路器跳闸。操动机构由储能单元、控制单元、力传递单元组成。

2.3　隔 离 开 关

隔离开关是一种没有专门灭弧装置的开关设备，在分闸状态有明显可见的断口，在合闸状态能可靠地通过正常工作电流，并能在规定的时间内承载故障短路电流和承受相应电动力的冲击。当回路电路"很小"时，或当隔离开关每极的两接线端之间的电压在关合和开断前后无显著变化时，隔离开关具有关合和开断回路电流的能力（相关实物如图 2-3 所示）。

隔离开关的主要作用有：在设备检修时，用隔离开关隔离有电和无电部分，造成明显的断开点，使检修的设备与电力系统隔离以保证工作人员和设备的安全；隔离开关和断路器配合，进行倒闸操作，以改变运行方式；用来断开小电流电路和旁（环）路电流。

允许用隔离开关进行的操作包括：在电力网无接地故障时，拉合电压互感器；在无雷电活动时拉合避雷器；拉合 220kV 及以下母线的充电电流；在电网无接地故障时，拉合变压器中性点接地开关；断路器或隔离开关的旁路电流；拉合励磁电流不超过 2A 的空载变压器、电抗器；拉合电容电流不超过 5A 的空载线路；双母线单分段接线方式，当两个母联断路器和分段断路器中某断路器出现分、合闭锁时，可用隔离开关断开回路。操作前必须确认三个断路器在合位，并取下其操作电源熔断器（确保开关不会分闸，在拉合隔离开关时保持合环等电位）。

图 2-3　隔离开关实物图

2.3.1 主要技术参数

额定短时耐受电流（热稳定电流）：隔离开关在规定的时间内允许通过的最大电流。

额定电流：隔离开关可以长期通过的工作电流。

额定电压：隔离开关长期运行时所能承受的正常工作电压。

2.3.2 组成及各部分作用

隔离开关的类型很多，按照部件的功能，可以分为导电系统、连接部分、触头、支柱绝缘子和操作绝缘子、操动机构和机械传动系统及底座。

导电系统：隔离开关的主导电回路是指系统电流流经的接线端子装配部分、端子与导电杆的连接部分、导电杆、动触头和静触头装配。隔离开关的主导电回路是电力系统主回路的组成部分。

连接部分：隔离开关的连接部分是指导电系统中各个部件之间的连接，包括接线端子与接线座的连接、接线座与导电杆的连接、导电杆与导电杆的连接（折叠式动触杆）、动触头与静触头之间的连接。这些连接部分有固定连接，也有活动连接，包括旋转部件的导电连接，这些连接部位的连接可靠性是保证导电系统可靠导电的关键。

触头：隔离开关的触头是在合闸状态下系统电流通过的关键部位，它由动、静触头间通过一定的压力接触后形成电流通道。

支柱绝缘子和操作绝缘子：隔离开关的支柱绝缘子是用以支撑其导电系统并使其与地绝缘的绝缘子，同时它还将支撑隔离开关的进、出引线；操作绝缘子则通过其转动将操动机构的操作力传递至与地绝缘的动触头系统，完成分合闸的操作。不同形式的隔离开关，支柱绝缘子同时也可作为操作绝缘子，既起支持作用，也起操作作用，如双柱式或三柱式隔离开关；但对于单柱式隔离开关，则要分设支柱绝缘子和操作绝缘子，各司其职。不管是支柱绝缘子还是操作绝缘子，它们既是电气元件也是机械部件。

操动机构和机械传动系统：隔离开关的分合闸是通过操动机构和包括操作绝缘子在内的机械传动系统来实现的。操动机构分为人力操作和动力操作两种机构，而动力操作，又可分电动操作、气动操作或液压操作。人力或动力操作可分为直接操作和储能操作，储能操作一般是使用弹簧，可以是手动储能，也可以是电动机储能，或者是用压缩介质储能。在机械传动系统中，还包括隔离开关和接地开关之间的防止误操作的机构联锁装置，以及机械连接的分合闸位置指示器。

底座：隔离开关的底座是支柱和操作绝缘子的装配和固定基础，也是操动机构和机械传动系统的装配基础。隔离开关的底座可分为共底座和分离底座，分离底座中，每极的动、静触头分别装在两个底座上。

2.4 电压互感器

电压互感器是一种变压设备，可以将一次高电压转换成测控装置和保护装置能够直接使用的标准电压。

电压互感器实际上是一种降压变压器，二次侧可并联接入的负荷包括仪表、保护及自动装置的电压绕组等，这些负荷阻抗很大，通过的电流很小，因此电压互感器的工作状态，相当于变压器的空载状态。电压互感器分为电磁式电压互感器与电容式电压互感器。

电磁式电压互感器按结构原理可分为单级式和串级式两种。

单级式：主要应用于 35kV 及以下系统。其铁芯与绕组置于接地的油箱内，高压引线通过套管引出。

串级式：应用于 60kV 及以上系统。其铁芯和绕组均装在瓷箱里，绕组及绝缘全浸在油中，以提高绝缘强度，瓷箱既起高压出线套管的作用，同时又代替了油箱。铁芯采用硅钢片叠成口字形，铁芯上柱套有平衡绕组、一次绕组，下柱套有平衡绕组、一次绕组、测量绕组、保护绕组及剩余电压绕组，器身由绝缘材料固定在用钢板焊成的基座上，装在充满变压器油的瓷箱内。一次绕组由上部接线，其余所有绕组均通过基座上的小套管引出，瓷箱顶部装有金属膨胀器，使变压器油与大气隔离，防止油受潮和老化，并可通过油位窗观测到膨胀器的工作状态。

电容式电压互感器（CVT）是通过电容分压把高电压转换成低电压的电压互感器，用于计量、继电保护、自动控制、信号指示等。电容式电压互感器还可以将载波频率耦合到输电线用于通信、高频保护和遥控等。与电磁式电压互感器相比，电容式电压互感器可防止因电压互感器铁芯饱和引起铁磁谐振，还具有电网谐波监测功能，在电力系统中应用广泛。（相关实物如图 2-4 所示）

图 2-4　电压互感器实物图

电容式电压互感器从中间变压器高压端处把分压电容分成两部分，一般称下面电容器的电容为 C_2，上面的电容器串联后的电容为 C_1，则当外加电压为 U_1 时，电容 C_2 上分得的电压 U_2 将为：$U_2 = C_1/(C_1 + C_2) \times U_1$，调节 C_1 和 C_2 的大小，即可得到不同的分压比。为保证 C_2 上的电压不随负载电流而改变，串入一适当的电感，即电抗器。当把电抗器的电抗调整为 $\omega L = 1/\omega(C_1 + C_2)$ 时，即电源的内阻抗为零，并经过中间变压器降压后再接表计，二次侧的负载电流经过中间变压器变换就可以大大减小，电容分压器的输出容量（或额定容量）将不受测量精度的限制。结构原理如图 2-5 所示。

2.4.1 主要技术参数

变压比：常以一、二次绕组的额定电压标出。变压比 $K = U_{1e}/U_{2e}$。

容量：包括额定容量和最大容量。所谓额定容量，是指在负荷 $\cos\phi = 0.8$ 时，对应于不同准确度等级的伏安数。而最大容量则指满足绕组发热条件下，所允许的最大负荷（伏安数）。当电压互感器按最大容量使用时，其准确度将超出规定值。

误差等级（准确度等级）：在规定的一次电压和二次负荷变化范围内，负荷功率因数为额定值时，电压误差的最大值。通常分为 0.2、0.5、1、3 级（例如：准确等级为 0.5 级，则表示电流

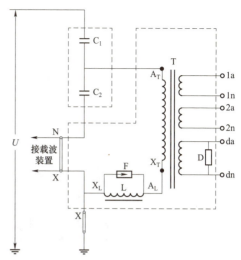

图2-5 电容式电压互感器原理接线图

C_1—高压电容；C_2—中压电容；T—中间变压器；
L—补偿电抗器；D—阻尼器；F—保护装置；
1a、1n—主二次 1 号绕组；2a、2n—主二次 2 号绕组；
da、dn—剩余电压绕组（100V）

互感在额定电流的比误差为 0.5%），使用时根据负荷需要来选用。0.5 和 1 级一般用于发配电设备的测量和保护；计量电能表根据用户的不同，采用 0.2 或 0.5 级；3 级则用于非精密测量。

接线组别：表明电压互感器一、二次线电压的相位关系。通常三相电压互感器的接线组别可为 Yyn0-Yyn12。

2.4.2 组成及各部分作用

电磁式电压互感器常用于 10~35kV 电压等级的户外装置，其一次绕组的额定电压为系统相电压，由三台电压互感器接成 y0 接线，中性点接地。二次绕组额定电压一般为 $100/\sqrt{3}$ V，接成 y0 接线，中性点接地供测量用。第三绕组接成开口三角形，用于测量零序电压，供系统接地保护用。

串级式电磁电压互感器采用两级结构，有一个铁芯，一次绕组分成两个匝数相同的部分，分别套装在上下两个铁芯柱上并相互串联，为了加强上下两个绕组的磁耦合，在铁芯柱上还绕有平衡绕组。平衡绕组对上铁芯柱起去磁作用，对下铁芯柱起助磁作用，从而平衡了上下两个一次绕组所分配的电压，也就增强了上铁芯柱上的一次绕组和下铁芯柱上的二次绕组间的耦合。

电容式电压互感器主要由两部分组成，即电容分压器和电磁单元。产品结构如图 2-6 所示。

电容分压器由瓷套、电容芯子、电容器油和金属膨胀器组成，电容器芯子由若干个膜纸复合绝缘介质与铝箔卷绕的元件串联而成，经真空浸渍处理，瓷套内灌注电容器油，并装有金属膨胀器补偿油体积随温度的变化。

电磁单元由装在密封油箱内的中间变压器、补偿电抗器和阻尼装置组成。

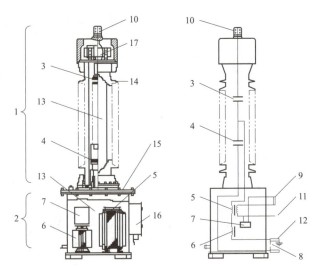

图 2-6　电容式电压互感器结构图

1—电容分压器；2—电磁单元；3—高压电容；4—中压电容；5—中间变压器；6—补偿电抗器；7—阻尼器；
8—电容分压器低压端对地保护间隙；9—阻尼器连接片；10—一次接线端；11—二次输出端；12—接地端；
13—绝缘油；14—电容分压器套管；15—电磁单元箱体；16—端子箱；17—外置式金属膨胀器

　　此外，电容式电压互感器还包括二次出线盒、油箱等，二次出线盒内装有载波通信端子，并带有过电压保护间隙，油箱外有油位表、出线盒、铭牌、放油塞、接地座等。

　　电容式电压互感器通过电容分压到中间变压器，中间变压器有两个二次绕组，分别用于测量和继电保护。同时为了能监视系统的接地故障，附加开口三角形二次绕组。

2.5　电流互感器

　　电流互感器（如图 2-7 所示）是一种专门用于将大电流变换成标准小电流（5A 或 1A）的变换设备，它被广泛应用于供电系统中向测量仪表和继电器的电流线圈供电。

图 2-7　电流互感器实物图

在正常工作条件下，其二次电流实质上与一次电流成正比，而且在连接方向正确时，二次电流对一次电流的相位差接近于零。一次与二次之间按相应的绝缘水平进行绝缘，以保证所有低压设备与高电压相隔离。电流互感器一次绕组连接在电力系统中，二次绕组连接测量仪器或继电保护、自动控制装置。通常二次绕组的一端接地。

2.5.1 主要技术参数

额定一次电流：电流互感器额定的输入一次回路电流。通常电流互感器额定一次电流取决于系统中使用方实际的最大运行电流值。

额定二次电流：电流互感器的额定输出二次回路电流。标准值有 1A 和 5A。

额定容量：电流互感器的额定容量系指电流互感器在额定二次电流和额定二次阻抗下运行时，二次线圈输出的容量。由于电流互感器的二次电流为标准值（5A 或 1A），故其容量也常用额定二次阻抗来表示。因电流互感器的误差和二次负荷有关，故同一台电流互感器使用在不同准确级时，会有不同的额定容量。电流互感器对负载的要求就是负载阻抗之和不能超过互感器的额定二次阻抗值。

额定负荷：电流互感器二次回路所接的总阻抗。用欧姆和功率因数表示。但通常以互感器在规定的功率因数和额定负荷下运行时二次回路所汲取的视在功率（VA）表示，是确定电流互感器准确级所依据的负荷值。

下限负荷：25%；即电流互感器实际运行负荷必须在 25%～100%的额定负荷范围内，若超出范围，误差要求将得不到保证。

额定二次负荷的功率因数：互感器二次回路所带负载的额定功率因数。

热稳定及动稳定倍数：指电力系统故障时，电流互感器承受由短路电流引起的热作用和电动力作用而不致受到破坏的能力。热稳定的倍数，是指热稳定电流与电流互感器额定电流之比；动稳定倍数是电流互感器所能承受的最大电流的瞬时值与其额定电流之比。

误差等级：电流互感器在一次的额定电流下，最大允许电流误差的百分数。通常分为0.2、0.5、1、3、10 五个等级。

特殊用途测量用电流互感器准确级为：0.2S 和 0.5S 级。

0.2S：S 是指当通过电流互感器的电流远小于额定电流时，互感器的准确度仍保证在 0.2级这个精确度上。

P（表示保护）类保护用电流互感器：（包括 PR 和 PX 类）。以在额定准确限值一次电流下的最大允许复合误差的百分数来标称。标准准确级为 5P、10P、5PR 和 10PR。（通常互感器上在准确级后会加标其容许过电流的倍数，如：5P10，表示准确级 5%，保护用过电流倍数 $n=10$）（PR 类可减小剩磁的影响）。

2.5.2 组成及各部分作用

电力系统中广泛采用的是电磁式电流互感器，它的工作原理和变压器相似，都是运用电磁感应的原理进行工作的。电流互感器的一次绕组串联在高压线路中，将一次电流变换成二次电流。电流互感器原线圈匝数 N_1 通常仅一匝或数匝，串联于一次电路中，副线圈匝数 N_2 较多与测量仪表和继电器的电流线圈串联。电流互感器的变比 $K=I_1/I_2=N_2/N_1$，工作原理与接线图如图 2－8 所示。

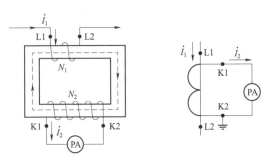

图 2-8 电流互感器工作原理和接线图

2.6 电 容 器

　　并联电容器主要用于补偿电力系统感性负荷的无功功率，以提高功率因数，改善电压质量，降低线路损耗。电网中的电力负荷如电动机、变压器等，大部分属于感性负荷，在运行过程中需向这些设备提供相应的无功功率。在电网中安装并联电容器等无功补偿设备以后，可以提供感性负载所消耗的无功功率，减少了电网电源向感性负荷提供、由线路输送的无功功率，由于减少了无功功率在电网中的流动，因此可以降低线路和变压器因输送无功功率造成的电能损耗。电容器如图 2-9 所示。

图 2-9 电容器实物图

　　电容器按接线方式不同可分为电压补偿（串联补偿）和无功补偿（并联补偿），前者从补偿电抗角度改善电网电压，后者从补偿无功因数角度来改善电网电压，由此可达到以下效益：减少线路能量损耗；减少线路压降，改善电压质量，提高系统稳定性；提高供电能力；提高电网及用户的功率因数。

2.6.1　主要技术参数

　　额定电压：指在规定的温度条件下，能保证电容器可以长期连续工作而不被击穿的电压，母线电压超过电容器额定电压的 1.1 倍时电容器应停用。

额定容量：在额定电压下运行时的无功功率，变电站里的电容器组安装容量，应根据本地区电网无功规划以及国家现行标准的规定计算后确定。当不具备设计计算条件时，电容器安装容量可按变压器容量的 10%～30%确定。

额定电流：由额定容量和额定电压得出的电容器电流，电容器电流超过额定电流 1.3 倍时或电容器三相电流不平衡超过 5%时，电容器应停用。

2.6.2 组成及各部分作用

集合式并联电容器按其结构分，有半密封和全密封两大类。储油柜加干燥过滤器的，入口处无论有无油封，属于前者；无储油柜而在箱体内部用其他方式来补偿油位冷热变化的，属于后者。集合式电容器主要优点是安装方便、维护工作量小、节省占地面积。而其缺点主

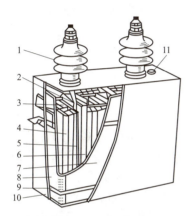

图 2-10 电容器结构图

1—出线套管；2—出线连接片；3—连接片；
4—元件；5—出线连接片固定板；6—组间绝缘；
7—包封件；8—夹板；9—紧箍；
10—外壳；11—封口盖

要是观察很不直观，需要时刻保持对其容量变化的关注，特别是在有谐波的场所，对其容量的变化必须时刻注意。

构架式并联电容器是将单台电容器套管对套管卧放在特制的钢架上，然后封闭其导电部分（地电位部分不封闭）而成的组装体。可多层布放、向高空发展以节省占地面积。这种产品对电容器单元的浸渍工艺要求较高，最好要装外熔丝，否则难以保证运行安全。

电容器的主要组成：元件、绝缘件、连接件、出线套管和箱壳等组成，有的电容器内部还装设放电电阻和熔丝。结构图如图 2-10 所示。

各部分作用分别为：

元件：电容器的基本电容单元，高压并联电容器中的元件通常由两张铝箔作极板、中间夹多层聚丙烯薄膜卷绕后压扁制成。

绝缘件：电容器内部的绝缘件主要由电缆纸及电工纸板经剪切、冲孔、弯折制成，由其构成元件间、元件组间、芯子对箱壳间、引出线对箱壳间、内熔丝对元件间、放电电阻对元件间等处的绝缘。

内熔丝：内部装设了熔丝的电容器单元成为内熔丝电容器。内熔丝是有选择性的限流熔丝，设置方法是每个元件串联一个熔丝，故也称为元件熔丝。

内部放电电阻：放电器件是电容器从电源脱开后能将电容器端子上的电压在规定时间内降低到规定值以下的器件，以使电容器再次投运时不至于产生高的过电压和涌流，并且是保证维护人员安全的措施之一。

箱壳：高电压并联电容器通常采用 1.5～2mm 厚的冷轧普通钢板或不锈钢板制成的矩形箱壳。

接线端子：接线端子是用来将电容器连接到输电线或母线上的端子，或是用来与其他电容器元件连接的端子。

2.7 电 抗 器

电抗器是一个大的电感线圈，根据电磁感应原理，感应电流的磁场总是阻碍原来磁通的变化，如果原来磁通减少，感应电流的磁场与原来的磁场方向一致，如果原来的磁通增加，感应电流的磁场与原来的磁场方向相反。

电力网中所采用的电抗器根据需要，可以布置为垂直、水平和品字形三种装配形式。在电力系统发生短路时，会产生数值很大的短路电流。如果不加以限制，要保持电气设备的动态稳定和热稳定是非常困难的。因此，为了满足某些断路器遮断容量的要求，常在出线断路器处串联电抗器，增大短路阻抗，限制短路电流。发生短路时，电抗器上的电压降较大，所以也起到了维持母线电压水平的作用，使母线上的电压波动较小，保证了非故障线路上的用户电气设备运行的稳定性。电抗器实物图如图2-11所示。电抗器根据其作用的不同可分为：并联电抗器、串联电抗器、限流电抗器、滤波电抗器、启动电抗器和分裂电抗器等。

图 2-11 电抗器实物图

并联电抗器：在超高压线路首端和末端加装并联电抗器可以补偿空载长线电容效应，降低电容电流，从而限制线路空载合闸时线路末端电压的升高。并联电抗器还具有降低操作过电压、避免发电机带空载长线出现自励磁过电压、降低超高压线路的有功损耗等作用。

串联电抗器：在变压器的低压侧与并联补偿电容器装置中，串联接入电抗器，用以抑制电压放大，减少系统电压波形畸变和限制主变、电容器回路投入时的冲击电流。串联电抗器串联在开关或变压器中性点中可以限制短路电流。

主要技术参数：

额定容量：在额定电压下运行时的无功功率。

额定电压：在三相电抗器的一个绕组的端子之间或在单相电抗器的一个绕组的端子间指定施加的电压。

最高运行电压：电抗器能够连续运行而不超过规定温升的最高电压。

额定电流：由额定容量和额定电压得出的电抗器线电流。

额定电抗：额定电压时的电抗。

零序电抗：三相星形绕组各线端并在一起与中性点之间测得的电抗乘以相数所得的值。

2.8 消弧线圈

　　消弧线圈是一种由带有多个分接头的绕组和带气隙的铁芯组成的电抗器，装设在变压器或发电机的中性点。当发生单相接地故障时，可形成一个与接地电容电流大小相近而方向相反的电感电流，这个滞后电压90°的电感电流与超前电压90°的电容电流互相补偿，最后使流经接地处的电流变得很小以至于等于零，从而消除了接地处的电弧以及由它所产生的危害，避免了弧光过电压的发生，相关实物图如图2-12所示。

　　中性点非直接接地系统发生单相接地故障时，接地点将通过接地线路对应电压等级电网的全部对地电容电流。如果此电容电流相当大，就会在接地点产生间隙性电弧，引起过电压，从而使非故障相对地电压极大增加。在电弧接地过电压的作用下，可能导致绝缘损坏，造成两点或多点的接地短路，使故障扩大。为此，我国采取的措施是：当各级电压电网单相接地故障时，如果接地电容电流超过一定数值（35kV电网为10A，3～10kV电网为30A），就在中性点装设消弧线圈，利用消弧线圈的感性电流补偿接地故障时的容性电流，使接地故障电流减少，实现自动熄弧，保证继续供电。

图2-12 消弧线圈实物图

　　消弧线圈通常有三种不同的补偿运行方式：欠补偿、全补偿、过补偿。中性点经消弧线圈接地系统普遍采用过补偿的运行方式，即补偿后电感电流大于电容电流，或者说补偿的感抗小于线路容抗。若中性点经消弧线圈接地系统采用全补偿，则无论不对称电压的大小如何，都将因发生串联谐振而使消弧线圈感受到很高的电压。因此要避免全补偿方式。若中性点消弧线圈接地系统采用欠补偿，电网发生故障时，容易出现数值很大的过电压。例如，当电网中因故障或其他原因而切除部分线路后，在欠补偿电网中就可能形成全补偿的运行方式而造成串联谐振，从而引起很高的中性点电位移电压与过电压，在欠补偿电网中也会出现很大的中性点位移使得绝缘装置承受过高的电压，绝缘击穿的风险增大，只要采用欠补偿的运行方式，这一缺点是无法避免的。采用过补偿时流过接地点的是感性电流，熄弧后故障相电压恢复速度较慢，因而接地电弧不易重燃。而且系统频率的降低只会使过补偿度暂时增大，这在正常运行时是毫无问题的；反之，如果采用欠补偿，系统频率的降低将使之接近于全补偿，从而引起中性点位移电压的增大。

　　主要技术参数：

　　（1）系统接地电容电流测量值误差小于等于±2%。

　　（2）消弧线圈补偿范围内，接地点最大残流不超过5A。

　　（3）脱谐度：5%～20%（消弧线圈输出的补偿电流超过单相接地电容电流的比例）。

　　（4）消弧线圈安装点中性点位移电压不应高于额定电压的15%。

　　（5）单相接地故障时，线圈装置应在不超过60ms的时间内输出稳定的补偿电流。

　　（6）谐波电流分量：当施加正弦波形的额定电压时，消弧线圈装置电流的三次谐波分量的最大允许峰值为基波峰值的3%。

2.9 站用变压器

　　站用变压器（简称站用变）是变电站站用电源变压器，直接从母线取电，二次侧一般有一到两组绕组，主要作用有：① 提供站内的生产生活用电；② 为变电站内设备提供交流电，如保护屏、高压开关柜内的储能电机、SF_6开关储能、主变有载调压机构等需要操作电源的设备；③ 为站内直流系统充电。站用变结构、工作原理都与普通电力变压器基本类似，相关实物图如图 2-13 所示。

　　当系统为△形接线或 Y 形接线中性点无法引出时，需要站用变引出中性点用于接消弧线圈或小电阻，此类站用变称为接地变压器（简称接地变）。接地变一般采用 Z 形接线（或称曲折型接线），与普通变压器的区别是，每相绕组分成两组分别反向绕在该相磁柱上，这样连接的好处是零序磁通可沿磁柱流通，而普通变压器的零序磁通是沿着漏磁磁路流通，所以 Z 形接地变的零序阻抗很小，相关实物图如图 2-14 所示。接地变是人为的制造一个中性点，用来连接接地电阻。当系统发生接地故障时，对正序负序电流呈高阻抗，对零序电流呈低阻抗性使接地保护可靠动作。

图 2-13　站用变实物图

图 2-14　接地变实物图

2.10 母　　线

　　母线指用高电导率的铜（铜排）铝质材料制成的，用以汇集和分配电力能力的设备，变电站输送电能用的总导线。通过它把发电机、变压器或整流器输出的电能输送给各个用户或其他变电站。在电力系统中，母线将配电装置中的各个载流分支回路连接在一起，起着汇集、分配和传送电能的作用。

　　母线按外形和结构大致分为硬母线、软母线和封闭母线。常见的硬母线有管形母线、矩形母线等；软母线一般有铝绞线、铜绞线、钢芯铝绞线、扩径空心导线等；封闭母线一般包括 GIS，分为共箱母线与分箱母线。各类母线实物图如图 2-15 所示。开关柜柜体内母线也属于封闭母线的范畴。

(a)　　　　　　　　　　　　(b)

(c)　　　　　　　　　　　　(d)

图 2-15　各类母线实物图

（a）管形母线；（b）矩形母线；（c）软母线；（d）共箱母线

2.11　开　关　柜

开关柜由固定的柜体和真空断路器手车等组成。就开关柜功能而言，进线柜或出线柜是基本柜方案，同时有派生方案，如母线分段柜、计量柜、互感器柜等。此外还有配置固定式负荷开关、真空接触器手车、隔离手车等方案。

组成及各部分作用：

开关柜一般由断路器，手车和地刀等相关部件的动作来完成开关柜动作。开关柜根据手车位置的不同一般分为工作位置、实验位置和检修位置。开关柜动作和断路器动作接近，包括储能动作、合闸动作、分闸动作。

针对不同类型的开关柜，内部的基本结构也有所不同。目前使用较多的开关柜包括移开式开关柜、固定式开关柜与充气柜。

移开式开关柜（如图 2-16 所示）主要由：外壳隔板、面板、断路器室、断路器手车、母线室、电缆室、低压室和联锁/保护等。

图 2-16　移开式开关柜实物图

固定式开关柜的外形与结构示意图如图 2-17 所示。

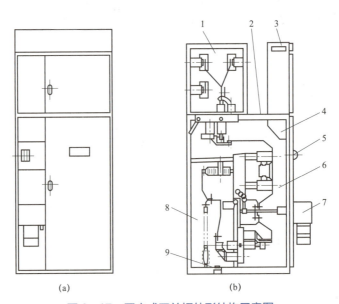

　　　　　　(a)　　　　　　　　　　　(b)

图 2-17　固定式开关柜外形结构示意图

(a) 外形图；(b) 结构示意图

1—母线室；2—压力释放通道；3—仪表室；4—组合开关室；5—手动操作及连锁机构；

6—断路器室；7—电磁式弹簧机构；8—电缆室；9—接地母线

充气柜结构示意图如图 2-18 所示。

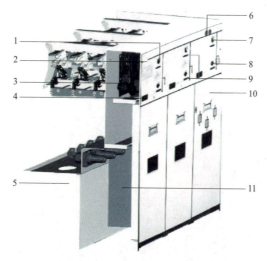

图 2-18　充气柜结构示意图

1—负荷开关操作孔；2—压力指示器；3—操动机构；4—带电指示器；5—压力释放室；6—分合闸按钮操作；
7—储能操作孔及储能指示；8—接地开关操作孔；9—挂锁装置；10—熔断器室；11—电缆连接室

2.12　组合电器

组合电器是指将两种或两种以上的高压电气设备，按电力系统主接线要求组成一个有机的整体而各电气设备元件仍能保持原规定功能的装置。组合电器主要包括 GIS 与 HGIS 等。

GIS 是全封闭组合电器，是将断路器、隔离开关、接地开关、电流互感器、电压互感器、避雷器以及母线等功能单元全部封闭在金属壳体内，以 SF_6 气体作为绝缘介质的一种电气设备。

按结构形式 GIS 可分为三相共箱型和三相分箱型，其中 110kV 及以下设备大多采用三相共箱型；而 220kV 及以上设备大多采用三相分箱型；还有部分设备为主母线三相共箱，分支母线三相分箱。GIS 不同结构形式设备实物图如图 2-19 所示。

(a)

图 2-19　GIS 不同结构形式设备实物图（一）

（a）主母线三相共箱

(b)

图 2-19 GIS 不同结构形式设备实物图（二）

（b）主母线三相分箱

  HGIS 结构与 GIS 基本相同，是将除母线外的断路器、隔离开关、接地开关、快速接地开关、电流互感器、电压互感器等功能单元封闭于金属壳内，以 SF_6 气体为绝缘介质的一种电气设备，主要用于 220kV 及以上设备，相关实物图如图 2-20 所示。与 GIS 相比，HGIS 的最大特点在于母线采用常规导线，接线清晰、简洁、紧凑，适合现场敞开站改造工程应用。

图 2-20 HGIS 实物图

2.13 防 雷 设 备

  变电站防雷设施由避雷针、避雷线、避雷器、接地网组成。独立避雷针和避雷器的接地引下线应独立接地，与总接地网的连接牢固并可以拆开，以便单独测量接地电阻。在雷雨季节期间，应执行调度发布的雷电季运行方式。

避雷器是与电气设备并接在一起的一种过电压保护设备。避雷器在正常工作电压下，流过避雷器的电流很小，相当于一个绝缘体，当遭受雷电过电压或操作过电压时，避雷器阻值急剧减小，使流过避雷器的电流可瞬间增大到数千安培，将雷电流泄入大地，限制被保护设备上的过电压幅值，使电气的绝缘免受损伤或击穿。电力系统中运行的避雷器主要为氧化锌避雷器。

组成及各部分作用：

氧化锌避雷器基本结构包括阀片和绝缘两部分，其中电压等级不同阀片堆叠层数也不同；阀片是以氧化锌为主要成分，并附加少量的 Bi_2O_3、CO_2O_3 等金属氧化物添加物，经高温焙烧而成，相关实物图如图 2-21 所示。

图 2-21　氧化锌避雷器实物图

氧化锌避雷器具有以下优点：

（1）氧化锌避雷器无串联火花间隙，极大地改善了避雷器的特性。由于串联间隙放电需要一定的时延，放电过程中的残压会对设备的电压分布及放电电压产生影响，因此，氧化锌避雷器无需串联间隙的特征可以有效提高对设备保护的可靠性。

（2）氧化锌避雷器电阻片具有较好的非线性，在正常工作电压下，避雷器只有很小的泄漏电流通过，而在过电压下动作后并无工频续流通过，因此避雷器释放的能量大为减小，从而可以承受多重雷击，延长了工作寿命。

（3）由于氧化锌阀片的通流能力较大，提高了避雷器的动作负载能力。

（4）体积小，质量小，结构简单，运行维护方便。

第3章
继电保护及自动装置

3.1 继 电 保 护

3.1.1 继电保护装置作用

继电保护装置，就是指能反映电力系统中电气元件发生故障或不正常运行状态，并动作于断路器跳闸或发出信号的一种自动装置。

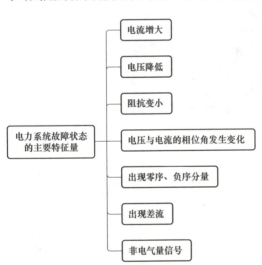

图 3-1 电力系统故障状态的主要特征量

继电保护装置必须具有正确区分被保护元件是处于正常运行状态还是发生了故障，是保护区内故障还是区外故障的功能。保护装置是以电力系统发生故障前后的差别特征量为基础来实现这一功能的。电力系统故障状态的主要特征量如图 3-1 所示。

3.1.2 继电保护的基本要求

继电保护装置运用在电力系统中，必须在技术上满足选择性、快速性、灵敏性和可靠性四个基本要求。对于作用于继电器跳闸的继电保护，应同时满足四个基本要求，而对于作用于信号以及只反映不正常的运行情况的继电保护装置，这四个基本要求中有些要求可以降低。

3.1.3 继电保护的配置要求

（1）继电保护系统的配置应满足的基本要求：任何电力设备和线路，在任何时候不得处于无继电保护的状态下运行。

（2）继电保护配置基本要求的实现：对于 110kV 及以下的电力系统，一般采用单套保护配置。对于 220kV 及以上的电力系统和 110kV 重要线路，采用保护双重化配置。

其中，保护双重化配置是指保护装置的双重化以及与保护配合回路（包括通道）的双重化，双重化配置的保护装置及其回路之间应完全独立，无直接的电气联系。

3.1.4　继电保护的保护范围

现阶段应用的继电保护装置大部分都是将电压、电流作为判据进行分析，判断设备是否正常运行，继电保护装置的电流量取自各个间隔的电流互感器二次，所以保护范围的划分通常是以电流互感器为分界点。

保护装置的动作范围与电流互感器对应次级的位置密切相关，同时，220kV 变电站110kV 及以上母线均配置专门的母线保护，因此，应特别留意线路保护、变压器保护与母线保护的电流互感器二次绕组分配，及如何避免可能出现的保护死区，有助于保护异常处理、事故范围划分和故障点查找。

如图 3–2 所示，母线保护范围指向母线，线路保护范围指向线路，图 3–2（b）存在保护死区。

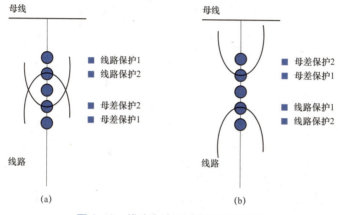

图 3–2　线路电流互感器布置差异图

（a）正确布置；（b）错误布置

3.2　变压器保护

3.2.1　变压器保护配置

1. 变压器保护的配置情况

（1）110kV 及以下电压等级的变压器保护配置表见表 3–1。

表 3–1　　　　　　110kV 及以下电压等级的变压器保护配置表

电气量保护		非电气量保护	
保护类型	保护范围	保护类型	保护范围
变压器差动保护	变压器各侧电流互感器所包围的部分	本体重瓦斯保护	主变本体
复压闭锁（方向）过电流保护	指向主变	有载重瓦斯保护	主变有载分接开关

续表

电气量保护		非电气量保护	
保护类型	保护范围	保护类型	保护范围
零序过电流保护	变压器	压力释放保护	主变本体
零序过电压保护	变压器中性点	轻瓦斯保护	主变本体
过负荷保护	变压器	温度及油位保护	主变本体
		冷却器失电保护	主变冷却器

（2）220kV 电压等级变压器保护的配置。220kV 主变配置双重化保护。220kV 主变保护除了主变本体的非电气量保护，还另外配置了两套齐全的电气量保护。220kV 主变压器保护的配置见表 3-2。

表 3-2　　　　　　　　　　220kV 电压等级的变压器保护配置表

电气量保护		非电气量保护	
保护类型	保护范围	保护类型	保护范围
变压器纵差保护	变压器各侧电流互感器所包围的部分	本体重瓦斯保护	主变本体
高压侧复压闭锁（方向）过电流保护	指向变压器	有载重瓦斯保护	主变有载部分
高压侧零序（方向）过电流保护	指向变压器	压力释放保护	主变本体
中压侧复压闭锁（方向）过电流保护	指向 110kV 母线	轻瓦斯保护	主变本体
中压侧零序（方向）过电流保护	指向 110kV 母线	温度及油位保护	主变本体
低压侧复压闭锁过电流保护	指向低压侧母线	冷却器失电保护	主变冷却器
零序电压保护	变压器中性点		
间隙电流保护	变压器中性点		
自耦变公共绕组零序过电流保护	主变公共绕组		
主变高压侧断路器失灵保护	主变高压侧断路器		
过负荷保护	变压器		

220kV 变压器电气量保护基本配置如图 3-3 所示。

2. 典型变压器保护配置应用举例

如图 3-4 所示为主变压器电气一次系统接线及保护配置示意图，其中主保护 A 采用 CSC-326 系列数字式变压器保护装置，主保护 B 采用 RCS-978 系列数字式变压器保护装置，非电量及辅助保护采用 RCS-974A 型变压器非电量及辅助保护装置。

3.2.2　变压器保护类型

1. 变压器差动保护

（1）变压器差动保护类型。变压器的差动保护有变压器纵差保护、工频变化量差动保护等。

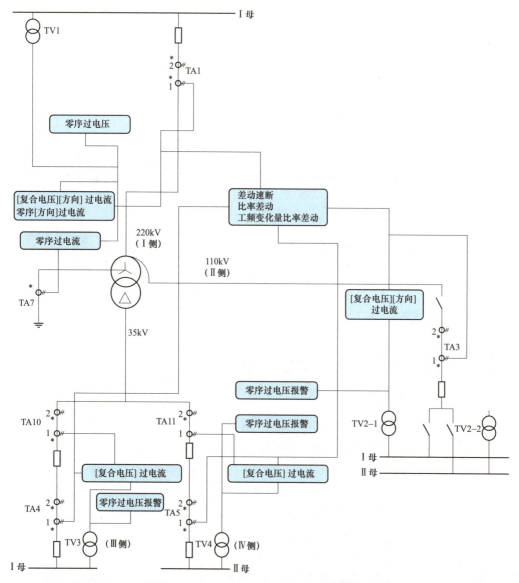

图 3-3 220kV 变压器电气量保护基本配置

变压器纵差保护是变压器的主保护。电压 10kV 以上、容量在 10MVA 及以上的变压器均需配备纵差保护。由于负荷电流具有穿越性质，因此变压器内部短路故障时负荷电流总是起制动作用的。工频变化量差动保护为提高灵敏度特别是匝间短路故障时的灵敏度，将负荷电流扣除，采用故障分量比率制动特性，在提高保护灵敏度的同时，保证在系统振荡或频率偏移情况下，保护不误动。

（2）变压器差动保护的基本原理。变压器正常运行或外部故障时，若忽略励磁电流损耗及其他损耗，则流入变压器的电流等于流出变压器的电流，此时纵差动保护不应动作。

当变压器内部故障时，若忽略负荷电流不计，则各侧电流的相量和等于短路点的短路电流。纵差动保护动作将变压器切除。

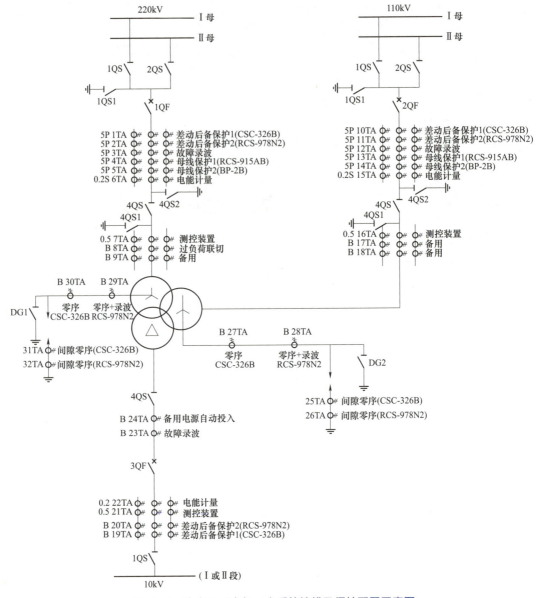

图3-4 主变压器电气一次系统接线及保护配置示意图

以双绕组变压器为例，图3-5示出了纵差动保护的单相接线原理图及其在不同故障情况下的电流分布。实际应用中，由于变压器存在转角问题，导致变压器各侧相位不同，目前微机型保护都是通过保护内软件计算来完成变压器各侧相位补偿的。

（3）变压器差动速断保护。空投变压器时产生的励磁电流称作励磁涌流。励磁涌流的大小与变压器结构、合闸角、容量、合闸前剩磁等因素有关。

测量表明：空投变压器时由于铁芯饱和励磁涌流很大，通常为额定电流的2~6倍，最大可达8倍以上。由于励磁涌流只在充电侧流入变压器，因此会在差动回路中产生很大的差流，导致差动保护误动作。

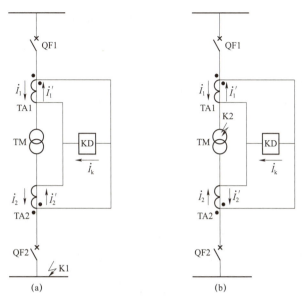

图 3-5　双绕组变压器纵差保护单相接线原理图

（a）正常运行和外部故障时的电流分布；（b）内部短路故障时的电流分布

TM—变压器；TA1、TA2—变压器两侧电流互感器；KD—差动元件

励磁涌流的特点：

1）涌流数值很大，含有明显的非周期分量电流，波形偏于时间轴一侧；

2）励磁涌流并非正弦波，波形呈尖顶状，且波形是间断的，且间断角很大；

3）含有明显的高次谐波电流分量，其中二次谐波电流分量尤为明显；

4）励磁涌流是衰减的。励磁涌流波形图如图 3-6 所示。

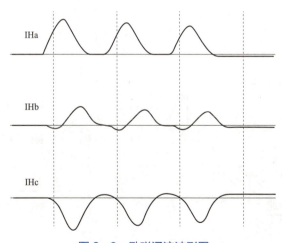

图 3-6　励磁涌流波形图

　　根据励磁涌流的特点，为防止励磁涌流造成变压器纵差保护的误动。在工程中得到应用的有：二次谐波含量高、波形不对称和波形间断角比较大三种原理，来判断差动回路中电流突然增大是变压器故障还是励磁涌流引起，尤其是前两种应用最为普遍。

　　但当变压器内部严重故障 TA 饱和时，TA 二次电流中含有大量的谐波分量，可能会使励磁涌流判别元件动作，闭锁差动保护或使差动保护延缓动作，严重损坏变压器。为克服上述缺点，设置差动速断保护元件，不经励磁涌流判据、激磁判据、TA 饱和判据的闭锁，只要差电流大于电流定值就立即跳闸。

（4）变压器差动保护动作逻辑。变压器的比率差动保护，由分相差动元件、涌流闭锁元件、差动速断元件及 TA 断线判别元件等构成，涌流闭锁方式采用二次谐波比最大相（或门）闭锁方式，逻辑框图如图 3-7 所示。

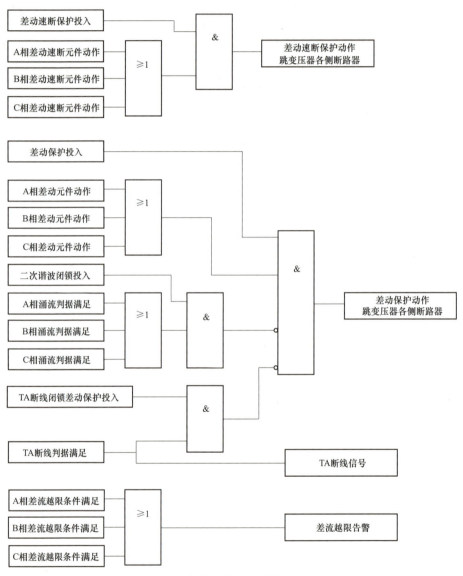

图 3-7　闭锁方式差动保护逻辑框图

2. 变压器复合电压闭锁过电流（方向）保护

复合电压过电流保护利用负序电压和低电压构成的复合电压在满足反映保护范围内变压器各种故障的同时，降低了过电流保护的电流整定值，从而提高了过电流保护的灵敏度。

（1）变压器复合电压闭锁过电流保护动作逻辑。复合电压过电流保护由复合电压元件、过电流元件及时间元件构成，作为被保护设备及相邻设备相间短路故障的后备保护。保护的接入电流为变压器本侧 TA 二次三相电流，接入电压为变压器本侧或其他侧二次三相电压。

由图 3-8 可以看出，当变压器发生故障，故障侧电压低于整定值或负序电压大于整定值且 a 相或 b 相或 c 相电流大于整定值时，经延时后，保护动作切除变压器。

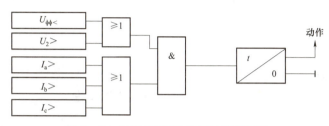

图 3-8　复合电压过电流保护逻辑框图

图中：$U_{\phi\phi}$——低电压元件；

U_2——负序过电压元件；

（2）变压器各侧复压闭锁过电流（方向）保护的配置。

1）主变高压侧复压闭锁方向过电流保护。在 220kV 电压等级的变压器后备保护中，高压侧复压闭锁方向过电流保护经复合电压元件闭锁，Ⅰ、Ⅱ 段带方向且指向主变、Ⅲ 段不带方向，动作后按时限跳本侧或三侧开关，不跳 220kV 母联。其中，高压侧复压判别一般为主变各侧复压取或逻辑。

2）主变中压侧复压闭锁方向过电流保护。中压侧复压闭锁过电流保护经复压闭锁，Ⅰ、Ⅱ 段带方向且指向 110kV 母线、Ⅲ 段不带方向，动作后按时限跳本侧母联、跳本侧或三侧开关（根据定值单整定）。其中：中压侧复压为主变各侧取或。

3）主变低压侧复压闭锁过电流保护。低压侧复压过电流保护经复合电压闭锁，Ⅰ、Ⅱ 段均不带方向。动作按时限分别跳本侧分段（母联）、本侧或三侧开关。低后备保护动作将闭锁 10kV 分段自投。其中：低压侧复压为主变本侧电压。

3. 变压器零序保护

（1）零序电流保护。对于中性点直接接地的变压器，装设零序电流保护作为接地短路故障的后备保护。当双绕组变压器中性点接地开关合上时，变压器直接接地运行，零序电流可取自中性点回路的零序电流。

1）高压侧复压闭锁（方向）零序过电流保护：经复压闭锁，Ⅰ 段带方向且指向主变、Ⅱ 段不带方向，动作后按时限跳本侧或三侧开关，不跳 220kV 母联。主要反映主变单相接地故障。

2）中压侧复压闭锁零序过电流保护：经复压闭锁，Ⅰ、Ⅱ 段带方向且指向 110kV 母线、Ⅲ 段不带方向，动作后按时限跳本侧母联、跳本侧或三侧开关（根据定值单）。

（2）间隙零序保护。对于分级绝缘变压器，装设间隙保护作为接地短路故障的后备保护。由于分级绝缘变压器中性点线圈的对地绝缘比较薄弱，为避免系统发生接地故障时，中性点电压升高造成中性点绝缘损坏。

间隙保护的逻辑图如图 3-9 所示，间隙零序保护安装在放电间隙回路，当放电间隙放电流过零序电流时，保护迅速动作，将变压器从电网上断开，保护了变压器中性点绝缘的安全。当放电间隙击穿后，间隙中将流过电流 $3\dot{I}_0$，利用间隙电流 $3\dot{I}_0$ 和在接地故障时母线 TV 开口三角形绕组两端的零序电压 $3\dot{U}_0$ 构成间隙保护。

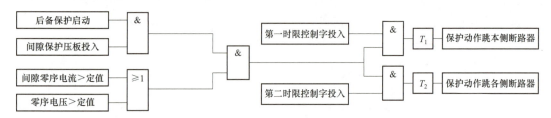

图 3-9　主变中性点间隙保护逻辑图

当变压器中性点接地运行时，投入零序电流保护，当变压器中性点不接地运行时，投入间隙保护，作为变压器不接地运行时的零序保护。

对于全绝缘变压器，还应配置零序过电压保护，当电网单相接地失去中性点时，零序过电压保护经 0.3～0.5s 时限动作于断开变压器各侧断路器。

4. 变压器非电量保护

主变非电量保护作为主变的主保护之一，主要包括：本体重瓦斯跳闸（有载重瓦斯）、轻瓦斯报警（有载轻瓦斯报警）、压力释放保护、温度及油位保护及冷却器失电告警。

正常运行中，仅主变本体重瓦斯、有载重瓦斯接跳闸，其余均接信号。主变重瓦斯保护动作后将跳开主变三侧断路器。

（1）瓦斯保护。瓦斯保护能反应油箱内的轻微故障和严重故障，但不能反映引出线故障。重瓦斯的出口一般通过变压器保护装置的非电量保护出口，动作跳开变压器各侧断路器。

1）轻瓦斯保护主要反映变压器油箱内油位降低。轻瓦斯气体继电器由开口杯、干簧触点等组成。正常运行时，继电器内充满油，开口杯浸在油内，处在上浮位置，当油面降低时，开口杯下沉，干簧触点闭合，发出轻瓦斯告警信号。

2）重瓦斯保护反映变压器油箱内故障。重瓦斯气体继电器由挡板、弹簧及干簧触点等组成（采用排油注氮保护装置的变压器应采用具有联动功能的双浮球结构的气体继电器）。当变压器油箱内发生严重故障时，伴随有电弧的故障电流使变压器油分解，产生大量气体（瓦斯），油箱内压力升高向外喷油，油流冲击挡板，使干簧触点闭合，作用于切除变压器。

重瓦斯保护是变压器油箱内部故障的主保护，能反映变压器内部的各种故障。当变压器少量绕组发生匝间短路时，虽然故障点的短路电流很大，但在差动回路中产生的差流可能不大，差动保护可能拒动。此时靠重瓦斯保护切除故障。

（2）压力释放保护。压力释放保护也是变压器油箱内部故障的主保护。其作用原理与重瓦斯保护基本相同，但它反映的是变压器油的压力。当变压器内部故障时，温度升高，油膨胀压力增高，弹簧动作带动置于变压器本体油箱上部的压力继电器触点闭合，作用于切除变压器。

（3）温度及油位保护。温度保护包括油温和绕组温度保护，当变压器温度升高到预先设定的温度时，温度保护发出告警信号，并投入启动变压器的备用冷却器。

油位保护是反映油箱内油位异常的保护。运行时，因变压器漏油或其他原因使油位降低时动作，发出告警信号。

（4）冷却器失电告警。为提高传输能力，对于大型变压器均配置有各种的冷却系统，如风冷、强迫油循环等。

当冷却系统故障切除全部冷却器时，应立即发出告警信号，允许带额定负载运行 20min。如 20min 后顶层油温未达到 75℃，应及时处理，若此种状态下运行时长超过 1h，可能导致变压器绕组绝缘损坏。

3.3　母　线　保　护

3.3.1　母线保护配置

母线保护（六统一）的配置一般包括母线差动保护、母联失灵保护、母联死区保护、断路器失灵保护等。

在六统一设计中，220kV 母差保护为双重化配置，两套母差装置的装置电源、电流电压采样回路、跳闸回路以及刀闸辅助接点等均相互独立。

110kV 母差保护为单套配置，与 220kV 母差保护的主要区别在于 110kV 母差保护装置没有断路器失灵保护功能，但母联失灵保护、母联死区保护同样是具备的。此外，部分 110kV 母差保护装置有单独的闭锁重合闸出口，母差停启用时应与跳闸出口一并操作。

3.3.2　母线保护类型

1. 母线差动保护

（1）母差保护的原理和保护范围。母线保护中最主要的是母差保护。母线在正常运行及外部故障时，流入母线的电流等于流出母线的电流。如果不考虑 TA 的误差等因素，理想状态下各电流的相量和等于零。如果考虑了各种误差，差动电流应该是一个不平衡电流，此时母差保护可靠不动作。

当母线上发生故障时，各连接单元里的电流都流入母线，所以 TA 二次电流的相量和等于短路点的短路电流的二次值 I_K，差动电流的幅值很大。只要该差动电流的幅值达到一定的值，差动保护就可以可靠动作。

所以母线差动保护可以区分母线内和母线外的短路，其保护范围是参加差动电流计算的各 TA 所包围的范围。

母线差动保护由大差动和各段母线小差动组成，母线大差动是指由母线上所有支路（除母联和分段）电流构成的差动元件，其作用是区分区内故障和区外故障。某段母线的小差动是指由该段母线上的各支路（含与该段母线相联的母联和分段）电流构成的差动元件，其作用是判断故障是否在该段母线之内，从而作为故障母线的选择元件。如果大差动元件和该段母线的小差动元件都动作，则将该段母线切除。双母接线母差保护范围示意图如图 3－10 所示。

（2）母线差动保护动作逻辑。母线差动保护由三个分相差动元件构成。为提高保护的动作可靠性，在保护中还设置有复合电压闭锁元件、TA 二次回路断线闭锁元件等。双母线或单母线分段单相母差保护的逻辑框图如图 3－11 所示。

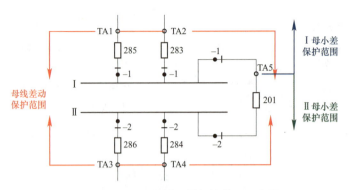

图 3-10 双母接线母差保护范围示意图

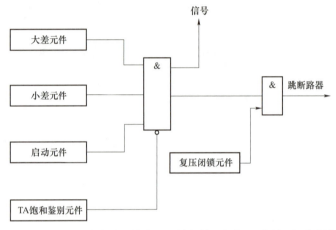

图 3-11 双母线或单母线分段母差保护逻辑框图（以一相为例）

由图 3-11 所示，当小差元件、大差元件及启动元件同时动作时，母差保护才动作；此时若复压闭锁元件也动作，则出口继电器才能去跳故障母线上各支路。如果 TA 饱和鉴别元件鉴别出差流越限是由于 TA 饱和造成时，立即将母差保护闭锁。

1）复压闭锁元件。为防止保护出口继电器误动，通常采用复合电压闭锁元件。只有当母线保护差动元件及复合电压闭锁元件同时动作时，才能作用于跳各路断路器。

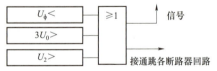

图 3-12 复压闭锁元件逻辑框图

复压闭锁元件由母线相低电压、负序电压及零序过电压元件组成，任一条件满足即使母差复压元件开放，复压闭锁元件逻辑框图如图 3-12 所示。

2）TA 断线闭锁元件。母差保护装置中的 TA 断线闭锁元件的作用是延时发出告警信号，并分相闭锁母差保护，在母联断路器 TA 断线时，不闭锁母差保护，且自动转为母线互联，发生区内故障时不再进行故障母线的选择。

2. 断路器失灵保护

（1）断路器失灵保护的动作原理。当母线引出线上发生故障时，故障元件的保护动作，而断路器因操作失灵拒绝跳闸时启动断路器失灵保护，失灵保护动作后，首先以较小时限动作于断开与拒动断路器相关的母联或分段断路器，然后再经一时限断开与拒动断路器连接在同一母线上的所有断路器。

判断断路器失灵应有两个主要条件。一是有保护对该断路器发过跳闸命令；二是该断路器在一段时间里一直有电流，这样才能准确判断是断路器失灵。"有保护对该断路器发过跳闸命令"是指相应的保护出口继电器触点闭合。所以断路器失灵保护应引入故障设备的继电保护装置的跳闸触点，但手动跳断路器时不能启动失灵保护。"该断路器在一段时间里还有电流"是指在断路器中还流有任意一相的相电流，或者是流有零序电流或负序电流，此时相应的电流元件动作。满足这两个条件说明是断路器失灵，上述两个条件只满足任何一个，失灵保护均不应动作。

（2）断路器失灵保护的动作逻辑。双母线接线的断路器失灵保护由失灵启动元件、延时元件、运行方式识别元件和复合电压闭锁元件四部分构成。其逻辑框图如图 3－13 所示。

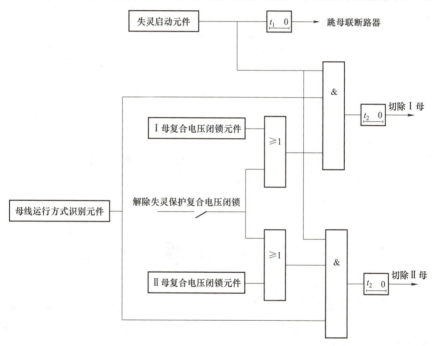

图 3－13　双母线接线断路器失灵保护逻辑框图

图 3－13 中失灵启动元件包括来自于外部线路（主变）保护、开关保护（母联）或操作箱跳闸触点开入量。失灵启动元件动作后 t_1 延时跳母联断路器。再经运行方式识别元件判断失灵断路器所在的母线和复合电压元件闭锁以后以 t_2 延时切除失灵断路器所在的母线各断路器。

"六统一"变电站的 220kV 母线保护装置用其本装置的失灵电流判别功能，失灵保护动作后，跳失灵开关所在母线各支路。按"六统一"设计，对于母线故障主变支路断路器失灵，此时还应具备失灵联跳主变三侧断路器的功能。

3. 母联失灵保护

母联失灵保护的作用是当保护（母差保护或母联充电过电流保护）跳母联断路器，而母联发生拒动，由母联断路器失灵保护动作切除两条母线上所有连接元件。

母联失灵保护动作原理是：如果满足母联失灵保护以下条件：① 由 I 母（或 II 母）母

差保护或母联充电及过电流保护启动；② 母联任一相 TA 有流。则经两段母线复压闭锁（与逻辑），经整定延时，切除两段母线上所有连接元件。

4. 母联死区保护

母联死区保护根据母联 TA 的不同布置分以下情况：

（1）母联断路器两侧装设两组 TA，交叉接线不存在死区，差动保护不装设死区保护；

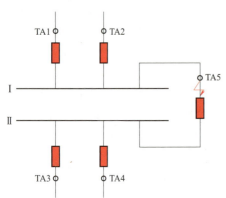

图 3-14 双母接线方式下发生母联死区故障

（2）母联断路器仅一侧装设 TA，若母联断路器和母联 TA 之间发生故障，断路器侧母线跳开后故障仍然存在，正好处于 TA 侧母线小差的死区，为提高保护动作速度，专设了母联死区保护，母联断路器与母联 TA 之间的范围称为母联死区。

根据图 3-14 所示，母联死区保护原理是如果满足母联死区保护以下条件：① Ⅱ母（断路器侧母线）小差动作不返回；② 大差动作不返回；③ 母联开关在分位；④ 母联 TA 任一相有流。

则经死区保护短延时后封母联 TA（即此时母联 TA 不计入小差元件的电流计算），从而使故障母线的差流不再平衡，经复压闭锁跳开 Ⅰ母（母联 TA 侧母线）上所有连接元件。

若两条母线都有电压且母联在跳位时（即母线分列运行时），母联电流不计入小差，若在母联开关死区范围内发生故障，则母差保护将正确动作，直接跳开死区故障点所在母线上各元件。

3.4 线 路 保 护

电力系统中的电力设备和线路，应装设短路故障和异常运行的保护装置。各个电压等级的输配电线路，根据所在变电站的性质、电压等级、供电负荷的重要性，选择的线路保护配置也有所不同。

3.4.1 线路保护配置

1. 220kV 线路保护配置

220kV 线路保护（六统一）按双重化原则配置，220kV 线路主保护为纵联保护，后备保护一般为三段式相间及接地距离保护、四段式零序保护（零序Ⅰ段一般不启用）、零序反时限保护。其常见的保护配置情况见表 3-3。

表 3-3   220kV 线路保护配置表

保护类型	作用	时限	保护范围	跳闸对象
纵联保护	利用线路两端的电气量在故障与非故障时的特征差异构成的保护	无延时	本线路全长	本线路开关

续表

保护类型	作用	时限	保护范围	跳闸对象
距离保护	反应故障点至保护安装处的距离，反应线路的相间短路、接地短路故障的保护	距离 I 段：约 0.1s 以内	距离 I 段：80%～85%本线路全长	本线路开关
		距离 II 段：与下一线路的距离 I 段的动作时限配合	距离 II 段：被保护线路的全长及下一线路 30%～40%	
		距离 III 段：按阶梯原则整定	距离 III 段：本线路及下一线路全长甚至更远	
零序保护	反应零序电流增大而动作的保护	零序 I 段：无延时	零序 I 段：不小于本线路全长的 15%	本线路开关
		零序 II 段：与下一线路的零序 I 段的动作时限配合	零序 II 段：被保护线路的全长	
		零序 III 段：按阶梯原则整定	零序 III 段：本线路及下一线路全长	
		零序 IV 段：按阶梯原则整定	零序 IV 段：本线路及下一线路全长	

2. 110kV 线路保护配置

110kV 系统属于大电力接地系统，110kV 线路保护普遍采用单套配置。其常见的保护配置情况见表 3-4。

表 3-4　　　　　　　　　　　　　110kV 线路保护配置表

保护类型	作用	时限	保护范围	跳闸对象
距离保护	反应故障点至保护安装处的距离，反应线路的相间短路、接地短路故障的保护	距离 I 段：约 0.1s 以内	距离 I 段：80%～85%本线路全长	本线路开关
		距离 II 段：与下一线路的距离 I 段的动作时限配合	距离 II 段：被保护线路的全长及下一线路 30%～40%	
		距离 III 段：按阶梯原则整定	距离 III 段：本线路及下一线路全长甚至更远	
零序过电流保护	反应零序电流增大而动作的保护	零序 I 段：无延时	零序 I 段：不小于本线路全长的 15%	本线路开关
		零序 II 段：与下一线路的零序 I 段的动作时限配合	零序 II 段：被保护线路的全长	
		零序 III 段：按阶梯原则整定	零序 III 段：本线路及下一线路全长	

3. 35kV 及以下线路保护配置

35kV 及以下线路保护一般配置分段式过电流保护、分段式零序电流保护、重合闸和后加速、小电流接地选线以及低频减载保护功能。其中分段式过电流保护的特点见表 3-5。

表 3-5　　　　　　　　　　　　　35kV 及以下线路保护配置表

保护类型	作用	时限	保护范围	跳闸对象
电流速断保护	反应线路故障时电流增大而动作	无延时	20%～50%线路全长	本线路开关

保护类型	作用	时限	保护范围	跳闸对象
限时电流速断保护	能够保护本线路全长,具有足够的反应能力	时间整定按阶梯特性与相邻保护配合	本线路全长并延伸到下一线路的一部分	本线路开关
过电流保护	作为本线路主保护拒动及下一线路的保护或断路器拒动的后备保护	时间整定与相邻元件保护配合,经整定计算确定后不再变化	本线路全长和下一级线路全长	本线路开关

3.4.2 线路保护类型

1. 纵联保护

（1）纵联保护的基本原理。纵联保护是利用线路两端的电气量在故障与非故障时的特征差异构成保护的。当线路发生区内、外故障时,电力线两端的电流波形、功率方向、电流相位以及两端的测量阻抗都具有明显的差异,利用这些差异可以构成不同原理的纵联保护。

以两端电流相量和的故障特征为例,如图 3-15（a）所示的正常运行或外部故障的输电线路,任何时刻其两端电流相量和等于零,即 $I_g = 0$。当线路发生内部故障时如图 3-15（b）所示,在故障点有短路电流流出,若规定电流正方向为由母线流向线路,两端电流相量和等于流入故障点的电流 I_g。

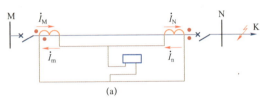

(a)

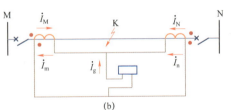

(b)

图 3-15 线路区内外故障示意图

（a）外部故障；（b）内部故障

（2）纵联保护的保护通道。线路保护的通道有光纤通道、高频通道、短引线通道、微波通道等,目前主要使用的是光纤通道和高频通道。

光纤通道分为专用光纤通道和复用光纤通道,高频通道分为专用高频通道和复用高频通道。从保护装置实际使用来看,纵联差动保护使用的是光纤通道；纵联方向、纵联距离等可使用高频通道,也可使用光纤通道。

（3）光纤纵联电流差动保护。线路主保护分为纵联差动保护和纵联距离（方向）保护,线路纵联保护的通道一般优先采用光纤通道。因光纤差动保护的显著优势,其已成为线路主保护的首选,本节以光纤纵联电流差动保护为例介绍纵联保护。

线路光纤差动保护一般由三相电流差动和零序电流差动继电器通过光纤通道构成,具有全线速动的特点。

（4）光纤差动保护动作逻辑。

1）根据图 3-16 可知,光纤纵联差动动作需同时满足以下条件:

保护启动：电流突变量启动、零序电流启动等；

保护差动元件动作：本侧与对侧差动电流比较,达到差动动作电流；

收到对侧差动信号：对侧保护装置差动启动且差动元件动作。

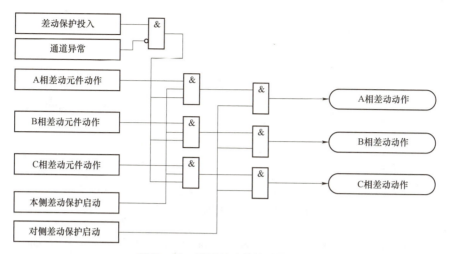

图 3-16　纵联差动保护动作框图

2）光纤纵联差动保护的远跳功能。当线路开关与 TA 之间发生死区故障或母线故障时线路开关拒动，为实现线路对侧能够快速跳闸，保护装置设有远跳功能。

如图 3-17 所示，当母差动作或母差失灵动作时，通过各支路纵联通道向线路对侧发"远跳"命令，当对侧保护收到此信号经就地判别后跳开该侧开关。在控制回路实现上，由断路器操作箱的 TJR 触点位置（母差、失灵等动作后启动该接点）开入保护装置，由保护装置经主保护通道发"远跳"令。

图 3-17　线路保护远跳回路

2. 距离保护

（1）距离保护的基本原理。距离保护是反映故障点至保护安装处的距离，并根据距离的远近确定动作时间的一种保护装置。距离保护可分为相间距离和接地距离两种保护。相间距离保护的功能是反应线路的相间短路，接地距离保护用来反应线路的单相接地和两相接地短路。

距离保护由三段式接地距离、相间距离构成，一般整定经振荡闭锁。距离保护的范围一般按以下原则整定：

距离 Ⅰ 段：本线全长的 80%～85%；

距离 Ⅱ 段：本线全长及延伸至下一线路的 30%～40%；

距离 Ⅲ 段：一般包括本线路及下一线全长甚至更远。

（2）距离保护动作逻辑。如图 3-18 所示，距离 Ⅰ、Ⅱ 段保护受振荡闭锁和 TV 断线闭锁。

3. 零序电流方向保护

（1）零序电流方向保护的基本原理。在中性点直接接地系统中发生接地短路时，将产生很大的零序电流，反应零序电流增大而构成的保护称为零序电流保护。在两侧变压器的中性点均接地的电网中，当线路发生接地短路时，故障点的零序电流将分为两个支路分别流向两侧的接地中性点。为保证在各种接地故障情况下保护动作的选择性，必须在零序电流保护上增加零序功率方向元件，以判别零序电流的方向，构成零序电流方向保护。

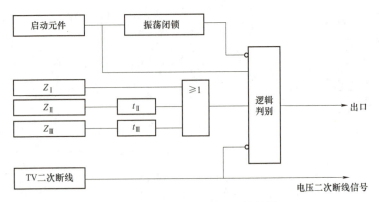

图 3-18　距离保护简易逻辑框图

（2）零序电流方向保护配置。零序电流方向保护一般为二段时限（零序Ⅱ段、Ⅲ段），零序Ⅱ段固定带方向，零序Ⅲ段方向可投退。TV 断线后，零序Ⅱ段退出，零序Ⅲ段退出方向。零序电流方向保护还可选配一段反时限零序过流保护，方向可投退。

4. 阶段式电流保护

电流速断保护、限时电流速断保护和过电流保护都是反映电流升高而动作的保护，它们之间的区别在于按照不同的原则来选择动作电流。速断是按照躲开本线路末端的最大短路电流来整定；限时速断是按照躲开下级各相邻线路电流速断保护的最大动作来整定；过电流保护则是按照躲开本元件最大负荷电流来整定。

由于电流速断不能保护线路全程，限时电流速断又不能作为相邻元件的后备保护，因此为保证迅速而又选择性地切除故障，常常将电流速断保护、限时电流速断保护和过电流保护组合在一起，构成阶段式电流保护。具体应用时，可以只采用速断保护加过电流保护，或限时速断保护加过电流保护，也可以三者同时采用。

5. 重合闸

（1）重合闸的配置原则。电力系统采用自动重合闸装置有两个目的：一是输电线路的故障多数为瞬时性，因此在线路被断开后，再进行一次重合，就能恢复供电；二是保证电力系统稳定，根据系统实际情况，通过稳定计算，选择合适的重合闸方式，可以收到良好的效果。

1）对于单侧电源线路，不存在非同期合闸问题，一般采用三相一次重合闸或三相重合闸，装于线路供电侧，受电侧重合闸停用（一些重要用户会要求线路停用重合闸，如牵引站）。

2）在联络线中，由于传送功率大、稳定问题突出，若使用分相操动机构的断路器时，更适合采用单相重合闸及综合重合闸。

3）双电源线路大电源侧采用检无压，另一侧重合闸停用。

（2）重合闸方式。保护装置一般利用屏上的切换开关、连接片或控制字可以实现五种重合闸方式：

1）单相重合闸方式：当线路发生单相接地故障时保护动作跳开该故障相，单相重合，重合不成，跳开三相；发生相间故障则跳开三相，不重合。

2）三相重合闸方式：当线路发生任何故障，保护动作跳开三相，三相重合，重合不成，跳开三相。

3）综合重合闸：当线路发生单相接地故障时保护动作跳开该故障相，单相重合，重合不成，跳开三相；发生相间故障，保护动作跳开三相，三相重合，重合不成，跳开三相。

4）三相一次重合闸方式：当线路发生单相接地故障时保护动作跳开三相，三相重合，重合不成，跳开三相；发生相间故障则跳开三相，不重合。

5）停用方式：重合闸退出，线路任何故障均三相跳闸不重合。

（3）重合闸启动。重合闸启动有保护启动或断路器位置不对应启动两种。

1）断路器位置不对应启动：跳闸位置继电器动作（TWJ = 1）、控制开关在合后位置（KKJ合后），则启动重合闸。可用于开关跳闸后启动，也可用于纠正开关偷跳。

2）保护启动方式：由线路保护跳闸命令启动，且需满足对应跳闸相断路器 TA 无电流的条件。

（4）重合闸闭锁条件。

1）外部闭锁开入：手动分闸、母差动作、其他保护闭锁重合闸开入；

2）一些经整定闭锁重合闸的保护动作：如相间距离Ⅱ段、接地距离Ⅱ段、零序电流Ⅱ段跳闸等；

3）一些不经整定直接闭锁重合闸的保护动作：如零序电流Ⅲ段、距离保护Ⅲ段跳闸等；

4）其他情况：如单重方式下三跳、沟通三跳连接片投入等。

3.5　母　联　保　护

根据继电保护"六统一"装置技术规范要求，变电站需要配置独立于母线保护的母联充电过电流保护。母联保护包括母联充电保护和母联过电流保护两种类型。

1. 母联充电保护

（1）母联充电保护作用。当任一组母线检修后再投入之前，利用母联断路器对该母线进行充电试验时可投入母联充电保护，当被试验母线存在故障时，利用充电保护切除故障。

（2）母联充电保护的动作逻辑。当充电保护投入时、相应段的相电流元件动作经相应整定延时后充电保护动作出口跳母联断路器。充电保护动作后还启动失灵保护，再经失灵保护延时出口跳其他断路器。

如图 3-19 母联充电保护逻辑图所示，母联充电保护可以由控制字设定为长时投入或者短时投入。

当充电保护短时投入时，保护装置通过开关位置接点来判断手合状态，判出于合后充电保护自动投入，并且只开放 10s，即 10s 后该段电流元件自动退出。

其中手合判据为：

1）三个分相 TWJ 均动作且无流（无流门槛 $0.04I_n$）并超过 30s 后；

2）任一相 TWJ 返回或者线路有流。

当充电保护长时投入时，充电保护仅由充电连接片投退。

2. 母联过电流保护

（1）母联过电流保护作用。当利用母联断路器串带线路或主变压器时可投入母联过电流保护作为临时保护。

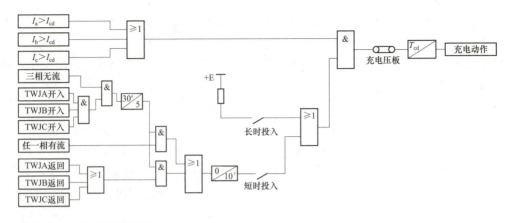

符号说明：I_{cd}为充电保护过电流定值；
T_{cd}为充电保护时间定值。

图 3-19　母联充电保护逻辑图

（2）母联过电流保护的动作逻辑。如图 3-20 所示，两段相过电流和两段零序过电流保护，均通过"过电流投入"连接片和相应控制字控制投入，母联过电流保护在任一相母联电流大于过电流整定值或母联零序电流大于零序过电流整定值时，经整定延时跳开母联断路器，母联过电流保护不经复合电压闭锁。

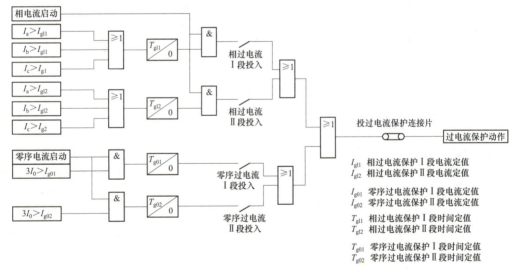

图 3-20　母联过电流保护逻辑图

3.6　电容器保护

3.6.1　电容器保护配置

电容器组的保护及测控一般采用测控保护一体装置，其保护一般由过电流保护、零序过电流保护、过电压保护、低电压保护、不平衡保护构成，并具有 TV 断线告警或闭锁功能。

3.6.2　电容器保护类型

1. 过电流保护

为保护电容器各部分发生的相间短路故障，可以设置两段式（或三段式）反映相电流增大的过电流保护作为电容器相间短路故障的主保护。在执行过流判别时，各相、各段判别逻辑一致，各段可以设定不同时限。当任一相电流超过整定值达到整定时间时，保护动作。过流保护的电流一般取自电容器开关 TA 次级，动作后跳闸。

2. 零序过电流保护

保护装置内设有一段（或两段）零序过电流保护，主要反映电容器各部分发生的单相接地故障。当采用中性点不接地或经消弧线圈接地时，零序过电流保护动作告警，并可与零序电压配合实现接地选线。零序过电流保护的电流宜采用专用零序电流互感器，一般零序保护不启用。

3. 低电压保护

设置低电压保护主要是为了防止电容器因备自投或重合闸动作，失电后在短时间内再次带电时，由于残余电荷的存在对电容器造成冲击损坏，所以低电压保护延时应小于备自投或重合闸动作时间。同时低电压保护也可以防止 35kV 系统故障时电容器组向故障点输送电源。为了防止 TV 断线时低电压保护误动，可整定选择是否经有流判据进行闭锁。低电压保护的交流电压取自于电容器所在母线电压，动作于跳闸。

4. 过电压保护

过电压保护主要是防止运行电压过高造成电容器损坏，根据需要可以选择动作告警还是跳闸。过电压保护的交流电压一般取自母线电压互感器次级线电压，一般整定为过电压发信。

5. 不平衡保护

不平衡保护主要用来保护电容器内部故障，当单只或部分电容器故障退出运行，电容器三相参数不平衡可能造成其余电容器过电压损坏。

不平衡保护包括不平衡电流保护、不平衡电压保护和差压保护，可根据一次设备接线情况进行选择。

当电容器组采用单星形接线时主要采用不平衡电压保护或差压保护。不平衡电压保护和差压保护的交流电压一般取自电容器组的放电线圈电压。如图 3-21 不平衡电压保护接线所示，不平衡电压保护将各相放电线圈二次电压串接形成不平衡电压（开口三角 $3U_0$）进行判别计算（正常运行时不平衡电压应为 0）；如图 3-22 差压保护接线所示，差压保护通过对

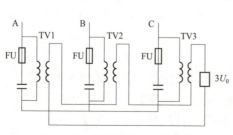

图 3-21　不平衡电压保护接线

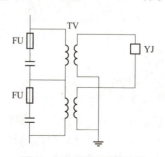

图 3-22　差压保护接线

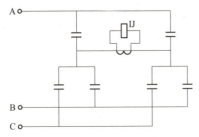

图 3-23　不平衡电流保护接线

同相电容器两串联段电压进行判别计算（正常运行时两者电压差应为 0）。当某段电容器故障时，会产生不平衡电压或差压，保护动作于跳闸。

如图 3-23 不平衡电流保护接线所示，当电容器组采用双星形接线时主要采用不平衡电流保护。不平衡电流保护的交流电流一般取自电容器组中性点 TA，正常情况下不平衡电流应为 0，当某段电容器故障时，会在电容器组中性点连接线上产生不平衡电流，保护动作于跳闸。

上述三种不平衡保护均可作为电容器组的主保护，可以根据不同的电容器组接线方式进行选用，一般只需配置一种不平衡保护即可。

3.7　电　抗　器　保　护

3.7.1　电抗器保护配置

一般情况下，部分 220kV 及以下电压等级变电站主变低压侧母线配置有低压电抗器（简称低抗），用于吸收系统多余无功，调节电压，低抗有油浸式和干式两种。油浸式电抗器的保护及测控一般采用测控保护一体装置，其保护一般由差动保护、过电流保护、过负荷等功能及非电量保护构成。并联电抗器有的采用干式电抗器。干式电抗器保护配置相对简单，主要配置过电流保护、零序过电流、欠电流保护、低电压保护等后备保护，本节不再作深入介绍。

3.7.2　电抗器保护类型

1. 电流差动保护

电流差动保护作为低抗相间短路和匝间短路的主保护，电流一般取自低抗两侧套管 TA。保护还设有差动速断，在低抗内部严重故障时快速动作。保护配有 TA 断线检测功能，在 TA 断线时闭锁差动保护，且发 TA 断线信号。

当电抗器内部发生严重短路故障时，由于短路电流很大，TA 严重饱和而使交流暂态传变严重恶化，TA 二次电流的波形将发生严重畸变，含有大量的高次谐波分量。为防止差动保护延缓动作或涌流判别元件误判成励磁涌流，闭锁差动保护，将造成电抗器严重损坏的后果。微机差动保护配置了差动速断元件。差动速断没有制动量，其元件只反映差流的有效值，不管差流的波形是否畸变及谐波分量的大小，只要差流的有效值超过整定值，它将迅速动作切除电抗器。

2. 后备保护

电抗器保护包括两段式（或三段式）定时限过电流保护、过电流反时限以及过负荷保护。

其中定时限过电流保护是反映相电流增大的过电流保护，用以保护电抗器各部分发生的相间短路故障。当任一相电流超过整定值达到整定时间时，保护动作。

一般过负荷保护动作后仅作用于信号。

3. 非电量保护

考虑到电抗器内部轻微故障，如少量匝间短路或尾端附件相间或接地短路，差动保护和过电流保护可能无法灵敏动作，而气体继电器可以灵敏反映这一变化。油浸式电抗器配置有重瓦斯、压力释放、轻瓦斯、线温高、油温高、油位异常等非电量保护，一般仅重瓦斯接跳闸，其余均接信号。

上述油浸式电抗器的电气量保护、非电量保护的详细功能与原理可参照主变保护章节。

3.8 备用电源自动投入装置

3.8.1 备用电源自动投入装置概述

备用电源自动投入装置是当工作电源因故障断开以后，能自动而迅速地将备用电源投入工作或将用户切换到备用电源上去，从而不使用户停电的一种自动装置，简称备自投装置。

220kV 变电站备自投装置主要用于 35～10kV 电压等级，一般适用于单母分段接，若220kV 部分采用内桥接线（或扩大内桥），则高压侧亦可配置一套备自投装置，这种在变电站两个电压等级同时配有备自投装置的，一般将它们区别称为"高备投"及"低备投"。

对于 110kV 厂站而言，若其高压侧采用内桥接线、单母线接线或单母分段接线，则可配置一套"高备投"，若其低压侧采用单母分段接线，则可配置一套"低备投"。

3.8.2 备用电源自动投入装置的要求

（1）工作电源断开后，备用电源才能投入。

（2）备自投装置动作必须经过延时，延时时限应大于最长的外部故障切除时间。

（3）在手动跳开工作电源时，备自投装置不应动作。

（4）应具备闭锁备自投装置的逻辑功能，以防止备用电源投到故障的元件上，造成事故扩大的严重后果。

（5）备用电源无压时，备自投装置不应动作。

（6）备自投装置在电压互感器一、二次熔断器熔断时不应误动，应设置 TV 断线告警。

（7）备自投装置只能动作一次，防止系统受到多次冲击而扩大事故。

（8）应考虑备自投装置动作后过负荷或电动机自启动问题（一般采取两种措施：① 备自投装置动作前过负荷闭锁；② 备自投装置动作后减非重要负荷）。

（9）备自投装置动作若使备用电源投于故障，应有保护加速跳闸（加速要适当延时，躲过变压器励磁涌流、电动机自启动等暂态大电流）。

（10）若备自投装置充电完成，则在工作、备用电源均无压时，备自投装置应延时（大于上级电源最长恢复时间）放电。

3.8.3 备自投装置的类型

备自投装置的投切方式可分为母联（或分段）开关备投、进线开关备投或投主变开关。

1. 高压侧备自投装置

高压侧备自投装置主要适用于内桥接线、单母分段接线等，如图 3−24 和图 3−25 所示。

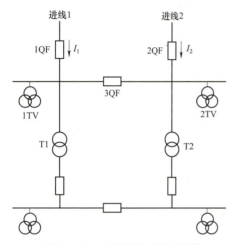

图 3−24　内桥接线（高压侧）　　　　图 3−25　单母分段接线（高压侧）

单母分段接线与内桥接线的区别在于主变有独立的高压侧开关，单母分段接线的备自投装置充放电条件及动作逻辑与内桥接线完全一致，此处仅介绍内桥接线的备自投装置相关内容。内桥接线的备自投装置动作逻辑见表 3−6 所示。

表 3−6　　　　　　　　　　　内桥接线的备自投装置动作逻辑表

动作逻辑	备自投方式	
	进线自投方式	桥开关自投方式
正常运行方式	2QF，3QF 合，1QF 分	1QF，2QF 合，3QF 分
备自投装置充电条件	① 1TV、2TV 均三相有压； ② 2QF、3QF 在合位，1QF 在分位。 满足上述条件①、②，经 15s 延时后，装置充电完成。通过该备自投装置充电延时逻辑，确保备自投装置只动作一次，防止自投装置反复动作	① 1TV、2TV 均三相有压； ② 1QF、2QF 在合位，3QF 在分位。 满足条件①、②，经 15s 充电完成
备自投装置放电条件	① 1QF 在合位； ② 手跳（远控）2QF 或 3QF； ③ 有其他外部闭锁条件开入； ④ 控制字不允许 1QF 自投； 满足上述条件①~④中任一个，备自投装置放电	① 3QF 在合位； ② 手跳（远控）1QF 或 2QF； ③ 有其他外部闭锁条件开入； ④ 控制字不允许 3QF 自投； ⑤ 1TV、2TV 均三相无压； 满足上述条件①~⑤中任一个，延时 15s 自投放电
备自投装置动作过程（充电完成后）	情况一：1TV、2TV 均无电压，I_2 无电流。 ① 若装置判进线 2 电源失电或 2QF 偷跳，且 T2 主变无故障，延时跳 2QF，检查 2QF 跳开后，延时合上 1QF。 ② 若装置判 T2 主变故障，且 2QF、3QF 跳开后，备自投动作合上 1QF。此时，备自投装置还应判开关拒跳情况：（a）如 2QF 拒跳、3QF 跳开，则备自投可以动作合上 1QF。（b）如 3QF 拒跳，则备自投不应动作。 情况二：2TV 有电压，1TV 无电压，3QF 分位。 ① 若装置判 3QF 偷跳，且 1 号主变无故障，备自投动作合上 1QF。 ② 若装置判 T1 主变有故障，则备自投装置放电	情况一：1TV 有电压，2TV 无电压，I_2 无电流。 ① 若装置判进线 2 电源失电或 2QF 偷跳，且 T2 主变无故障，则延时跳 2QF，检查 2QF 跳开后，延时合上 3QF。 ② 若装置判 T2 主变有故障，则备自投装置放电。 情况二：1TV 无电压，2TV 有电压，I_1 无电流。 ① 若装置判进线 1 电源失电或 1QF 偷跳，且 T1 主变无故障，则延时跳 1QF，检查 1QF 跳开后，延时合上 3QF。 ② 若装置判 T1 主变故障，则备自投装置放电

2. 低压侧备自投装置

220kV 变电站一般仅当低压侧采用单母分段接线时才考虑配置备自投装置，在正常运行方式，主变次总开关均在合位，仅分段开关为热备用状态。低备投一般采用分段开关备投，如果该变电站内高压侧已有自投，则低压侧自投应与高压侧自投配合，躲过高压侧自投时间。低压侧电源接线方式如图 3 - 26 所示。

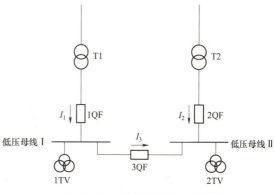

图 3 - 26　低压侧电源接线方式

低备投充放电条件及动作逻辑可参照内桥接线的桥开关备投，具体见表 3 - 7。

表 3-7　　　　　　　　　　　　　低压备自投装置动作逻辑表

动作逻辑	备自投方式
	低压侧备自投装置
正常运行方式	1QF，2QF 合，3QF 分
备自投装置充电条件	① 1TV、2TV 均三相有电压； ② 1QF、2QF 在合位，3QF 在分位。 满足条件①、②，经 15s 充电完成
备自投装置放电条件	① 3QF 在合位； ② 手跳（远控）1QF 或 2QF； ③ 有其他外部闭锁条件开入； ④ 控制字不允许 3QF 自投； ⑤ 1TV、2TV 均三相无电压。 满足上述条件①~⑤中任一个，延时 15s 自投放电
备自投装置动作过程（充电完成后）	情况一：1TV 有电压、2TV 无电压，I_2 无电流。 ① 若装置判主变 T2 电源失电或 2QF 偷跳，且主变 T2 次总无电流（低压母线 II 上没有故障），则延时跳 2QF，检查 2QF 跳开后，延时合上 3QF。 ② 若装置判 T2 低后备动作，则故障点可能在低压母线 II 上，自投装置应放电。 情况二：1TV 无电压、2TV 有电压，I_1 无电流。 ① 若装置判主变 T1 电源失电或 1QF 偷跳，且主变 T1 次总无电流（低压母线 I 上没有故障），则延时跳 1QF，检查 1QF 跳开后，延时合上 3QF。 ② 若装置判 T1 低后备动作，则故障点可能在低压母线 I 上，自投装置应放电

3.9　低频低压自动减负荷装置

电力系统在各种可能的扰动下失去部分电源（如切除发电机、系统解列等）可能因系统有功缺额引起频率下降，或因系统无功不足引起电压下降。

220kV 变电站中 35、10kV 系统一般配有低频低压自动减负荷装置，该装置能在系统频率或电压下降时自动按频率降低值或按电压降低值逐轮依次切除部分负荷，使系统电源与负荷之间的有功和无功重新平衡，从而使系统频率和电压尽快恢复到允许的范围内。低频低压自动减负荷装置是构建电网安全运行第三道防线的关键设备。

目前，用微机实现低频低压自动减负荷的方法大致有两种：一是采用专门的低频低压自动减负荷装置（集中控制方式），将全部馈电线路分级，然后根据系统频率下降、电压下降的情况去切除负荷。二是将低频低压自动减负荷的控制分散设置在每一回馈电线路的保护装置中。

3.10　故障录波器

故障录波器是一种系统正常运行时，故障录波器不动作（不录波）；当系统发生故障及振荡时，通过启动装置迅速自动启动录波，直接记录下反映到故障录波器安装处的系统故障电气量的一种自动装置。

故障录波器能够在系统发生故障时，自动准确地记录故障前、后过程中各种电气量的变化情况（包括电流、电压、有功、无功、系统频率以及各种开关量等），通过对这些电气量的分析，可追溯事故原因、判断保护是否正确动作，查找故障点，为继电保护进一步完善提供策略。故障录波器的相关记录除了在变电站现场故录装置上直接调阅之外，它还通过变电站Ⅱ区数据通信网关机接入调度数据网并上送至调度主站端，提供远程调阅手段。

3.11　综合自动化系统

3.11.1　综合自动化系统概述

对于变电站现场来说，综合自动化主要是指站端自动化系统。站端自动化系统是利用先进的计算机技术、通信技术以及信息处理技术对变电站二次设备（包括继电保护、控制、测量、信号、故障录波、自动装置及远动装置等）的功能进行优化整合而成的一种综合性的自动化系统。它具备对变电站运行设备的遥测、遥信、遥控、遥调功能，可以在监控后台机上实现变电站设备运行工况监视、设备操作、事件记录、实时数据采集、报表查看及打印等功能。

3.11.2　站端自动化系统的配置

1. 常规站综合自动化系统结构配置

常规站（220kV 及以上）系统结构应分为两部分：站控层和间隔层，层与层之间应相对独立。采用分层、分布、开放式网络系统实现各设备间连接。

如图 3-27 所示，站控层与间隔层之间通信采用以太局域网。间隔层设备一般包括变电站内面向具体元件（如主变、线路、电容器等元件）的二次设备（如保护装置、测控装置）以及故障录波器、直流监控装置、火灾报警等智能终端。站控层设备一般指面向全变电站运行管理的后台主机、远动主机、工程师站、操作员站等设备。

常规站中，一般与后台综合自动化系统不同厂家的保护、测控或其他电子设备（如直流监测装置等）应经规约转换装置转换后才能与本地后台或远动主机进行通信。

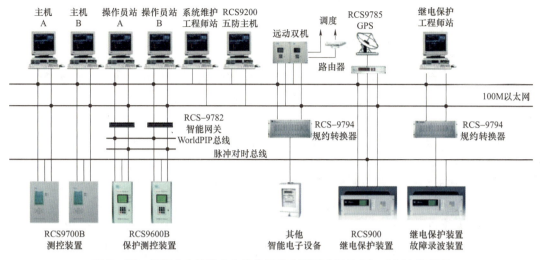

图 3-27　常规变电站综合自动化系统典型图（以 RCS-9000 为例）

2. 智能站综合自动化系统结构配置

图 3-28 为智能变电站的综合自动化系统结构图，智能变电站采用过程层、间隔层、站控层三层架构体系面向间隔设计。由于智能站中保护、测控等装置普遍采用同一规约（IEC 61850），因此，智能化变电站一般无需规约转换装置（若个别厂家的 IED 设备不支持61850 规约，则仍需增加规约转换）。此外，区别于常规变电站，智能化保护装置可直接与后台及远动通信（无需经保护信息管理机）。

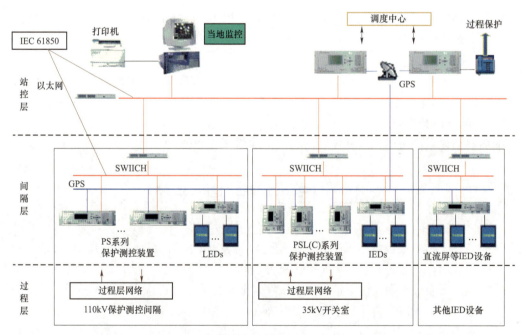

图 3-28　智能变电站综合自动化系统结构图

3.11.3 站端自动化系统的功能

1. 数据采集和处理

其范围包括模拟量、开关量、电能量以及其他装置的数据。其中，模拟量的采集包括电流、电压、有功功率、无功功率、功率因素、频率以及温度等信号，开关量的采集包括断路器、隔离开关以及接地开关的位置信号、继电保护装置和安全自动装置动作及报警信号、运行监视信号、变压器有载调压分接头位置信号等。

2. 变电站实时监视

能自动或根据运行人员的命令，通过监视器屏幕实时显示各种画面。包括系统运行工况监视、变电站一次系统运行状态监视、二次系统运行状态监视。

3. 控制操作

控制操作的对象包括断路器、隔离开关、接地开关（电动操作）、主变及站用变分接头调节、保护装置软连接片等。其中，通过站端自动化系统进行遥控开关时，还可以实现合闸同期检测功能（由测控装置实现）。

4. 事件顺序记录和事故追忆

事件顺序记录又称 SOE，特指在电网发生事故时，以比较高的时间精度记录的下列一些数据：发生位置变化的各断路器编号、变位时刻，动作保护名称、故障参数、保护动作时刻等。

事故追忆：对事件发生前后的运行情况进行记录，记录时间范围为事故前 1min 到事故后 2min 的所有相关的模拟量和状态量。

5. 时钟同步

采用全站统一对时系统，计算机监控系统对各个间隔层单元及站级计算机等具有时钟的设备进行同步的时钟校正，保证各部件时钟同步率达到精度要求。时钟源为北斗卫星或 GPS。

6. 远动功能

站端自动化系统的远动主机可通过调度数据网与远方调度端（主站端）进行信息交换，满足主站端对本地（子站端）的监视、遥控、遥调、调阅故障录波、保护动作信息等各种需要。

7. 防误闭锁功能

站端自动化系统可以实现变电站跨间隔的逻辑闭锁功能。

3.12 保护信息子站

保护信息子站是采集继电保护装置、安全自动装置的实时运行情况、配置和故障信息，并对这些装置运行状态进行监视、配置信息管理和动作行为分析的装置。其功能包括保护参数及保护值的召唤、查询，模拟量、状态量实时数据监测，保护报文及波形等信息收集，装置通信状态监测，录波文件下载和录波曲线展示。

该装置不仅是继电保护工作的重要工具，而且在电网故障时将为调控人员提供处理提示，防止调控人员发生误操作等事件发生。

第 4 章
变电站交直流系统

4.1 变电站交流系统

变电站站用电交流电源系统是变电站的重要组成部分，为站内一、二次设备及辅助设施等提供可靠的工作电源、操作电源及动力电源。如果站用电失去，将严重影响变电站设备的正常运行，甚至引起系统停电和设备损坏事故。因此，运行人员必须十分重视站用电交流系统的安全运行，熟悉站用电系统及其运行操作。

4.1.1 站用电交流系统的构成

站用电交流系统是指从站用变压器低压出线套管开始的低压接线系统，主要由站用变压器、交流进线（联络）柜、交流馈线柜、自动切换装置、交流供电网络等组成。

（1）站用变压器。站用变压器电源取自两台不同主变压器分别供电的母线，保证站内不会失去交流电源。

（2）交流进线（联络）柜、交流馈线柜。交流进线柜起交流电源控制及监视作用，主要包含主备自动切换装置以及交流母线的电流、电压监视器。馈线柜则起分配交流电源的功能，并监视各个馈线的空气开关状态。

（3）站内馈线及用电元件主要包括以下几类：

1）主变压器冷却、调压电源及消防水喷淋电源；

2）断路器储能电源、隔离开关操作电源、闭锁电源；

3）直流系统充电电源；

4）UPS 逆变电源；

5）设备加热、驱潮、照明电源；

6）检修电源箱、试验电源屏；

7）SF_6 监测装置电源；

8）正常及事故排风扇电源，站内生活、照明等交流电源等。

4.1.2 站用电源系统接线方式

1. 接线要求

因一个变电站内所需的电能不会很多，所以变电站的站用变压器容量都不会很大。但其重要性突出，必须能长期不间断地供电。接线要求如下：

（1）站用电低压系统应采用三相四线制，系统的中性点连接至站用变压器中性点，就地单点直接接地。系统额定电压 380/220V。

（2）站用电母线采用按工作变压器划分的单母线。相邻两段工作母线间可配置分段或联络断路器，宜同时供电分列运行，并装设自动投入装置。

（3）当任一台工作变压器退出时，专用备用变压器应能自动切换至失电的工作母线段继续供电。

2. 典型接线方式

（1）两台站用变，低压单母接线方式（单 ATS）。对于 110kV 及以下的变电站采用两台站用变分列运行，低压母线采用单母线接线方式（如图 4-1 所示）。正常情况下，低压 400V 母线负荷正常由 1 号站用变供电，2 号站用变为备用。当 1 号站用变失电后，ATS 切换装置自动合上 QF2 开关，2 号站用变自动投入。

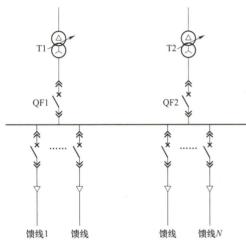

图 4-1 110kV 站用电源系统典型接线图

（2）两台站用变，低压单母分段接线方式（备自投）。220kV 及以下变电站采用两台站用变分列运行，站用低压母线采用单母分段的接线方式（如图 4-2 所示）。当某一段低压母线失电后，备自投装置启用，合上低压分段开关，另一台站用变投入运行。

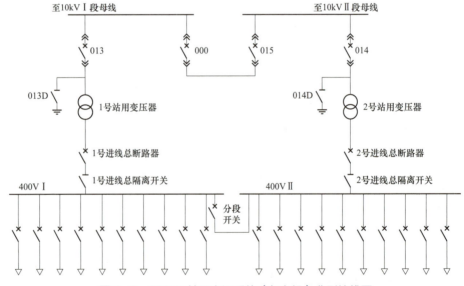

图 4-2 220kV 站用电源系统（备自投）典型接线图

（3）两台站用变（双 ATS）。220kV 及以下变电站的站用电源系统也可以使用双 ATS 方式进行两路电源的切换（如图 4-3 所示）。正常情况下 1QF 和 4QF 合位，两台站用电源系统各带一段低压母线。当 I 段低压母线失电后，其对应的 1 号 ATS 动作合上 2QF，由 2 号站用电供电；Ⅱ段低压母线失电后，2 号 ATS 动作合上 3QF，由 1 号站用电供电。

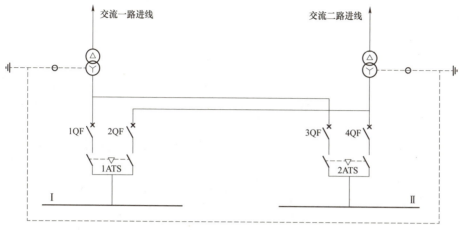

图 4-3　220kV 站用电（双 ATS）典型接线图

4.1.3　交流不间断电源系统

交流不间断电源系统是指站用电失压后能继续不间断供电的交流源，包括各种用途的 UPS（Uninterruptible Power System）和逆变装置。UPS 工作电源回路接线如图 4-4 所示。

正常时，由站用电交流电源输入，经装置内部整流和逆变电路输出高品质交流电；站用电消失或异常时，由变电站直流系统作输入，经装置逆变后输出交流电。

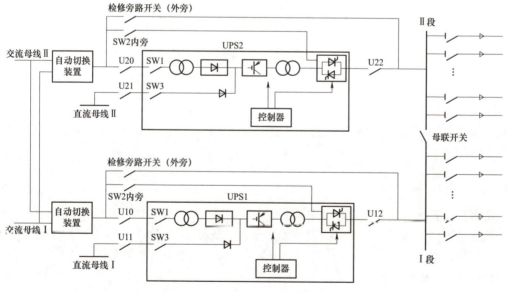

图 4-4　UPS 工作电源回路接线图

正常状态以 UPS 馈电屏 1 为例（UPS 馈电屏 2 类似）：其 ATS 自动切换装置正常取交流Ⅰ母，Ⅰ母失电后自动切至Ⅱ母，交流Ⅰ母有电后又切回Ⅰ母供电，其切换时间约为几秒。（注：UPS 馈电屏 2 的 ATS 正常取交流Ⅱ母电源）两台 UPS 装置的直流输入采用不同直流母线输入，不自带蓄电池，一路直流输入，直流输入取自站内直流电源系统。

4.1.4 运行规定

（1）站用变的停电操作应先次级后初级，送电操作相反。所用电系统停启用次级回路的操作应尽量避免带负荷插拔熔丝，在插拔熔丝前可先拉开所用电次级隔离开关，无次级隔离开关的可先将交流馈线负载断开。

（2）在正常情况下可用隔离开关投、切空载站用变，但在系统发生单相接地或站用变本身发生故障时，禁止用高压隔离开关进行操作。

（3）站用变检修后复役时，一般情况下应对站用变检查确认无故障可能后用高压隔离开关对站用变充电，当无法确认时，应提请调度用断路器对站用变充电。

（4）220kV 变电站站用变在投退操作过程中，在进行站用电切换操作时须严禁站用变低压侧并列，严防造成站用变倒送电。

（5）220kV 变电站站用电配电回路具有环路供电的，交流电源严禁环网运行，其环供解列点宜设置在站用电配电屏，即在站用电配电屏应断开其中一路环路配电断路器，并加挂"禁止合闸，有人工作"标识牌。

（6）站用电备用电源自投装置动作后，应检查站用电的切换情况是否正常。站用电正常工作电源恢复后，备用电源自投装置不能自动恢复正常工作电源的须人工进行恢复。

（7）除应满足 ATS 自投方案的操作原则外，还应满足：合上分段断路器前，应检查受电母线的进线次级空气开关不在合闸位置。

（8）站用电切换或失电恢复后，应检查主变压器冷却系统、直流充电装置及逆变器电源运行正常。

4.2 变电站直流系统

变电站内，直流系统是为各种控制、自动装置、继电保护、信号等提供可靠的直流工作电源和操作电源。当站用电源失去后，直流电源还要作为应急的后备电源，如能供给事故照明用电等。

4.2.1 直流系统的构成

站用直流系统一般由交流配电单元、集中监控单元、充电模块、蓄电池组、直流馈电单元、绝缘监测仪、调压硅链单元、电池监测仪、防交流窜入装置构成。各组件功能如下：

（1）交流配电单元。将交流电源引入分配给各个充电模块，扩展功能为实现两路交流输入的自动切换，以提高直流系统供电的可靠性。为防止过电压损坏充电模块，交流配电设有防雷装置。

（2）集中监控单元。负责实现直流电源系统的监测、控制和管理的功能模块。集中监控单元是电源系统的控制、管理核心，具有四遥功能，可使电源系统达到无人值守。采用以微处理器为核心的集散模式对充电模块、馈电回路、电池组、直流母线对地绝缘情况实施全方位监视、测量、控制，完全不需人工干预。

（3）充电模块。提供电池所需电压输出的 AC/DC 智能高频开关变换器，其输出连接在电池母线上。基本功能是完成 AC/DC 变换，以输出稳定的直流电源实现系统最为基本的功能。

（4）蓄电池组。蓄电池组是直流系统的重要组成部分，直流系统正常工作时存储能量主要作用是在交流电源停电时释放自身存储电能，保证直流系统不间断地向负荷供电。阀控蓄电池和蓄电池组分别如图 4−5 和图 4−6 所示。

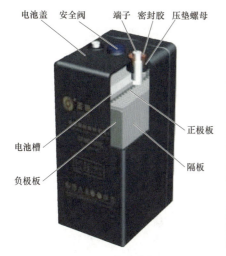

图 4−5　阀控蓄电池　　　　　　　　　　图 4−6　蓄电池组

（5）直流馈电单元。将直流电源经直流断路器分配到各直流用电设备。包括合闸（动力）回路、控制回路、闪光回路以及绝缘监测装置等，扩展功能为馈线故障跳闸报警。

（6）绝缘监测仪。主要功能是在线监测母线和支路的绝缘情况。当测量出有绝缘支路的绝缘电阻下降超过整定值时，会发出告警信号。

（7）电池监测仪（电池巡检仪）。主要功能是实现单体或成组（3 只或 6 只为 1 组）电池电压、温度的监测。

4.2.2　直流系统接线方式

1. 接线要求

（1）每台充电装置应有两路交流输入（分别来自不同站用电源）互为备用，当运行的交流输入失去时能自动切换到备用交流输入供电。

（2）两组蓄电池组的直流系统，应满足在运行中两段母线切换时不中断供电的要求，切换过程中允许两组蓄电池短时并联运行，禁止在两系统都存在接地故障情况下进行切换。

（3）直流母线在正常运行和改变运行方式的操作中，严禁发生直流母线无蓄电池组的运行方式。

2. 典型接线方式

（1）单组蓄电池组单组充电装置。对于 110kV 及以下变电站，直流母线为单母线接线，只有一组蓄电池组和充电装置（如图 4−7 所示），直流系统的供电可靠性较低。

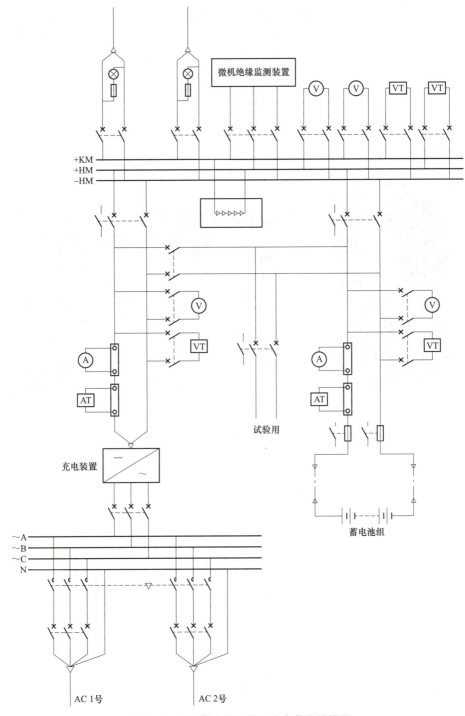

图 4-7　单组蓄电池组单组充电装置接线图

（2）两组蓄电池两组充电装置。对于 220kV 及以下变电站，直流母线为单母线分段接线，有两组蓄电池组，两组充电装置（如图 4-8 所示），当有一组充电装置故障退出时，将有一组蓄电池组失去浮充电。此种直流供电的可靠性相对较高。

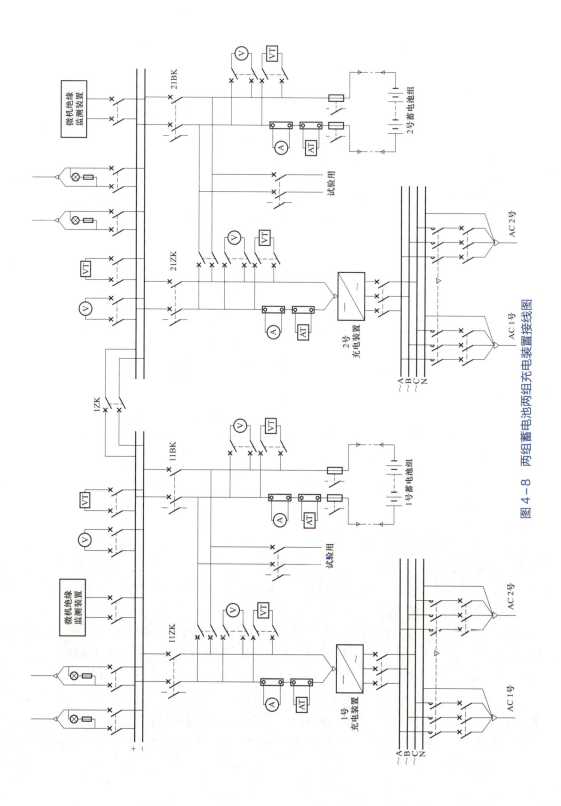

图 4－8　两组蓄电池两组充电装置接线图

4.2.3　运行规定

（1）直流系统的馈出网络应采用辐射状供电方式，严禁采用环状供电方式。直流母线上接的主要负载有：保护及自动装置电源、测控装置电源、自动化及通信装置电源、断路器控制电源、UPS直流电源等。

（2）新建或改造的变电站，直流系统绝缘监测装置应具备交流窜直流故障的测记和报警功能，对于不具备此项功能的，应逐步进行改造，使其具备交流窜直流故障的测记和报警功能。

（3）两组蓄电池组的直流系统，应满足在运行中两段母线切换时不中断供电的要求，必须保证所有用电负荷的安全可靠供电。

（4）直流母线在正常运行和改变运行方式的操作中，严禁发生直流母线无蓄电池组的运行方式。

（5）正常运行方式下不允许两段直流母线并列运行。切换过程中允许两组蓄电池短时并联运行，两组蓄电池短时并列时，应首先检查确保电压极性一致，且电压差小于2%额定直流电压。

（6）操作熔丝时，应先取下正电源熔丝后取下负电源熔丝。放上时，则先放负电源然后再放上正电源熔丝。

（7）充电装置停用时应先停用输出断路器，再停用交流侧断路器；恢复运行时，应先合交流侧断路器，再合上输出断路器。

（8）在直流电源系统存在绝缘接地故障（包括绝缘电阻及正负极对地电压差不满足要求）情况下，严禁母线并列操作。禁止在两系统都存在接地故障情况下进行切换。

（9）采用环路供电的直流回路，一般应在直流配电屏上将一路电源断路器合上，另一环路电源断路器分开，并在该环路断路器上挂"禁止合闸，有人工作"的标识牌。

（10）阀控式蓄电池的运行温度宜保持在5~30℃，最高不应超过35℃。浮充电压值应控制为（2.23~2.28）$V \times N$，一般宜控制在2.25$V \times N$（25℃时）。

（11）每半年进行一次蓄电池均衡充电（可由装置自动完成）。均衡充电电压宜控制为（2.30~2.35）$V \times N$。

（12）新安装的阀控蓄电池应进行全核对性充放电，以后每2年进行一次核对性充放电。运行四年以后的阀控蓄电池，每年进行一次核对性充放电。

（13）直流配电的各级熔丝，必须按照有关规程及图纸设计要求放置。变电站现场应有各级交、直流熔丝配置图或配置表，各级直流熔丝（或空气断路器）按照必须具有3~4级保护级差的原则进行配置，各熔丝的标签牌上须注明其熔丝的规格及额定电流值。

（14）阀控式蓄电池组正常应以浮充电方式运行，浮充电运行的蓄电池组，除制造厂有特殊规定外，应采用恒压方式进行浮充电。浮充电时，严格控制单体电池的浮充电压上、下限，每月至少一次对蓄电池组所有的单体浮充端电压进行测量记录，防止蓄电池因充电电压过高或过低而损坏。

4.3 交直流一体化电源系统

随着现代电力行业的集成化、信息化、智能化的发展趋势,电力系统要求站用交流电源、直流电源与交流不间断电源(UPS)、逆变电源(INV)、直流变换电源(DC/DC)等不再是作为分散独立的系统,而是作为一个整体进行集中监控与管理。直流电源与交流不间断电源、逆变电源、直流变换电源装置共享直流蓄电池组,直流电源与上述任意一种及以上电源所构成的组合体,均称为交直流一体化电源系统。

4.3.1 交直流一体化电源系统的构成

智能交直流一体化电源系统采用分层分布架构,各功能测控模块采用一体化设计、一体化配置,各功能测控模块运行工况和信息数据应采用 DL/T 860(IEC 61850)标准建模并接入站内主辅设备一体化监控系统。

交直流一体化电源系统主要由交流电源系统、直流电源系统、电力用交流不间断电源与逆变电源、通信电源及各种电压等级的直流变换电源(DC/DC)和一体化电源总监控器几个部分构成。结构如图 4-9 所示。交直流一体化电源系统接入示意图如图 4-10 所示。

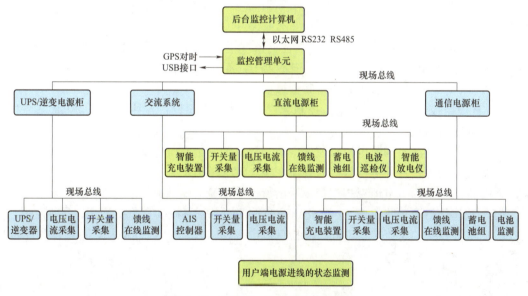

图 4-9 交直流一体化电源系统结构

(1)交流电源系统。交流系统供电为双电源方式并采取防雷措施,采用双套交流切换开关(ATS)实现 2 路进线电源自动投切、分段自动投切,可手动、自动切换并相互闭锁相应母线,实现 400V 系统为单母线分段的接线方式。交流系统监测子单元负责交流进出线开关单元的监测(ATS 及主要开关的遥控、进出线开关的遥信遥测),经 RS485 通信接口将交流系统信息上送一体化电源监控装置。交流馈线柜内考虑配置可遥控的塑壳开关,用于辅助控制系统内中断供电的空调、采暖设备的电源电动控制。

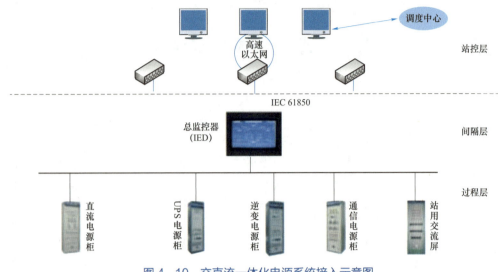

图 4-10 交直流一体化电源系统接入示意图

（2）直流电源系统。直流系统额定电压采用 220V 或 110V，为电气二次设备和操动机构以及事故照明等提供直流电源。

1）充电装置。承担对蓄电池组充电或浮充电任务的一种整流装置。

2）蓄电池组。通常为阀控式密封铅酸蓄电池，接于直流母线，在交流失电时为直流母线供电。

3）蓄电池组供电回路监测要求。在任何情况下，当蓄电池组脱离直流母线时，应发出报警信号。蓄电池组脱离直流母线包括但不限于：蓄电池开路、蓄电池组供电回路方关断开或开关故障、蓄电池组出口熔断或熔断器被拔出等。

4）直流监控装置。用于监测、控制、管理一体化电源设备各种参数和工作状态并与外部设备进行通信的装置。

（3）电力用交流不间断电源与逆变电源。提供输变电系统的交流不间断电源。

（4）通信电源及各种电压等级的直流变换电源（DC/DC）。一种 DC/DC 电源变换装置，其输入与直流电源的蓄电池组相连接，输出特性满足通信电源的要求。

（5）一体化电源总监控器。一体化电源监控器对各子系统实行集中管理、分散控制，作为一体化电源设备的总监控器，同时监控直流电源、UPS、INV、DC/DC、蓄电池和配电状态等。

4.3.2 系统方式

1. 直流电源系统的供电方式

直流电源系统馈出网络应采用集中辐射或分层辐射供电方式，分层辐射供电方式应根据电压等级设置分电屏，严禁采用环状供电方式。断路器储能电源、隔离开关电机电源、35（10）kV 开关柜可采用每段母线辐射供电方式。

2. 工作原理

交直流一体化电源系统对原有的交流系统、直流系统、通信系统、不间断电源系统进行重新整合，分散采集、集中上传，统一报送各项信息至当地后台，原理如图 4-11 所示。

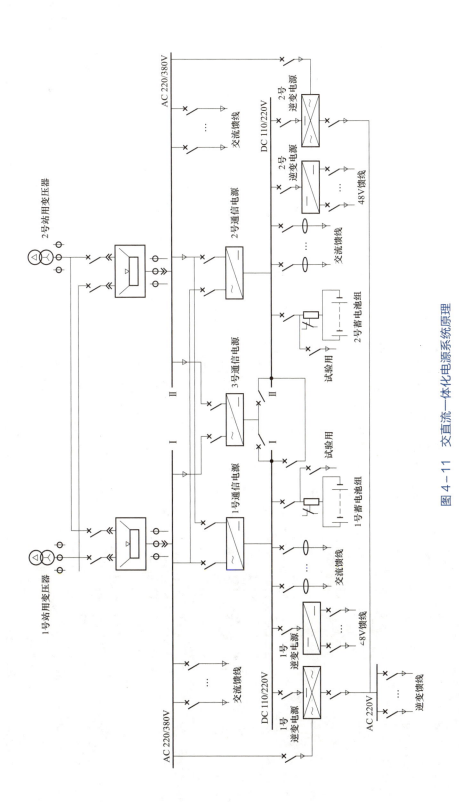

图 4-11　交直流一体化电源系统原理

第5章
电力电子装置

5.1 电力电子装置概述

5.1.1 电力电子装置及系统的概念

信息化、数字化、自动化、互动化是能源互联网的发展目标，先进电力电子技术是建设能源互联网的重要技术手段。电力电子技术为电网的改善和优化提供了先进技术，它的核心是电能形式的变换和控制，并通过电力电子装置实现其应用。

电力电子装置是以满足用电要求为目标，以电力半导体器件为核心，通过合理的电路拓扑和控制方式，采用相关的应用技术对电能实现变换和控制的装置。

电力电子装置和负载组成的闭环控制系统称为电力电子控制系统。电力电子装置及其控制系统的基本组成如图 5-1 所示，它是通过弱电控制强电实现其功能的。控制系统根据运行指令和输入、输出的各种状态，产生控制信号，用来驱动对应的开关器件，完成其特定功能。控制系统可以采用模拟电路或者数字电路来实现，具有各种特定功能的集成电路和数字信号处理器（Digital Signal Processing，DSP）等器件的出现，为简化和完善控制系统提供了方便。由于应用场景的要求不同，所以在器件、电路拓扑结构和控制方式上，应有针对性地采用不同的方案，这就要求设计者灵活运用控制理论、电子技术、计算机技术、电力电子技术等专业基础知识，将它们有机地结合起来进行综合设计。

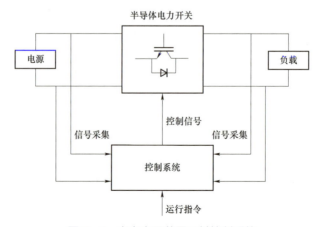

图 5-1 电力电子装置及其控制系统

5.1.2　半导体电力开关

半导体电力开关是应用于电力电子装置电能变换的电子器件，是电力电子装置的基本构成单元。

1. 电力二极管

电力二极管（Diode）是不可控单向导电器件，电气符号如图 5-2 所示。用于电力变换中的大功率二极管称为电力二极管，其电压、电流的额定值都比较高，对电力二极管来说，尽管正向导电时电压降不大，但大电流时的功耗及发热却不容忽略。

2. 晶闸管

晶闸管（Thyristor）又称可控硅（Silicon Controlled Rectifier，SCR），是半控开关器件，控制电路只能控制其开通，电气符号如图 5-3 所示。晶闸管阳极接在电路中的正极，阴极接负极，触发电流（脉冲电流）流入门极。如果门极触发电流合适，晶闸管从断态转为通态，阳极和阴极之间形成通路，且晶闸管阳极电流大于某临界值（擎住电流）后，即使撤除门极电流，晶闸管仍继续处于通态，因此只要控制脉冲电流就可以控制晶闸管开通。当晶闸管的阳极电流小于某临界值时，晶闸管才转为断态，该临界电流值称为维持电流，因此晶闸管靠主电路才能实现关断。

图 5-2　电力二极管电气符号　　图 5-3　晶闸管电气符号

3. 绝缘门极双极型晶体管

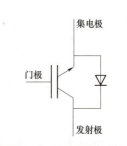

绝缘门极双极型晶体管（Insulated Gate Bipolar Transistor，IGBT）是全控型开关器件，电气符号如图 5-4 所示。IGBT 集电极和发射极分别接入主电路回路两端，门极和发射极之间连接电压控制信号。当门极与发射极之间施加正极电压时，集电极和发射极之间形成通路，IGBT 处于导通状态，当门极与发射极之间施加负极电压时，集电极和发射极之间形成高阻态，主电路关断。IGBT 作为新型电力半导体场控自关断器件，具有输入阻抗高、电压控制功耗低、控制电路简单、耐高压、承受电流大等特性，在各种电力变换中获得极广泛的应用。

图 5-4　IGBT 电气符号

5.2　电力电子装置结构

5.2.1　电力电子装置类别

电力电子装置的种类繁多，根据电能转换形式的不同，基本上可以归纳为 4 大类：交流—直流变换器（AC/DC）、直流—交流变换器（DC/AC）、交流—交流变换器（AC/AC）、直流—直流变换器（DC/DC）。

1. AC/DC 变换器

AC/DC 变换器又称整流器，用于将交流电能变换为直流电能。传统的整流器采用基于晶闸管的相控技术，控制简单、效率高，但具有滞后的功率因数，且输入电流中的低次谐波含量较高，对电网污染大。采用 IGBT 自关断器件的高频整流器，能使输入电流波形正弦化，并且跟踪输入电压，做到功率因数接近 1，它正在逐步取代相控整流器。

2. DC/AC 变换器

DC/AC 变换器又称逆变器，用于将直流电能变换为交流电能。根据输出电压及频率的变化情况，可分为恒压恒频（Constant Voltage and Constant Frequency，CVCF）及变压变频（Variable Voltage and Variable Frequency，VVVF）两类，前者用作稳压电源，后者用于交流电动机变频调速系统。逆变器的产品以正弦脉宽调制（Sinusoidal Pulse Width Modulation，SPWM）控制方式为主，当前的研究热点在输出量控制技术、高频链技术、软开关技术和并联控制技术上。

3. AC/AC 变换器

AC/AC 变换器用于将一种规格的交流电能变换为另一种规格的交流电能。输入和输出频率相同的称为交流调压器，频率发生变化的称为周波变换器或变频器。AC/AC 变换器有直接 AC/AC 变换器和间接 AC/DC/AC 变换器两种形式。直接 AC/AC 变换器目前仍以控制晶闸管为主，主要用于调光、调温及低速大容量交流电机调速系统。间接 AC/DC/AC 变换器以 IGBT 自关断器件为主，主要应用在高压直流输电领域。

4. DC/DC 变换器

DC/DC 变换器用于将一种规格的直流电能变换为另一种规格的直流电能。DC/DC 变换器也称直流斩波器，主要用于直流电机驱动和开关电源。近年来发展的软开关 DC/DC 变换器显著地减小了功率器件的开关损耗和电磁干扰噪声，大大提高了开关电源的功率密度，有利于变换器向高效、小型和低噪方向发展。

5.2.2 典型电力电子装置拓扑

电力电子装置拓扑可以分为基于电流源换流器（Current Source Converter，CSC）的装置拓扑和电压源换流器（Voltage Source Converter，VSC）的装置拓扑。在电力系统领域，常见的 CSC 装置拓扑是基于晶闸管的电网换相换流器（Line Commutated Converter，LCC），常见的 CSC 装置拓扑则有两电平换流器（Two-level VSC）、三电平换流器（Three-level VSC）以及模块化多电平换流器（Modular Multilevel Converter，MMC）。

1. LCC

目前，LCC 拓扑主要应用于高压直流输电领域（High Voltage Direct Current，HVDC）。自 1970 年世界首个基于晶闸管换流阀的直流输电工程在瑞典格斯特岛投入商业运营以来，电网换相换流器已成熟应用于大容量、远距离的输电工程。迄今为止，世界上已存在多个 LCC-HVDC 输电工程。我国近几年已经投入运行的主要 LCC-HVDC 输电工程见表 5-1。

目前 LCC-HVDC 输电工程存在单极接线和双极接线结构。单极接线的 LCC-HVDC 电路原理图如图 5-5 所示。其中整流侧和逆变侧的换流站均包含两个 LCC 换流器。

表 5-1　　　　　　　　　我国近几年的 LCC 直流输电工程

项目名称	电压等级（kV）	输送容量（MW）	线路长度（km）	投运时间（年）
宁东—浙江	±800	16000	1720	2016
酒泉—湖南	±800	16000	2383	2017
晋北—江苏	±800	16000	1119	2017
锡盟—泰州	±800	10000	1618	2017
上海庙—山东	±800	20000	1238	2017
扎鲁特—青州	±800	10000	1234	2017
淮东—皖南	±1100	24000	3324	2018
昌吉—古泉	±1100	12000	3305	2019
陕北—湖北	±800	10000	1134	2020

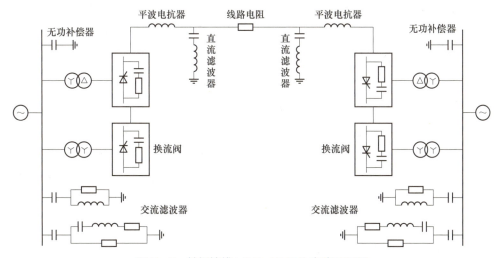

图 5-5　单极接线 LCC-HVDC 电路原理图

为了承受高压，LCC 换流器桥臂一般采用一定数量晶闸管串联的形式，LCC 换流阀物理结构如图 5-6 所示。由于晶闸管是半控型器件，即只能控制开通，而不能控制关断，只有在流过换流阀的电流降低到维持电流以下时才能自动关断。因此，LCC-HVDC 技术存在如下固有缺陷：① LCC-HVDC 运行时由于采用移相控制，造成 LCC 的功率因数较低，运行中需要吸收大量的无功功率，约为额定有功功率的 40%～60%，也会造成交流侧的电压电流的非正弦度较高，直流侧电流纹波较大，运行中需要大容量的交流支路滤波设备。大容量的无功补偿和滤波设备

图 5-6　LCC 换流阀物理结构图

会显著提高换流站的占地面积和造价。暂态过程中这些补偿和滤波支路也会导致过电压问题；② 由于晶闸管必须依靠交流电流自然过零才能关断，LCC-HVDC 不能向无源网络供电。并且系统短路比（Short Circuit Ratio，SCR）较小的弱交流电网由于电压波动较大，容易导致逆变侧 LCC 换相失败。因此，LCC-HVDC 无法满足风电和光伏等新能源并网以及孤岛电网供电等领域的需求。

2. Two-level VSC

20 世纪 90 年代末，基于 IGBT 等可关断器件和脉冲宽度调制（Pulse Width Modulation，PWM）技术的 VSC 开始应用于电力系统领域。其中，最为常见的是 Two-level VSC 拓扑，电路原理图如图 5-7 所示。通过 PWM 技术控制桥臂 IGBT 的导通与关断，可以在交流侧输出电容电压或零电压，实现交流电压幅值和相位的可控，从而实现电流或功率的调节。

3. Three-level VSC

由于 Two-level VSC 输出电压的电平数仅有 3 个（即正的电容电压、负的电容电压和零电压），交流侧谐波含量高且输出容量受限。为了进一步降低输出电流谐波含量和提高输送容量，学者们提出了 Three-level VSC 电路拓扑，电路原理图如图 5-8 所示。由于增加了两个中间桥臂，换流器交流侧可以输出 5 个电压电平，丰富了换流器的控制模式和优化了输出性能。

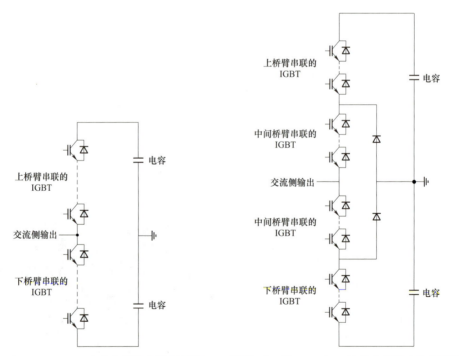

图 5-7　Two-level VSC 拓扑电路原理图　　图 5-8　Three-level VSC 拓扑电路原理图

4. MMC

2001 年，德国慕尼黑联邦国防大学的 Marquardt Raniner 教授提出了适用于大容量高电压电力系统的模块化多电平换流器（Modular Multilevel Converter，MMC）拓扑，电路原理图如图 5-9 所示。MMC 由三相六桥臂构成，每个桥臂由多个功率模块（Power Module，PM）

和桥臂电感构成,常见的功率模块是 Two－level VSC 结构。MMC 正常工作时,通过控制每个功率模块电容的投切,实现在交流侧输出逼近正弦波的阶梯波。

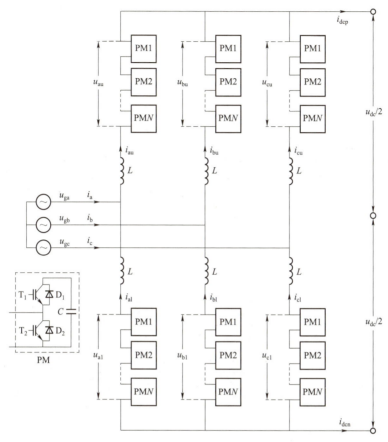

图 5-9 MMC 拓扑电路原理图

相较于其他换流器拓扑,MMC 在如下几方面具有明显优势:

（1）制造难度低。传统采用 IGBT 模块直接串联而构成的换流阀,对 IGBT 的动态和静态均压特性,以及开关动作的一致性要求极高。而 MMC 采用了模块化的结构,不需要所有的开关器件同时开通或关断,避免了多个 IGBT 直接串联所带来的诸多问题,极大地降低了换流阀阀控系统的开发难度。

（2）谐波特性好。通常 MMC 的每个桥臂包含很多子模块,能够输出多电平,特别是在高压大功率领域,MMC 输出的电平数可以达到几百个。因此,MMC 交流侧输出的电压阶梯波十分接近正弦波,各次谐波含量十分低,不需要安装体积庞大且价格昂贵的滤波装置。

（3）可靠性高。MMC 的每个桥臂通常都是设置一定数量的冗余子模块。当 MMC 子模块发生故障时,可由冗余子模块代替,从而极大地提高了 MMC 的可靠性。MMC 中桥臂电感与每个子模块的电容串联能够有效抑制换流器故障时桥臂电流的上升率,从而降低故障对换流器的影响。

（4）开关频率低。为了提高控制系统的动态性能并得到较好的谐波特性,传统换流器拓扑的开关频率通常都在 1kHz 以上。高开关频率和较高的开关电压导致其开关损耗相对较高。MMC 中分散的子模块使 IGBT 模块的开关频率极大地降低，对于高压大容量 MMC，其典型值为 100～300Hz。因此，其开关损耗会大幅度降低，对 MMC 散热设计的要求也明显降低。

（5）扩展性好。MMC 子模块硬件结构简单，易于大规模生产。由于采用了子模块级联的结构，使得 MMC 容量和电压等级的提升以及阀控系统的扩展升级都变得十分容易。

目前已经投运的基于 MMC 的柔性系统工程见表 5-2。

表 5-2　　　　　　　　　　我国近几年的 MMC 工程

名称	国家	容量（MW）	投运时间（年）
Trans Bay Cable 工程	美国	400	2010
南汇风电场柔直工程	中国	18	2011
East-West Link 工程	英国	500	2013
南澳岛多端柔直工程	中国	200，150，50	2013
舟山五端柔直工程	中国	400，300，3×100	2014
BorWin2 工程	德国	800	2015
INELFE 工程	法国	2×1000	2015
福建厦门柔直工程	中国	1000	2015
鲁西背靠背互联工程	中国	2×1000	2016
DolWin2 工程	德国	916	2017
南京西环网 UPFC 工程	中国	3×60	2015
南京 STATCOM 工程	中国	4×50	2021
南京 SVG 工程	中国	2	2022
苏南 500kV UPFC 工程	中国	3×250	2019
苏州同里 PET 工程	中国	3	2019

5.3　电力电子装置控制系统

电力电子装置与常规装置相比较的一个显著特点是可以通过对装置的控制，可控的调节功率大小和方向以及电压等电气参数，以满足整个电力系统的运行要求或改善电力系统的性能，也就是说电力系统的性能，极大地依赖于装置的控制系统。

电力电子装置的控制系统，要完成以下基本的控制功能：

（1）电力电子装置的起停控制。

（2）输送功率的大小和方向的控制。

（3）并网电压和无功功率的调节。

（4）抑制电力电子装置换流器不正常运行及对所连交流系统的干扰。

（5）发生故障时，保护电力电子装置换流站设备。

（6）对换流站、线路的各种运行参数，如电压及电流等以及控制系统本身的信息进行监视。

（7）与交流变电所设备接口及与运行人员联系。

为了达到电力电子装置控制所要求的可靠性指标，控制系统全都采用多重化设计，通常采用双通道设计，其中一个通道工作时，另一个通道处于热备用状态。当工作中的通道发生故障时，切换逻辑将其退出工作，处于热备用状态的通道则自动切换到工作状态，这种自动切换动作不应对控制输出产生明显的扰动。控制设计应允许在因故障而退出运行的通道上进行维修工作以及修复后的性能验证试验，而保证不会对正在运行中的通道产生干扰，以满足控制系统不停电即可维护的要求。

此外，电力电子装置控制系统一般采用分层结构，将控制系统的全部控制功能按等级分为若干层次而形成的控制系统结构。复杂的控制系统采用分层结构，可以提高运行的可靠性，使任一控制环节故障所造成的影响和危害程度最小，同时还可提高运行操作、维护的方便性和灵活性。其主要特征是：

（1）各层次在结构上分开，层次等级高的控制功能可以作用于其所属的低等级层次，且作用方向是单向的，即低等级层次不能作用于高等级层次。

（2）层次等级相同的各控制功能及其相应的硬、软件在结构上尽量分开，以减小相互影响。

（3）直接面向被控设备的控制功能设置在最低层次等级，控制系统中有关的执行环节也属于这一层次等级，它们一般设置在被控设备近旁。

（4）系统的主要控制功能尽可能地分散到较低的层次等级，以提高系统可用率。

（5）当高层次控制发生故障时，各下层次控制能按照故障前的指令继续工作，并保留尽可能多的控制功能。

电力电子装置控制系统一般设有三个层次等级，从高层次等级至低层次等级分别为系统控制级、换流器控制级、换流阀控制级。

1. 系统控制级

系统控制级为控制系统中级别最高的控制层次，其主要功能有：① 与电力系统调度中心通信联系，接受调度中心的控制指令，向通信中心输送有关的运行信息；② 根据调度中心的功率指令，分配各换流器的输出功率；③ 紧急功率支援控制；④ 潮流反转控制；⑤ 各种调制控制，包括电流调制和功率调制控制，交流系统频率或功率/频率控制等。

2. 换流器控制级

换流器控制级的主要功能有：① 根据系统控制级给定的功率指令，决定换流器的输出功率；② 生成换流器的控制信号；③ 换流器之间的功率平衡；④ 换流器直流电压和交流母线电压控制等。

3. 换流阀控制级

换流阀控制级的主要功能有：① 生成每个 IGBT 开关器件的开关控制信号；② 监视每个 IGBT 开关器件的健康状态；③ IGBT 开关器件的故障自保护；④ 电容、电感等无源器件电压、电流监测，开关、刀闸位置状态的传输等。

5.4 电力电子装置应用

5.4.1 统一潮流控制器

统一潮流控制器（Unified Power Flow Controller，UPFC）是一种先进的柔性交流输电装置，能同时控制母线电压、线路有功和无功潮流，具有灵活控制系统潮流、最大化电网传输能力及改善系统稳定性等多种功能，代表着柔性交流输电技术发展的制高点。

典型的 UPFC 结构示意如图 5-10 所示，它由两个背靠背的电压源换流器构成，两个背靠背的换流器共用直流母线，二者都通过换流变压器接入系统，其中，1 号换流器对应的换流变压器以并联形式接入，2 号换流器对应的换流变压器以串联形式接入。有功功率可以在两个换流器之间双向流动，每个换流器的交流输出端都可独立地发出或吸收无功功率。2 号换流器的功能是通过串联变压器给线路注入幅值和相角均可控的电压矢量，即可同时或有选择性地调节线路上的电压、阻抗和相角；1 号换流器的功能是通过公共直流母线提供或吸收2 号换流器进行潮流控制时与系统交换的有功功率，以维持串联变压器与线路之间的有功功率交换。除了 2 号换流器能与系统进行有功和无功功率的交换外，1 号换流器也可同时发出或吸收无功功率，为系统提供独立的并联无功补偿。

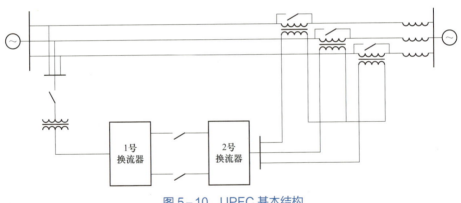

图 5-10 UPFC 基本结构

南京西环网统一潮流控制器示范工程是我国第一个、世界上第四个 UPFC 工程，也是世界上第一个基于模块化多电平（MMC）技术的 UPFC 工程，代表了当今世界柔性交流输电技术的最高水平。该工程由我国自主设计、研发和建设，是我国在柔性交流输电技术领域取得的又一世界级创新成果。

南京西环网 UPFC 装置位于南京市栖霞区燕子矶新城，毗邻 220kV 铁北开关站及燕子矶变电站，始建于 2015 年 6 月 30 日，由江苏省电力设计院设计，江苏省送变电公司安装，2015 年 12 月 11 日投入运行，南京供电公司负责 UPFC 成套装置运维管理工作。整个工程分为户外设备区和阀厅区，建筑体积 1857m^3，占地面积 0.94hm^2。

南京西环网 UPFC 设有交流 220、35、20.8kV 及直流±20kV 四个电压等级。220kV 侧通过两台串联变压器（容量 2×70MVA）串接于 220kV 铁晓双回线中，35kV 侧通过并联变压器（容量 2×60MVA，一个运行、一个热备用）接于 220kV 燕子矶变 35kV 母线。阀厅内设有电压源型换流阀 3 套，拓扑结构为背靠背方式（1 套接于并联变压器低压侧，2 套接于串联变压器低压侧，共用直流母线），额定容量都为 60MVA（有功调节范围为 −40～+40MW，无功调节范围为 −60～+60Mvar）。换流阀每个桥臂由 28 个功率模块构成，通过站控系统和阀控系统控制，换流阀交流侧可输出一个幅值和相位可控的交流电压源，从而实现潮流的精准调控和动态无功补偿。如图 5−11 所示是 UPFC 换流阀的阀厅物理装置图。

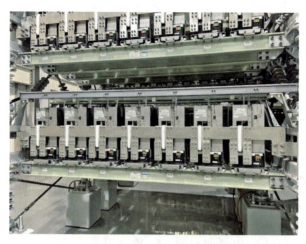

图 5−11　UPFC 换流阀物理装置图

图 5−12 是南京西环网 UPFC 的一次设备接线图。UPFC 装置换流器采用 3 组容量相同的 MMC 背靠背布置，其中串联侧 2 组换流器在直流侧并联后，再与并联侧换流器通过直流母线相连。

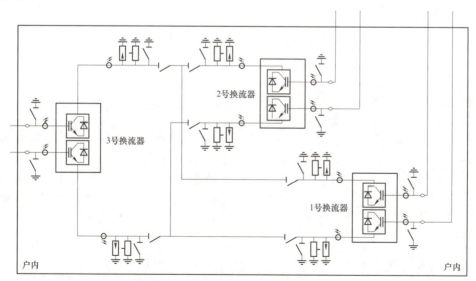

图 5−12　UPFC 阀厅一次设备接线图

图 5−13 是南京西环网 UPFC 电网接线图。正常情况下，三个换流器处于双回线路 UPFC 方式运行，图中红色线表示以双回线路 UPFC 运行时的电流通路：1 号换流器并联接入，21H1

合闸；2 号换流器和 3 号换流器串联接入，22H2 和 23H1 合闸；两个串联变压器对应的高、低压侧旁路开关，以及晶闸管旁路开关（TBS）均断开；并联侧交流进线开关 355（或 358）合闸、连接于 35kV 带电母线；三个换流器的直流侧均通过直流隔离开关连接于公共母线；20C6 刀闸只在启动充电时先断开，正常运行时 20C6 刀闸处于合位。

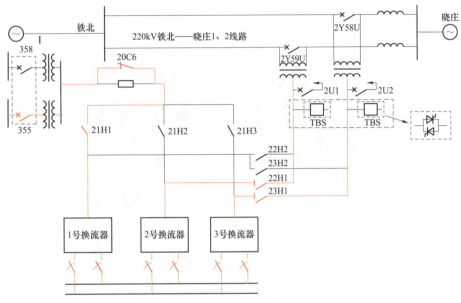

图 5-13　UPFC 电网接线图

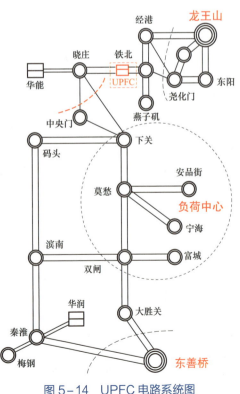

图 5-14　UPFC 电路系统图

图 5-14 是南京西环网 UPFC 电路系统图。UPFC 连接与 220kV 铁北站至 220kV 晓庄站之间，通过控制铁北至晓庄的潮流，实现晓庄至中央门和晓庄至下关的潮流控制，从而避免晓庄至中央门和晓庄至下关两条输电线路的过载运行。

5.4.2　静止同步补偿器

静止同步补偿器（static synchronous compensator，STATCOM）是一种并联型无功补偿的柔性交流补偿装置，它能够发出或吸收无功功率，并且其输出可以变化，以控制电力系统中的特定参数。它可在如下方面改善电力系统功能：动态电压控制，功率振荡阻尼，暂态稳定，电压闪变控制等。

典型的 STATCOM 结构示意如图 5-15 所示，电压源换流器通过交流侧滤波电感并接入电力系统，通过调节换流器输出交流电压的幅值和相角即可实现 STATCOM 并网无功功率的动态调节，从而实现电网电压的精准调节和无功功率的补偿。

南京研创变静止同步补偿器（STATCOM）位于南京市江北新区城南河与丰子河交汇处，采用模块化多电平结构，由 4 台±50Mvar 的换流器组成。换流器接线方式采用角形接线，冷却方式采用内冷强制水冷、外冷强制风冷。每台 STATCOM 换流器由 6 个阀塔组成，每个阀塔中的功率模块个数为 40 个，换流器阀塔物理装置图如图 5−16 所示。

图 5−17 是南京研创变 STATCOM 电路系统图。通过调节换流器交流侧输出电压幅值和相位，即可实现电网动态无功补偿与电压支撑。研创变静止同步补偿器（STATCOM）系统主要有四种基本的控制模式，包含恒无功控制模式、恒电压控制模式、恒功率因数控制模式和手动无功控制模式，同时具备 AVC 控制模式、协调控制模式和暂态控制模式。

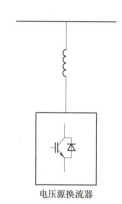

电压源换流器

图 5−15　STATCOM 基本结构

图 5−16　STATCOM 换流器阀塔物理装置图

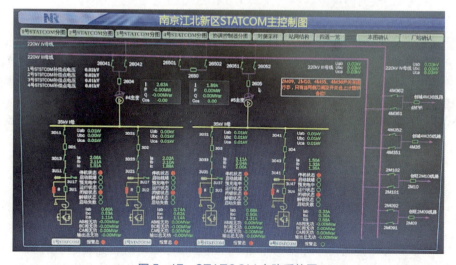

图 5−17　STATCOM 电路系统图

1. 恒无功控制模式

设定补偿点（可以通过定值选择补偿主变高压侧或主变低压侧）的无功目标定值或遥调值，装置根据当前负荷无功值大小以及该无功目标值，自动调整装置无功输出。

2. 恒电压控制模式

设定补偿点的电压目标定值或遥调值，装置根据当前系统电压大小以及该电压目标值，自动调整装置无功输出。当系统电压低于设定的电压参考时，装置输出容性无功以提升系统电压；当系统电压高于参考值时，装置输出感性无功以降低系统电压。为提高装置的电压控制范围，在该模式下设定了一定的电压调差率，该调差率定值可根据系统短路容量大小不同进行整定。

3. 恒功率因数控制模式

设定补偿点的功率因数目标定值或遥调值，装置根据补偿点处的有功负荷以及当前功率因数值，自动调节装置输出无功大小，稳定补偿点功率因数值（可以通过定值选择补偿后呈容性或者感性），满足电网要求。

4. 综合电压无功方式

在恒无功模式下，当电网电压越上限时进入恒电压模式，电网电压低于上限值时（4%滞环，滞环定值可设定）重新进入恒无功模式。

5. 手动恒无功输出功能

在该模式下 STATCOM 根据目标手动无功定值或遥调值输出相应大小的无功。该模式常在调试情况下使用，用于输出恒容量的无功以校验 STATCOM 设备或变电站内其他相关设备。

6. AVC 模式

在 AVC 模式下，STATCOM 将接收并执行 AVC 下发的无功功率指令，若当前控制侧母线电压有效值越过 AVC 下发的遥调电压上、下限值时，STATCOM 将退出 AVC 模式进入本地电压控制模式。

7. 协调控制功能

当多台 STATCOM 配合完成电压或者无功控制目标时，需要配置协调控制器。在该模式下每套 STATCOM 根据协调控制器下发的无功指令值输出相应大小的无功。

8. 暂态电压补偿功能

装置提供了暂态情况下的电压补偿功能。当电网发生大扰动时，系统电压发生较大程度或较快速度的波动，需要采取该功能进行快速的补偿，STATCOM 在规定的响应时间内迅速输出满额或过载无功电流来平衡电网的暂态波动。该模式的启动判据为电网电压的幅值超过设定值或变化速率超过设定值，在 STATCOM 工作于上述基本模式时，当满足暂态电压启动判据后自动切换为暂态补偿模式工作。当电网恢复后，重新进入之前工作模式下运行。

5.4.3 静止无功发生器

静止无功发生器（static var generator，SVG）是一种先进的动态无功补偿设备，具有响应速度快、连续控制的精度高、可调范围大等特点，能快速为系统提供动态无功支持，是防止电网电压失稳的有效手段之一。

SVG 基本原理就是将自换相桥式电路通过变压器或者电抗器并联到电网上，适当地调节桥式电路交流侧输出电压的幅值和相位，或者直接控制其交流侧电流使该电路吸收或者发出满足要求的无功电流，实现动态无功补偿的目的。SVG 的电路拓扑与工作模式和 STATCOM 相同，二者都是柔性无功补偿装置。

目前，南京多个变电站配置有 SVG 装置，SVG 的换流阀基本采用模块化多电平结构，物理装置图如图 5−18 所示。南京 SVG 装置一般配置在 35kV 或 10kV 电网侧，电压水平较低，换流器桥臂子模块数量较少，因此采用换流器、桥臂电抗、控制保护二次装置集成的箱体结构。

图 5−18　SVG 物理装置图

SVG 换流阀物理结构图如图 5−19 所示。换流阀每个功率单元均具有完善的保护功能（过电流、过电压、过温、驱动触发异常、通信异常等），各单元状态均反馈到主控系统，控制器与功率单元之间采用光纤通信技术，低压部分和高压部分完全可靠隔离，系统具有极高的安全性，同时具有很好的抗电磁干扰性能。

图 5−19　SVG 换流阀物理结构图

SVG 的上位机人机交互界面如图 5−20 所示。SVG 运行方式包含了五种：恒装置无功功率模式、恒考核点无功功率模式、恒考核点功率因数模式、恒考核点电压模式、恒考核点无功功率模式 2。由下拉框选定，并于右侧设定目标值，目标值可随时更改，更改后可根据检测值检查补偿效果。

1. 恒装置无功功率模式

SVG 固定发送或吸收所设定大小的无功功率。

2. 恒考核点无功功率模式

在 SVG 补偿容量范围内对考核点以设定的功率因数（−100%～＋100%）为目标进行补偿。

3. 恒考核点功率因数模式

以用户设定电压值为目标，通过调节无功输出从而使电网电压稳定在设定值附近。

4. 恒考核点电压模式

通过调节 SVG 的无功输出从而使考核点无功功率稳定在设定值附近。

5. 恒考核点无功功率模式 2

该模式检测负载侧无功功率，调节 SVG 的无功功率，以使系统侧无功功率为零或稳定在设定值。

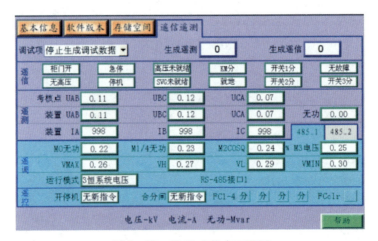

图 5-20　SVG 人机交互界面

第6章
防误闭锁

6.1 防误闭锁设置规范

6.1.1 总体要求

（1）防误闭锁装置应简单完善、安全可靠，操作和维护方便，能够实现"五防"功能。

1）一次电气设备"五防"：

a. 防止误分、误合断路器；

b. 防止带负载拉、合隔离开关或手车触头；

c. 防止带电挂（合）接地线（接地刀闸）；

d. 防止带接地线（接地刀闸）合断路器（隔离开关）；

e. 防止误入带电间隔。

2）二次设备防误：

a. 防止误碰、误动运行的二次设备；

b. 防止误（漏）投或停继电保护及安全自动装置；

c. 防止误整定、误设置继电保护及安全自动装置的定值；

d. 防止继电保护及安全自动装置操作顺序错误。

（2）防止电气误操作的"五防"功能除"防止误分、误合断路器"可采取提示性措施外，其余"四防"功能必须采取强制性防止电气误操作措施。

（3）强制性防止电气误操作措施是指在设备的电动操作控制回路中串联可以闭锁控制回路的接点，在设备的手动操控部件上加装受闭锁回路控制的锁具，防误锁具的操作不得有走空程现象。

（4）防误系统应具有覆盖全站电气设备及各类操作的"五防"闭锁功能，且同时满足"远方"和"就地"（包括就地手动）操作防误闭锁功能。

（5）电气设备操作控制功能可按远方操作、站控层、间隔层、设备层的分层操作原则考虑。无论设备处在哪一层操作控制，都应具备防误闭锁功能。

（6）成套高压断路器设备应具有机械联锁或电气闭锁；电气设备的电动或手动操作闸刀必须具有防止电气误操作的强制闭锁功能。

（7）防误装置应满足多个设备同时操作的要求，具备多任务并行操作功能。

（8）在调控端配置防误装置时，应实现对受控站及关联站间的强制性闭锁。

（9）防误装置不得影响所配设备的操作要求，并与所配设备的操作位置相对应；防误装置使用的直流电源应与继电保护、控制回路的电源分开；交流电源应是不间断供电电源。

（10）高压电气设备的防误装置应有专用的解锁工具（钥匙），微机防误装置对专用的解锁钥匙应具有管理与解锁监控功能。

（11）防误装置应选用符合产品标准，并经国家电网有限公司授权机构或行业内权威机构检测、鉴定的产品。新型防误装置须经试运行考核后方可推广使用，试运行应经国家电网有限公司、省（自治区、直辖市）电力公司或国家电网有限公司直属单位同意。

（12）高压电气设备应安装完善的防误闭锁装置，装置的性能、质量、检修周期和维护等应符合防误装置技术标准规定。

（13）调控中心、运维中心、变电站各层级操作都应具备完善的防误闭锁功能，并确保操作权的唯一性。

（14）防误装置（系统）应满足国家或行业关于电力监控系统安全防护规定的要求，严禁与外部网络互联，并严格限制移动存储介质等外部设备的使用。

6.1.2　通用原则

1. 断路器

断路器分合闸无联锁条件限制。

2. 隔离开关

（1）隔离开关操作时，本间隔断路器应在分位。双母接线方式倒母线时，本间隔断路器可在合位，且母联断路器及其两侧隔离开关应在合位。

（2）隔离开关合闸时，两侧接地开关应在分位、接地线应在拆除状态，包括经断路器、主变压器、接地变压器、站用变压器、电容器、母线、电缆等连接的接地开关及接地线。

（3）旁路隔离开关合闸时，旁路断路器应在分位，其他间隔旁路隔离开关应在分位。

（4）旁路隔离开关分闸时，旁路断路器应在分位。

3. 断路器手车（隔离手车）

（1）断路器手车（隔离手车）"工作""试验""检修"位置转换时，本间隔断路器应在分位。

（2）断路器手车（隔离手车）转"工作"位置时，两侧接地开关应在分位、接地线应在拆除状态，包括经主变压器、接地变压器、站用变压器、电容器、母线、电缆等连接的接地开关及接地线，后柜门应关闭。

4. 接地开关（接地线）

（1）接地开关（接地线）合闸（挂接）时，与接地开关（接地线）直接相连或经断路器、主变压器、接地变压器、站用变压器、电容器、母线、电缆等连接的隔离开关（断路器手车、隔离手车）应在分位。

（2）接地开关（接地线）合闸（挂接）时，应先验明无电。

（3）接地开关分闸时，若有关联的网（柜）门，该网（柜）门应关闭。

（4）主变压器中性点接地开关分合闸无条件。

（5）接地线拆除无条件。

5. 网（柜）门

（1）高压设备网（柜）门打开时，所有可能来电侧的隔离开关（断路器手车、隔离手车）应在分位，若有关联的接地开关，该接地开关应在合位。

（2）高压设备网（柜）门关闭时，若有关联的接地开关，该接地开关应在合位。

6.2　防误闭锁一般规定

6.2.1　防误管理责任制

（1）切实落实防误操作工作责任制，各单位应设专人负责防误装置的运行、维护、检修、管理工作。定期开展防误闭锁装置专项隐患排查，分析防误操作工作存在的问题，及时消除缺陷和隐患，确保其正常运行。

（2）各单位应设置防止电气误操作装置管理专责人（简称防误专责人），归口部门负责本单位防止电气误操作装置管理工作，应定期发文明确防误专责人员名单。

6.2.2　防误运行管理

1. 日常管理

（1）应制订完备的解锁工具（钥匙）管理规定，严格执行防误闭锁装置解锁流程。防误装置管理应纳入现场专用运行规程，明确技术要求、使用方法、定期检查、维护检修和巡视等内容。运维和检修单位（部门）应做好防误装置的基础管理工作，建立健全防误装置的基础资料、台账和图纸，做好防误装置的管理与统计分析，及时解决防误装置出现的问题。

（2）应有符合现场实际并经运维单位审批的防误规则表，防误系统应能将防误规则表或闭锁规则导出，打印核对并保存。

（3）防误操作闭锁装置不能随意退出运行，停用防误操作闭锁装置应经设备运维管理单位批准；短时间退出防误操作闭锁装置，应经变电站站长或发电厂当班值长批准，并应按程序尽快投入。

（4）造成防误装置失去闭锁功能的缺陷应按照危急缺陷管理。防误装置因缺陷不能及时消除，防误功能暂时不能恢复时，执行审批手续后，可以通过加挂机械锁作为临时措施，此时机械锁的钥匙也应纳入解锁工具（钥匙）管理，禁止随意取用。

（5）涉及防止电气误操作逻辑闭锁软件的更新升级（修改），应经运维管理单位批准。升级应在该间隔停运或遥控操作出口连接片退出时进行，升级后应详细记录及备份。

（6）加强调控、运维和检修人员的防误操作专业培训，调控、运维及检修等相关人员应按其职责熟悉掌握防误装置，做到"四懂三会"（懂防误装置的原理、性能、结构和操作程序，会熟练操作、会处理缺陷和会维护）。

2. 验收管理

（1）防误装置新投和改造后的验收应由运维单位防误专责人组织，有运维部门相关人员参加验收，严格按照《国家电网有限公司变电验收管理规定（试行）第 26 分册辅助设施验收细则》中关于防误闭锁装置验收要求开展验收工作，严格执行《防误闭锁装置竣工（预）

验收标准卡》。

（2）应对电气闭锁回路每个闭锁条件进行逐一实操检验，以检验回路接线的正确性。

（3）应检查机械闭锁机构能可靠闭锁误操作，并能承受误操作的机械强度而不损坏。

（4）应检查微机五防的一次接线、名称、编号与站内现场情况一致，图中各元件名称正确，编码锁、接地桩设置位置正确。

（5）应对微机"五防"进行正逻辑和反逻辑模拟操作，以验证逻辑正确。顺控操作应采用监控主机内置防误逻辑和独立智能防误主机双校核机制，验收时应分别对监控主机和独立智能防误主机进行逻辑验证。

（6）防误闭锁装置应与相应主设备统一管理，做到同时设计、同时安装、同时验收投运，并制订和完善防误装置的运行、检修规程。对于未安装防误装置或防误装置验收不合格的设备，运维单位或有关部门有权拒绝该设备投入运行。新建、改（扩）建变电工程或主设备经技术改造后，防误闭锁装置应与主设备同时投运。

（7）防误装置（系统）应满足国家或行业关于电力监控系统安全防护规定的要求。安全防护要求等同于电网实时监控系统。

3. 巡视维护

（1）微机防误装置及其附属设备（电脑钥匙、锁具、电源灯）维护、除尘、逻辑校验每半年1次。每年春季、秋季检修预试前，对防误装置进行普查，保证防误装置正常运行。

（2）检查电脑钥匙（含备用电脑钥匙）电量充足、运行正常，无"调试解锁""密码跳步"功能。

（3）检查锁具闭锁全面可靠，符合现场设备"五防"要求，锁具无生锈、卡涩、损坏现象，锁具标识正确清晰，并与现场设备一致。

4. 防误逻辑管理

（1）新投或改造后，应对全站防误装置闭锁逻辑进行一次核对检查，闭锁逻辑应备份存档。

（2）每年春检、秋检前，应进行微机"五防"接线图、防误逻辑的核对检查。

5. 防误权限管理

（1）防误装置（含解锁钥匙管理机）操作人员、防误专责人和厂家人员权限密码（授权卡）不得使用同一密码，密码（授权卡）应由本人严密保管，不得交由其他人员使用。

（2）操作人员仅具备正常操作权限，不应具备"设备强制对位""修改防误闭锁逻辑""修改电气接线图及设备编号"等权限；防误专责人具备"设备强制对位""修改防误闭锁逻辑""修改电气接线图及设备编号"权限。"设备强制对位"应履行防误装置解锁审批流程，并纳入缺陷管理；"修改防误闭锁逻辑""修改电气接线图及设备编号"等工作应经防误装置专责人批准。

（3）防误逻辑闭锁软件的更新升级（修改）、修改防误闭锁逻辑、修改电气接线图及设备编号的工作应经防误专责人书面批准。

6. 接地线管理

（1）变电站接地线应定置管理，每组接地线及其存放位置应编号并一一对应，非运维人员不得将任何形式的接地线带入站内。

（2）工作中需要加装接地线，应使用变、配电站（运维班）提供的接地线，装、拆接地线应做好记录，并在交接班日志交代清楚。运维人员对本站内装拆的接地线的地点和数量正确性负责。

（3）带入变电站现场的个人保安线应在工作票内做好记录，工作结束时工作负责人检查个人保安线全部收回，个人保安线带入及带出由运维人员和工作负责人共同核对签名。

（4）固定接地桩应预设，变电站所有接地桩应全部加锁并纳入防误闭锁系统，变电站应预设足够的固定接地桩，大型检修工作应提前做好现场查勘工作。接地线的挂、拆状态宜实时采集监控，并实施强制性闭锁。

7. 解锁管理

对防误装置的解锁操作分为电气解锁、机械解锁和逻辑解锁。以任何形式部分或全部解除防误装置功能的操作，均视为解锁并填写《解锁钥匙使用记录》。任何人不得随意解除闭锁装置，禁止擅自使用解锁工具（钥匙）或扩大解锁范围，造成防误装置失去闭锁功能的缺陷应按照危急缺陷管理。解锁情况具体如下：

（1）倒闸操作解锁。倒闸操作过程中，防误装置及电气设备出现异常需要解锁操作，应由防误装置专业人员核实防误装置确已故障并出具解锁意见，报本单位分管领导许可，经防误专责人或运维管理部门指定并经书面公布的人员到现场核实无误并签字后，由变电站运维人员报告当值调控人员后，方可解锁操作。

（2）配合检修解锁。电气设备因运行维护或配合检修工作需要解锁，应经防误专责人或运维管理部门指定并经书面公布的人员现场批准，并在值班负责人监护下由运维人员经防误闭锁系统进行操作，不得使用解锁钥匙解锁。严禁检修调试人员使用非常规方法解锁。

（3）紧急（事故）解锁。若遇危及人身、电网和设备安全等紧急情况需要解锁操作，可由变电运维班当值负责人下令紧急使用解锁工具（钥匙）。

（4）解锁钥匙管理。

1）防误装置授权卡、解锁工具（钥匙）应使用专用的装置封存，任何人员不得擅自保留解锁钥匙。

2）解锁钥匙采用普通钥匙盒封存的，应采用一次性封条，封条应有唯一编号并加盖单位公章。封条由防误专责人签字后发放，应有发放记录。封条应填写封存日期、时间和封存人，并与解锁钥匙使用记录一致。解锁钥匙采用普通钥匙盒封存的宜逐步更换为智能钥匙管理机，智能钥匙管理机应具备自动记录、钥匙定置管理、强制管控（通过授权开启）等功能。智能钥匙管理机宜接变电站不间断电源，应具有紧急开门功能。

8. 检修传动防误管理

（1）检修、试验等工作，需要对设备进行传动操作时，工作班组应事先提出要求，由运维人员经防误系统进行操作，严禁检修调试人员使用短接、按压接触器等非常规方法解锁操作。具备条件的单位，宜采用专用的检修防误电脑钥匙，加强检修传动防误管理。

（2）设备检修时，回路中的各来电侧隔离开关操作手柄和电动操作隔离开关机构箱的箱门应加挂机械锁。

（3）检修设备停电，应把各方面的电源完全断开（任何运行中的星形接线设备的中性点，应视为带电设备）。禁止在只经断路器（开关）断开电源或只经换流器闭锁隔离电源的设备上工作。应拉开隔离开关（刀闸），手车开关应拉至试验或检修位置，应使各方面有一个明显的断开点，若无法观察到停电设备的断开点，应有能够反映设备运行状态的电气和机械等指示。与停电设备有关的变压器和电压互感器，应将设备各侧断开，防止向停电检修设备反送电。

（4）检修设备和可能来电侧的断路器、隔离开关应断开控制电源和电机电源，隔离开关操作把手应锁住，确保不会误送电。

6.3 常用防误闭锁类型

变电站常用防误闭锁类型主要有微机防误系统、监控防误系统、智能防误系统、机械联锁防误系统、电气闭锁防误系统等。

6.3.1 典型的防误装置

1. 微机防误闭锁系统

独立微机防误闭锁系统主要由防误主机、电脑钥匙、防误锁具及安装附件、遥控闭锁装置、解锁钥匙、高压带电显示闭锁装置等部件组成。对就地操作的电气设备、接地线及网门等采用编码锁实现强制闭锁功能，对遥控操作的设备采用遥控闭锁装置的闭锁接点串接在电气回路中实现强制闭锁功能。

微机防误闭锁系统基本结构如图6-1所示。

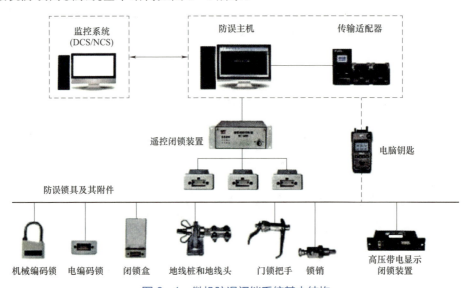

图6-1 微机防误闭锁系统基本结构

（1）主要部件。

1）防误主机。防误主机是微机型防误系统的主控单元，操作界面上具有与现场设备状态一致的主接线模拟图，变电站设备的状态可通过监控系统获取遥信量或接收电脑钥匙操作过程信息实现与现场设备状态对位。在防误主机内存储有防误系统应用软件和所有一次设备的防误闭锁逻辑规则库，用于模拟预演和设备操作的防误逻辑判断，防误主机将模拟预演生成的正确操作序列，传输给电脑钥匙或顺序控制遥控闭锁装置解锁。

2）电脑钥匙。电脑钥匙具有接收操作票、正常开锁、虚遥信状态位置采集和上传三个功能。当操作模拟预演结束，防误主机便将正确的操作票（含二次提示项）转化为操作序列传到电脑钥匙中，然后运维人员拿着该电脑钥匙到现场进行操作。运维人员操作时依据电脑钥匙上显示的设备号，将电脑钥匙插入相应的编码锁内，通过其探头检测编码锁编码是否正确，若正确则开放其闭锁回路或机构，则可以对该设备进行电动操作或打开机械编码锁进行手动操作。若走错间隔操作，电脑钥匙检测出的编码锁编码与实际操作序列的编码不符，闭锁回路或机构不能解除闭锁，同时电脑钥匙会发出持续的报警声以提醒操作人员，从而达到强制闭锁的目的。电脑钥匙在操作的同时就记录了设备的变位信息，当所有操作都完成，电脑钥匙便将记录的设备变位信息上传到防误主机。

3）防误锁具及安装附件。防误锁具用于闭锁高压电气设备的电气控制回路和操动机构。防误锁具内部均装有可被电脑钥匙识别的码片，编码具备唯一性。常见的有机械编码锁、电编码锁、闭锁盒等，以及地线桩（地线头）、门锁把手、锁销等安装附件。

a. 机械编码锁。机械编码锁是用于对手动操作的高压电气设备（如隔离开关、接地开关、网门／柜门、临时接地线等）实施强制闭锁的机械锁具。手动操作的高压电气设备闭锁实物如图 6－2 所示。

图6－2 手动操作高压电气设备闭锁实物

（a）机械编码锁；（b）户外隔离开关闭锁；（c）网门闭锁

b. 电编码锁。电编码锁主要用于对电动操作的高压电气设备（如断路器、电动隔离开关、电动接地刀闸等）实施强制闭锁的电气锁具。电动操作的高压电气设备闭锁原理如图 6－3 所示。

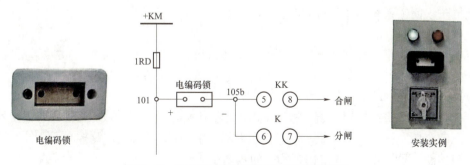

图6－3 电动操作的高压电气设备闭锁原理

c. 地线桩（地线头）。地线头、地线桩是配合机械编码锁对接地线实施强制闭锁的安装附件。地线桩（地线头）闭锁实物如图 6-4 所示。

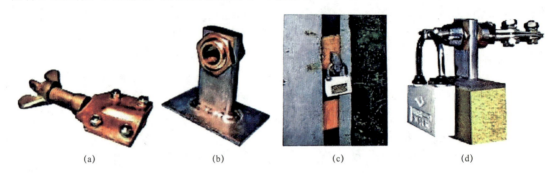

（a） （b） （c） （d）

图 6-4　地线桩（地线头）闭锁实物

（a）地线头；（b）地线桩；（c）地线桩闭锁示意；（d）地线头闭锁示意

4）遥控闭锁装置。遥控闭锁装置用于对遥控操作的高压电气设备（如断路器、电动隔离开关、电动接地开关等）实施强制闭锁的装置。电动操作隔离开关遥控闭锁回路原理如图 6-5 所示。

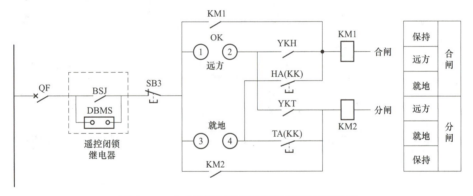

图 6-5　电动操作隔离开关遥控闭锁回路原理

5）解锁钥匙，微机防误闭锁系统设置解锁钥匙，以应对当微机防误闭锁系统出现故障或在特殊情况下实施解锁的要求，一般包括电气解锁钥匙和机械解锁钥匙。

（2）操作步骤。

微机防误闭锁系统操作步骤如图 6-6 所示。

2. 监控防误系统

监控防误系统是一种利用测控装置及监控系统内置的防误逻辑规则，实时采集断路器、隔离开关、接地开关、接地线、网门、连接片等一、二次设备状态信息，并结合电压、电流等模拟量进行判别的防误闭锁系统。

监控防误系统由站控层防误、间隔层防误、设备层防误三层构成。站控层防误由监控主机实现面向全变电站的防误闭锁功能。间隔层防误由测控装置实现本测控单元所控制设备的防误闭锁功能，可以实现本间隔闭锁和跨间隔闭锁。设备层防误包括一次设备配置的机械闭锁及电气闭锁，同时由智能终端接收间隔层网络报文，输出防误闭锁接点实现遥控操作的防误闭锁。智能变电站监控防误系统如图 6－7 所示。

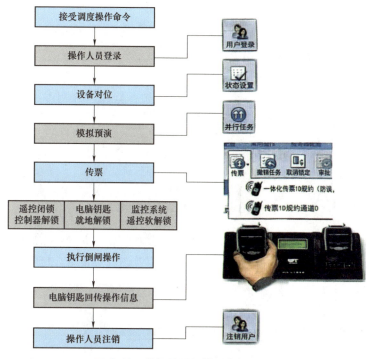

图 6-6　微机防误闭锁系统操作步骤

监控防误系统防误校核功能是由监控主机、测控装置内嵌的防误闭锁逻辑在后台程序自主实现的，其逻辑校验的过程是不可见的，不需人工干预。但需注意装置的"联锁"硬连接片投入或防误解锁开关在联锁位置，测控装置才会校核自身的防误逻辑。变电站监控系统在正常运行阶段不得解除防误校验功能。

3. 智能防误系统

智能防误系统是一种具备顺控操作不同源防误校核功能，与监控主机内置防误逻辑形成双校核机制，并具备解锁钥匙定向授权及管理监测、接地线状态实时采集等功能的防误操作系统。

顺控操作（程序化操作）是变电站倒闸操作的一种操作模式，可实现操作项目软件预制、操作任务模块式搭建、设备状态自动判别、防误联锁智能校核、操作步骤一键启动、操作过程自动顺序执行。

模拟预演和指令执行过程中采用双套防误校核，一套为监控主机内置的防误逻辑闭锁，另一套为独立智能防误主机的防误逻辑校验，模拟预演和指令执行过程中双套防误校核应并行进行，双套系统均校验通

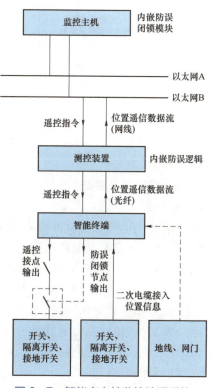

图 6-7　智能变电站监控防误系统

过才可继续执行；若校核不一致应终止操作，并提示错误信息。智能防误系统架构如图6-8所示。

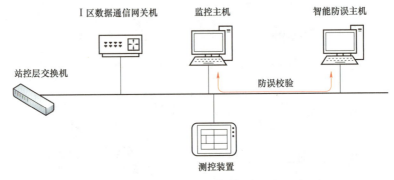

图6-8　智能防误系统架构

顺控操作过程中，监控主机和防误主机的整个模拟预演、防误校核、指令执行过程均自动执行，无需人工干预。监控主机与智能防误主机交互流程如图6-9所示。

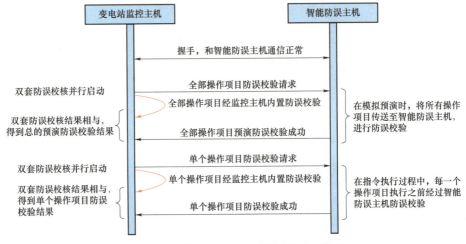

图6-9　监控主机与智能防误主机交互流程

4. 机械联锁防误

机械联锁防误原理是利用电气设备操动机构的机械联动部件（如传动轴上的异型限位挡板），对相关电气设备机械操动机构的动作进行限制，实现对电气设备操作的防误闭锁。户外隔离开关（刀闸）与接地开关（地刀）之间的机械联锁如图6-10所示。

机械联锁装置与高压电气设备一体化，具有强制闭锁功能，可以实现正/反向的防误闭锁要求，具有机械结构简单、闭锁直观，不易损坏，操作方便，运行可靠等优点。

5. 电气闭锁防误

电气闭锁防误原理是利用一次设备（断路器、隔离开关、接地开关等）的位置辅助触点组成电气闭锁逻辑控制回路，接入需闭锁的电动操作设备的控制回路中，实现对电气设备操作的防误闭锁。

典型的电气闭锁原理如图6-11所示。

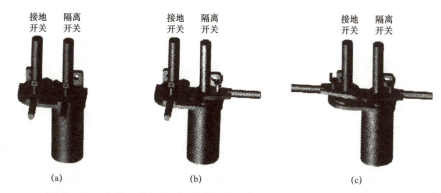

图6-10　户外隔离开关（刀闸）与接地开关（地刀）之间的机械联锁

（a）隔离开关合位，接地开关不能合；（b）隔离开关分位，接地开关可以合；（c）接地开关合位，隔离开关不能合

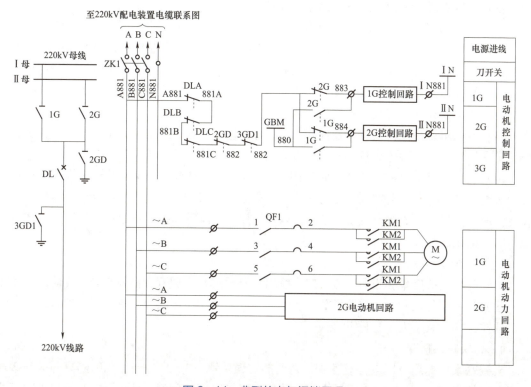

图6-11　典型的电气闭锁原理

　　电气闭锁直接将反映设备状态的电气量接入电动操作设备控制回路中，对电动操作设备具有强制闭锁功能，不需要额外安装锁具，且不增加额外的操作，操作简便。适用于闭锁逻辑较为简单的单元间隔内电动操作设备和组合开关柜的防误闭锁，特别是对 GIS 组合电气设备尤为适用。

　　电气闭锁存在的主要问题包括以下 4 点：

　　（1）电气防误闭锁无法防止误分、误合断路器。

　　（2）对手动操作的电气设备、接地线和网门等缺乏有效的闭锁手段，无法防止带地线合隔离开关、防止带电挂接地线、防止误入带电间隔（该类设备的防误闭锁需和带电检测装置、

105

电磁锁配套使用才能实现）。

（3）以电气闭锁方式实现复杂的跨间隔闭锁逻辑时，接线过于复杂。

（4）电气防误闭锁功能缺乏提示性。

6.3.2 防误装置技术要求

1. 微机防误系统

（1）微机防误装置主机应具有实时对位功能，通过对受控站电气设备位置信号采集，实现防误装置主机与现场设备状态的一致性。

（2）远方操作中使用的微机防误系统遥控闭锁控制装置必须具有远方遥控开锁和就地电脑钥匙开锁的双重功能。

（3）微机防误系统应接入变电站不间断电源。

2. 监控防误系统

（1）监控防误系统应具有完善的全站性防误闭锁功能，接入监控防误系统进行防误判别的断路器、隔离开关及接地开关等一次设备位置信号，宜采用动合、动断双位置触点接入。

（2）监控防误系统应实现对受控站电气设备位置信号的实时采集，确保防误装置主机与现场设备状态一致。当这些功能发生故障时应发出告警信息。

（3）监控防误系统应具有操作监护功能，允许监护人员在操作员工作站上对操作实施监护，应满足对同一设备操作权的唯一性要求。

（4）利用计算机监控系统实现防误闭锁功能时，应有符合现场实际并经运维管理单位审批的防误规则，防误规则判别依据可包含断路器、隔离开关、接地开关、网门、压板、接地线及就地锁具等一、二次设备状态信息，以及电压、电流等模拟量信息。若防误规则通过拓扑生成，则应加强校核。

3. 智能防误系统

智能防误系统应单独设置，与监控系统内置防误逻辑实现双套防误校核。智能防误系统应具备顺控操作防误和就地操作防误功能，当遥控、顺控操作因故中止，切换到就地操作防误，顺控操作应具备人工急停功能。

4. 机械联锁防误

机械联锁只能用高压电气设备本体之间的防误闭锁，如在户外一体化的隔离开关与接地刀闸之间的闭锁、开关柜内部机械操动机构电气设备之间的闭锁。对两柜之间或户外隔离开关与断路器之间无法实现闭锁，还需辅以其他闭锁装置，才能满足全站的闭锁要求。

5. 电气闭锁防误

（1）断路器、隔离开关和接地开关电气闭锁回路应直接使用断路器和隔离开关、接地开关等设备的辅助触点，严禁使用重动继电器。

（2）接入电气闭锁回路中设备的辅助触点应满足可靠通断的要求，辅助开关应满足响应一次设备状态转换的要求，电气接线应满足防止电气误操作的要求。

（3）成套 SF_6 组合电器、成套高压开关柜防误功能应齐全、性能良好；新投开关柜应装设具有自检功能的带电显示装置，并与接地开关及柜门实现强制闭锁；配电装置有倒送电源时，间隔网门应装有带电显示装置的强制闭锁。

6.4　防误闭锁应用解析

6.4.1　220kV 主变跨间隔典型闭锁逻辑关系

220kV 主变跨间隔典型接线如图 6-12 所示。

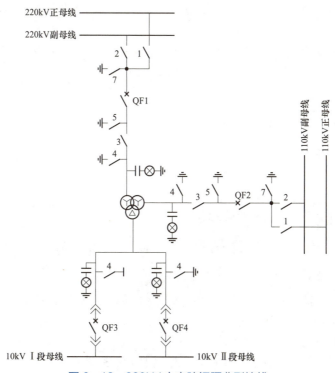

图 6-12　220kV 主变跨间隔典型接线

（1）QF1-3 接地刀闸操作条件：断路器 QF1 分，接地刀闸 QF1-4、QF2-4、QF3-4、QF4-4、QF1-5、QF1-7 分。

（2）QF3-4 接地刀闸操作条件：QF3、QF4 开关手车试验位置，QF3、QF4 带电显示装置无电，隔离开关 QF1-3、QF2-3 分位，QF3、QF4 后柜门电缆仓门关闭。

（3）QF3 开关手车操作条件：断路器 QF3 分，接地刀闸 QF3-4 分，10kV Ⅰ 段母线接地刀闸分，QF3 后柜门电缆仓门关闭。

6.4.2　220kV 双母线接线线路典型闭锁逻辑关系

220kV 双母线接线如图 6-13 所示。

（1）QF1-1 隔离开关操作条件：① QF1 断路器分，QF1-2

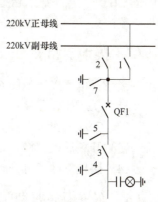

图 6-13　220kV 双母线接线

隔离开关分，QF1－5、QF1－7 接地刀闸分，220kV 正母线接地刀闸分；② 220kV 母联断路器 QF 合，220kV 母联隔离开关 1G、2G 合，QF1－2 隔离开关合，QF1－5、QF1－7 接地刀闸分，220kV 正母线接地刀闸分。

（2）QF1－2 隔离开关操作条件：① QF1 断路器分，QF1－1 隔离开关分，QF1－5、QF1－7 接地刀闸分，220kV 副母线接地刀闸分；② 220kV 母联断路器 QF 合，220kV 母联隔离开关 1G、2G 合，QF1－1 隔离开关合，QF1－5、QF1－7 接地刀闸分，220kV 副母线接地刀闸分。

（3）QF1－3 隔离开关操作条件：QF1 断路器分，QF1－4、QF1－5、QF1－7 接地刀闸分。

（4）QF1－7、QF1－5 接地刀闸操作条件：QF1－1、QF1－2、QF1－3 隔离开关分。

（5）QF1－4 接地刀闸操作条件：QF1－3 隔离开关分，本线路无电。

6.4.3　出线开关柜的典型闭锁逻辑关系

出线开关柜电气接线如图 6－14 所示。

（1）QS1 操作条件：带电显示器无电、CB 试验位置。（与 CB 有机械闭锁。）

（2）开关后柜门操作条件：QS1 接地。

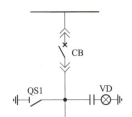

图 6－14　出线开关柜电气接线

6.4.4　电容器（电抗器）相关刀闸的典型闭锁逻辑关系

电容器（电抗器）电气接线如图 6－15 所示。

（1）QS1 操作条件：带电显示器无电、CB 试验位置。（与 CB 有机械闭锁。）

（2）QS2 操作条件：CB 试验位置。

（3）开关后柜门操作条件：QS1 接地。

（4）电容器网门打开条件：QS1 接地，QS2 打开并接地。

说明：网门电磁锁回路中串入 QS1 接点及 QS2 接点，仅当 QS1、QS2 隔离开关均接地时，方可打开网门，这样可以有效防止人员误入带电间隔；同时，通过 QS1 隔离开关接地闭锁 CB 开关无法摇入运行位置（通过 QS1 实现对 CB 的反闭锁），可以有效防止网门打开时电缆桩头（A 点）带电，避免人身触电。

6.4.5　接地变相关刀闸及网门的典型闭锁逻辑关系

接地变电气接线如图 6－16 所示。

（1）QS1 操作条件：带电显示器无电、CB 试验位置。（与 CB 有机械闭锁）

（2）QS2 操作条件：无接电现象，判据为 $3U_0 < 15\% U_e$。

（3）开关后柜门操作条件：QS1 接地。

（4）接地变网门打开条件：QS1 接地。

6.4.6　充气柜的典型闭锁逻辑关系

充气柜出线电气接线如图 6－17 所示。

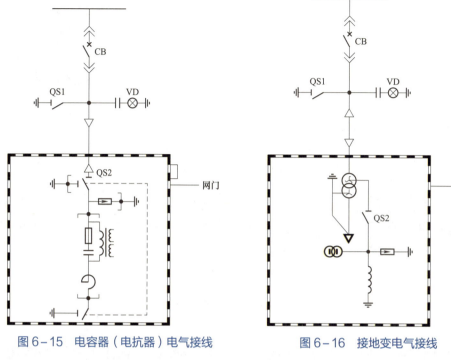

图 6-15　电容器（电抗器）电气接线　　　　图 6-16　接地变电气接线

图 6-17　充气柜出线电气接线

（1）CB 操作条件：① 1GD 合闸位置，带电显示器无电；② 1G 分闸位置，1GD 分闸位置；③ 1G 合闸位置。

（2）1G 操作条件：CB 分闸位置。

（3）1GD 操作条件：CB 分闸位置。

第7章
监控信号

设备监控信息为满足集中监控需要接入智能电网调度控制系统的一次设备、二次设备及辅助设备监视和控制信息。设备监控信息应满足全面完整、描述准确、稳定可靠、源端规范、上下一致、接入规范的要求。

7.1 监控信号类别

监控告警是监控信息在调度控制系统、变电站监控系统对设备监控信息处理后在告警窗出现的告警条文，是监控运行的主要关注对象，按对电网和设备影响的轻重缓急程度分为：事故、异常、越限、变位和告知五级。

（1）事故信息：由于电网故障、设备故障等原因引起断路器跳闸、保护及安全自动装置动作出口跳合闸的信息以及影响全站安全运行的其他信息，是需实时监控、立即处理的重要信息。主要对应设备动作信号。

（2）异常信息：反映电网和设备非正常运行情况的报警信息和影响设备遥控操作的信息，直接威胁电网安全与设备运行，是需要实时监控、及时处理的重要信息。主要对应设备告警信息和状态监测告警。

（3）越限信息：反映重要遥测量超出告警上下限区间的信息。重要遥测量主要有设备有功、无功、电流、电压、变压器油温及断面潮流等，是需实时监控、及时处理的重要信息。

（4）变位信息：指反映一二次设备运行位置状态改变的信息。主要包括断路器、隔离开关分合闸位置，保护软连接片投、退等位置信息。该类信息直接反映电网运行方式的改变，是需要实时监控的重要信息。

（5）告知信息：反映电网设备运行情况、状态监测的一般信息。主要包括一次设备操作时发出的弹簧未储能等伴生信息以及故障录波器、收发信机启动等信息。该类信息需定期查询。

7.2　电气设备监控信号设置

7.2.1　变压器典型信息

变压器测量信息应包括各侧有功、无功、电流、电压以及变压器档位、油温、绕组温度等，对三相分体的变压器油温信息宜按相分别采集。变压器遥信信息应反映变压器本体、冷却器、有载调压机构、在线滤油装置等重要部件的运行状况和异常、故障情况，还应包括变压器本体和有载调压装置非电量保护的动作信息。变压器典型监控信息见表 7-1。

表 7-1　变压器典型监控信息表

信息/部件类型		信息名称	告警分级	站端信息对应关系说明	备注
运行数据	测量数据	××变压器××kV 侧有功	—	—	变压器各对应侧
		××变压器××kV 侧无功	—	—	变压器各对应侧
		××变压器××kV 侧 A 相电流	越限	—	变压器各对应侧
		××变压器××kV 侧 B 相电流	—	—	变压器各对应侧
		××变压器××kV 侧 C 相电流	—	—	变压器各对应侧
		××变压器××kV 侧线电压	—	—	适用于变压器侧有 TV
		××变压器××kV 侧 A 相电压	—	—	适用于变压器侧有 TV
		××变压器××kV 侧 B 相电压	—	—	适用于变压器侧有 TV
		××变压器××kV 侧 C 相电压	—	—	适用于变压器侧有 TV
		××变压器××kV 侧功率因数	—	—	根据需要采集
		××变压器分接开关档位	—	—	—
		××变压器××相油温 1	越限	—	—
		××变压器××相油温 2	—	—	—
		××变压器××相绕组温度	—	—	—
告警信息	总信号	××变压器故障	异常	—	—
		××变压器异常	异常	—	—
	冷却器	××变压器冷却器全停跳闸	事故	—	适用于强油风冷变压器
		××变压器冷却器全停告警	异常	—	—
		××变压器冷却器故障	异常	包括冷却器风扇故障、油泵故障、控制装置故障	—
		××变压器辅助冷却器投入	告知	—	—
		××变压器备用冷却器投入	异常	—	—

信息/部件类型		信息名称	告警分级	站端信息对应关系说明	备注
告警信息	冷却器	××变压器冷却器第一组电源消失	异常	工作电源或控制电源故障	—
		××变压器冷却器第二组电源消失	异常	工作电源或控制电源故障	—
	本体	××变压器本体重瓦斯出口	事故	—	—
		××变压器本体轻瓦斯告警	异常	—	—
		××变压器本体压力释放告警	异常	—	投跳时信息名称为压力释放跳闸,分类为事故
		××变压器本体压力突变告警	异常	—	—
		××变压器本体油温过高告警	异常	—	投跳时信息名称油温高跳闸,分类为事故
		××变压器本体油温高告警	异常	—	—
		××变压器本体绕组温度高告警	异常	—	—
		××变压器本体油位异常	异常	—	—
		××变压器本体非电量保护装置故障	异常	—	—
		××变压器本体非电量保护装置异常	异常	—	—
	有载调压机构	××变压器有载重瓦斯出口	事故	—	适用于有载调压变压器
		××变压器有载轻瓦斯告警	异常	—	适用于有载调压变压器
		××变压器有载压力释放告警	异常	—	适用于有载调压变压器。投跳时信息名称为压力释放跳闸,分类为事故
		××变压器有载油位异常	异常	—	适用于有载调压变压器
		××变压器过载闭锁有载调压	异常	—	适用于有载调压变压器
		××变压器有载调压调档异常	异常	—	适用于有载调压变压器
		××变压器有载调压电源消失	异常	电机电源消失、控制电源消失	适用于有载调压变压器
	细水雾灭火	×号变压器火灾告警	异常	尚未喷淋,但感知火灾	
		×号变压器细水雾灭火装置出口	事故	主变三侧跳开失电后,开始喷淋	
		××变压器细水雾灭火装置异常	异常		
	主变排油充氮装置	×号主变充氮灭火装置电源消失	异常	装置电源消失	
		×号主变火灾告警	异常	双独立回路火灾探测器+重瓦斯+开关分闸信号同时满足	

续表

信息/部件类型		信息名称	告警分级	站端信息对应关系说明	备注
告警信息	主变排油充氮装置	×号主变排油动作告警	异常	排油阀开启	
		×号主变充氮动作告警	异常	装置充氮动作（氮气释放阀开启）	
		×号主变充氮灭火装置断流阀关闭告警	异常		
		×号主变充氮灭火装置氮气压力低告警	异常		
		×号主变火灾探测器动作告警	异常	火灾探测器动作	
		×号主变排油阀漏油告警	异常	排油阀渗漏油	
	在线滤油	××变压器在线滤油装置启动	告知	—	—
		××变压器在线滤油运转超时	异常	—	—
		××变压器在线滤油异常	异常	—	—
控制命令	遥控	××变压器分接开关档位升降	—	—	—
		××变压器分接开关调档急停	—	—	—

7.2.2　断路器典型信息

断路器设备遥信信息应包含断路器灭弧室、操动机构、控制回路等各重要部件信息，用以反映断路器设备的运行状况和异常、故障情况。断路器应采集电流、有功、无功信息。分相断路器应按相采集断路器位置。断路器典型监控信息表见表 7-2。

表 7-2　　　　　　　　　　　　　断路器典型监控信息表

信息/部件类型		信息名称	告警分级	站端信息对应关系说明	备注
运行数据	量测数据	××开关有功	—	—	—
		××开关无功	—	—	—
		××开关 A 相电流	—	—	—
		××开关 B 相电流	—	—	—
		××开关 C 相电流	—	—	—
	位置状态	××开关位置	变位		
		××开关 A 相位置	变位		
		××开关 B 相位置	变位		单点双位置上送
		××开关 C 相位置	变位		
动作信息	间隔	××间隔事故信号	事故	—	—
	机构	××开关机构三相不一致跳闸	事故	—	—

续表

信息/部件类型		信息名称	告警分级	站端信息对应关系说明	备注
告警信息	SF₆开关	××开关SF₆气压低告警	异常	—	—
		××开关SF₆气压低闭锁	异常	—	—
	液压机构	××开关油压低分合闸总闭锁	异常	—	—
		××开关油压低合闸闭锁	异常	—	—
		××开关油压低重合闸闭锁	异常	—	—
		××开关N₂泄漏告警	异常	—	—
		××开关N₂泄漏闭锁	异常	—	—
		××开关油泵启动	告知	—	—
		××开关油泵打压超时	异常	—	—
	气动机构	××开关气压低分合闸总闭锁	异常	—	—
		××开关气压低合闸闭锁	异常	—	—
		××开关气压低重合闸闭锁	异常	—	—
		××开关气泵启动	告知	—	—
		××开关气泵打压超时	异常	—	—
		××开关气泵空气压力高告警	异常	—	—
	弹簧机构	××开关机构弹簧未储能	异常	—	—
	液簧机构	××开关油压低分合闸总闭锁	异常	—	—
		××开关油压低合闸闭锁	异常	—	—
		××开关油压低重合闸闭锁	异常	—	—
		××开关机构弹簧未储能	异常	—	—
		××开关油泵启动	告知	—	—
		××开关油泵打压超时	异常	—	—
	机构异常信号	××开关机构储能电机故障	异常	—	—
		××开关机构加热器故障	异常	—	—
		××开关机构就地控制	异常	—	—
	控制回路状态	××开关第一组控制回路断线	异常	—	—
		××开关第二组控制回路断线	异常	—	—
		××开关第一组控制电源消失	异常	—	可选
		××开关第二组控制电源消失	异常	—	可选
	手车开关	××开关手车工作位置	告知	—	—
		××开关手车试验位置	告知	—	—

7.2.3　隔离开关典型信息

隔离开关设备遥信信息应包含隔离开关位置和电动机构两部分信息,用以反映隔离开关设备的位置状态和操作回路的异常、故障情况。隔离开关典型监控信息表见表 7−3。

表 7−3　　　　　　　　　　　　　　　隔离开关典型监控信息表

信息/部件类型		信息名称	告警分级	站端信息对应关系说明	备注
运行数据	位置状态	××隔离开关位置	变位	—	宜单点双位置上送
告警信息	电动机构	××隔离开关机构就地控制	告知	—	需远方操作时,该告警分级为异常
		××隔离开关电机电源消失	异常	—	
		××隔离开关机构加热器故障	异常	—	
		××隔离开关控制电源消失	异常	—	

7.2.4　GIS 典型信息

GIS 设备遥信信息应包含 GIS 气室、GIS 汇控柜等相关信息,反映 GIS 气室压力异常和汇控柜异常运行工况。GIS 分气室的气压低告警信息应按实际气室个数分别上传。GIS 典型监控信息表见表 7−4。

表 7−4　　　　　　　　　　　　　　　GIS 典型监控信息表

信息/部件类型		信息名称	告警分级	站端信息对应关系说明	备注
告警信息	气室	××气室 SF$_6$ 气压低告警	异常	按气室个数分别上传告警信号,与实际设备名称对应	—
		××气室 SF$_6$ 气压低闭锁	异常		
	汇控柜	××开关汇控柜电气联锁解除	告知	—	—
		××开关汇控柜交流电源消失	异常	—	—
		××开关汇控柜直流电源消失	异常	汇控柜内多个直流电源消失告警信号合并	—
		××开关汇控柜温/湿度控制设备故障	异常	含汇控柜加热器故障	—
		××开关汇控柜温度异常	异常	—	—

7.2.5　母线典型信息

母线遥测信息应包含母线各相电压、线电压、3U_0 电压、频率等遥测信息。线电压宜取 AB 相间电压。对只有单相 TV 的母线,只采集单相电压。对不接地系统应采集母线接地信号。母线典型监控信息表见表 7−5。

表 7-5 母线典型监控信息表

信息/部件类型		信息名称	告警分级	站端信息对应关系说明	备注
运行数据	量测数据	××母线线电压	越限	—	—
		××母 A 相电压	—	—	适用于母线有 TV
		××母 B 相电压	—	—	适用于母线有 TV
		××母 C 相电压	—	—	适用于母线有 TV
		××母 $3U_0$ 电压	越限	—	—
		××母频率	—	—	适用于有频率监视需求的母线
告警信息	故障异常信息	××母线接地	异常	不接地系统的各段母线	适用于不接地系统

7.2.6 电容器电抗器典型信息

电容器电抗器应采集反映设备负载的无功、电流等测量信息。对于油浸式电抗器还应采集反映本体异常、故障的告警信息，非电量保护的动作信息以及油温等信息。电容器电抗器典型监控信息表见表 7-6。

表 7-6 电容器电抗器典型监控信息表

信息/部件类型		信息名称	告警分级	站端信息对应关系说明	备注
运行数据	电容器	××电容器无功	—	—	—
		××电容器 A 相电流	—	—	—
		××电容器 B 相电流	—	—	—
		××电容器 C 相电流	—	—	—
	电抗器	××电抗器无功	—	—	—
		××电抗器 A 相电流	—	—	—
		××电抗器 B 相电流	—	—	—
		××电抗器 C 相电流	—	—	—
		××电抗器油温	—	—	适用于油浸式电抗器
告警信息	总信号	××电抗器/电容器故障	异常	—	条件具备时设备直接提供总信号，不具备时可不采集
		××电抗器/电容器异常	异常	—	
	电抗器	××电抗器重瓦斯出口	事故	—	适用于油浸式电抗器
		××电抗器油温高告警	异常	—	适用于油浸式电抗器
		××电抗器轻瓦斯告警	异常	—	适用于油浸式电抗器
		××电抗器压力释放告警	异常	—	适用于油浸式电抗器
		××电抗器油位异常	异常	—	适用于油浸式电抗器

7.2.7　电流、电压互感器典型信息

电压互感器应采集相关运行状态以及辅助装置的告警信息，对 SF_6 气体绝缘电流互感器，应采集 SF_6 气压的告警信息。TV 二次电压空气开关状态应纳入监控范围，TV 接地保护器状态宜纳入监控范围。电流互感器电压互感器典型监控信息表见表 7−7。

表 7−7　　　　　　　　　　电流互感器电压互感器典型监控信息表

信息/部件类型		信息名称	告警分级	站端信息对应关系说明	备注
告警信息	TA 设备	××电流互感器 SF_6 气压低告警	异常	—	适用于 SF_6 气体绝缘电流互感器
告警信息	TV 设备	××TV 二次电压空气开关跳开	异常	保护、测量、计量二次电压空气开关跳开	—
		××TV 接地保护器故障	异常	接地保护器击穿	适用于采用接地保护器的 TV
		××母线 TV 二次电压并列	告知	—	—
		××电压切换继电器同时动作	异常	—	—
		××电压切换继电器失压	异常	—	—
		××母线 TV 并列装置直流电源消失	异常	—	—

7.2.8　消弧线圈（接地变）典型信息

消弧线圈应采集消弧线圈调档、调谐异常以及控制装置的异常、故障等遥信信息。消弧线圈（接地变）典型监控信息表见表 7−8。

表 7−8　　　　　　　　　　消弧线圈（接地变）典型监控信息表

信息/部件类型		信息名称	告警分级	站端信息对应关系说明	备注
运行数据	量测数据	××消弧线圈位移电压	—	—	—
		××母线接地线路序号	—	—	适用于有接地选线功能的消弧线圈控制装置
告警信息	消弧线圈	××消弧线圈控制装置故障	异常	包含控制装置电源消失	硬接点信号
		××消弧线圈控制装置异常	异常	—	—
		××消弧线圈调档	告知	—	—
		××消弧线圈调谐异常	异常	调档拒动、档位到头、位移过限等	—

7.3 继电保护监控信号设置

7.3.1 变压器保护典型监控信息

变压器保护应采集装置的投退、动作、异常及故障信息，对于保护动作信号，还应区分主保护及后备保护，装置故障信号应反映装置失电情况，并采用硬接点方式接入。对于智能变电站，还应采集 SV、GOOSE 告警信息及检修连接片状态。若配置双套保护，双套保护信息分别采集（下同）。变压器保护典型监控信息表见表 7-9。

表 7-9　　　　　　　　　　　　变压器保护典型监控信息表

信息/部件类型		信息名称	告警分级	站端信息对应关系说明	备注
动作信息	总信号	××变压器保护出口	事故	—	—
	具体信号	××变压器差动保护出口	事故	纵差差动速断动作、纵差保护动作、分相差动保护动作、低压侧小区差动保护动作、分侧差动保护动作、故障分量差动保护动作、零序分量差动保护动作等	—
		××变压器高压侧后备保护出口	事故	高复压方向过电流 1 时限动作、高复压方向过电流 2 时限动作、高复压过电流动作、高压方向零序过电流 1 时限动作、高压方向零序过电流 2 时限动作、高压零序过电流动作、高压侧失灵联跳动作动作、高压侧间隙过电流动作、高压侧零序过电压动作等	—
		××变压器中压侧后备保护出口	事故	中复压方向过电流 1 时限动作、中复压方向过电流 2 时限动作、中复压过电流 3 时限动作、中限时速断 1 时限动作、中限时速断 2 时限动作、中压方向零序过电流 1 时限动作、中压方向零电流 2 时限动作、中压零序过电流动作、中压侧间隙过电流动作、中压侧零序过电压动作等	—
		××变压器低压侧×分支后备保护出口	事故	低压侧复压过电流 1 时限动作、低压复压过电流 2 时限动作、低压侧复压过电流 3 时限动作、低压侧过电流 1 时限动作、低压侧过电流 2 时限动作、低压侧过电流 3 时限动作等	没有分支的为××变压器第一套保护低压侧后备保护出口
		××变压器过励磁保护出口	事故	反时限过励磁保护	—
		××变压器公共绕组零序过电流保护出口	事故	—	适用于自耦变压器
		××变压器失灵保护联跳三侧	事故	高断路器失灵联跳动作、中断路器失灵联跳动作等	—

续表

信息/部件类型		信息名称	告警分级	站端信息对应关系说明	备注
告警信息	总信号	××变压器保护装置故障	异常	—	硬接点信号
		××变压器保护装置异常	异常	—	装置提供该总信号
	故障异常信息	××变压器保护过负荷告警	异常	高压侧过负荷、中压侧过负荷、低压侧过负荷、公共绕组过负荷等	—
		××变压器保护 TA 断线	异常	高压侧 TA 断线、中压侧 TA 断线、低压侧 TA 断线、公共绕组 TA 断线等	包含所有分支
		××变压器保护 TV 断线	异常	高压侧 TV 断线、中压侧 TV 断线、低压侧 TV 断线等	包含所有分支
		××变压器保护装置通信中断	异常	由站控层后台或远动设备判别生成，智能变电站命名为 MMS 通信中断	智能变电站命名为 MMS 通信中断
		××变压器保护 SV 总告警	异常	SV 总告警信号应反映 SV 采样链路中断、SV 采样数据异常等情况	装置提供该总信号
		××变压器保护 SV 采样数据异常	异常	—	—
		××变压器保护 SV 采样链路中断	异常	—	—
		××变压器保护 GOOSE 总告警	异常	GOOSE 总告警应反映 GOOSE 链路中断、GOOSE 数据异常等情况	装置提供该总信号
		××变压器保护 GOOSE 数据异常	异常	—	—
		××变压器保护 GOOSE 链路中断	异常	—	—
		××变压器保护对时异常	异常	—	—
		××变压器保护检修不一致	异常	—	—
		××变压器保护检修连接片投入	异常	—	—

7.3.2　线路保护典型信息

线路保护应采集装置的投退、动作、异常及故障信息，对于保护动作信号，还应区分主保护及后备保护，装置故障信号应反映装置失电情况，并采用硬接点方式接入。对于智能变电站，还应采集 SV、GOOSE 告警信息及检修连接片状态。对于具备重合功能的线路保护，还应采集重合闸信息。如果装置需远方操作的，还应采集遥控操作信息及相应的遥信状态。对于有定值区远方切换要求的，采集运行定值区号，定值区切换采用遥调方式。线路保护典型监控信息表见表 7-10。

设备篇

表7-10 线路保护典型监控信息表

信息/部件类型		信息名称	告警分级	站端信息对应关系说明	备注
运行数据	量测数据	××线路保护运行定值区号	—	—	需远方操作时
	位置状态	××线路保护重合闸充电状态	变位	—	
		××线路保护重合闸软连接片位置	变位	—	
		××线路保护远方操作连接片位置	变位	—	
动作信息	总信号	××线路保护出口	事故	—	—
	具体信号	××线路主保护出口	事故	分相差动动作、零序差动动作、纵联差动保护动作、纵联保护动作等全线速动保护动作	主保护指具备全线速动功能的保护
		××线路后备保护出口	事故	距离Ⅰ段动作、距离Ⅱ段动作、距离Ⅲ段动作、距离加速动作、零序过电流Ⅱ段动作、零序过电流Ⅲ段动作、零序加速动作、零序反时限动作、过电压保护动作等其他保护动作	适用于220kV及以上电压等级线路保护；10kV线路可视情况分别采集距离、过电流Ⅰ、Ⅱ、Ⅲ段
		××线路保护远跳出口	事故	—	适用于220kV及以下线路
		××线路保护A相跳闸出口	事故	—	适用于分相跳闸的保护
		××线路保护B相跳闸出口	事故	—	适用于分相跳闸的保护
		××线路保护C相跳闸出口	事故	—	适用于分相跳闸的保护
		××线路保护重合闸出口	事故	—	适用于具备重合闸功能的保护
告警信息	总信号	××线路保护装置故障	异常	—	硬接点信号
		××线路保护装置异常	异常	—	装置提供该总信号
	故障异常信息	××线路保护过负荷告警	异常	—	适用于220kV及以下线路
		××线路保护重合闸闭锁	异常	—	适用于具备重合闸功能的保护
		××线路保护TA断线	异常	—	—
		××线路保护TV断线	异常	—	—
		××线路保护A通道异常	异常	—	保护配置双通道的应分别上送异常信号，单通道配置的不分A、B通道
		××线路保护B通道异常	异常	—	

120

续表

信息/部件类型		信息名称	告警分级	站端信息对应关系说明	备注
告警信息	故障异常信息	××线路保护收发信机装置故障	异常	直流电源消失	适用于闭锁式高频保护，硬接点信号
		××线路保护收发信机装置异常	异常	—	适用于闭锁式高频保护
		××线路保护收发信机通道异常	异常	3dB 告警	适用于闭锁式高频保护
		××线路保护电压切换装置继电器同时动作	异常	—	适用于需要电压切换的保护装置
		××线路保护电压切换装置故障	异常	—	适用于需要电压切换的保护装置，硬接点信号
		××线路保护电压切换装置异常	异常	—	适用于需要电压切换的保护装置
		××线路保护装置通信中断	异常	由站控层后台或远动设备判别生成，智能变电站命名为 MMS 通信中断	—
		××线路保护 SV 总告警	异常	SV 总告警信号应反映 SV 采样链路中断、SV 采样数据异常等情况	装置提供该总信号
		××线路保护 SV 采样数据异常	异常	—	—
		××线路保护 SV 采样链路中断	异常	—	—
		××线路保护 GOOSE 总告警	异常	GOOSE 总告警应反映 GOOSE 链路中断、GOOSE 数据异常等情况	装置提供该总信号
		××线路保护 GOOSE 数据异常	异常	—	—
		××线路保护 GOOSE 链路中断	异常	—	—
		××线路保护对时异常	异常	—	—
		××线路保护检修不一致	异常	—	—
		××线路保护检修连接片投入	异常	—	—
控制命令	遥控	××线路保护重合闸软连接片投/退	—	功能连接片	需远方操作时
	遥调	××线路保护运行定值区切换	—	—	

7.3.3 母线保护典型信息

母线保护应采集装置的投退、动作、异常及故障信息，对于保护动作信号，应包含失灵保护动作信号，装置故障信号应反映装置失电情况，并采用硬接点方式接入。对于智能变电站，还应采集 SV、GOOSE 告警信息及检修连接片状态。母线保护典型监控信息表见表 7-11。

表 7-11　　　　　　　　　　　　　　母线保护典型监控信息表

信息/部件类型		信息名称	告警分级	站端信息对应关系说明	备注
动作信息	总信号	××母线保护出口	事故	—	—
	具体信号	××母线保护差动出口	事故	Ⅰ母差动动作、Ⅱ母差动动作等	—
		××母线保护失灵出口	事故	Ⅰ母失灵动作、Ⅱ母失灵动作、母联失灵动作等	—
告警信息	总信号	××母线保护装置故障	异常	保护 CPU 插件异常、出口异常、采样数据异常等	硬接点信号
		××母线保护装置异常	异常	母线保护装置异常应能反映 TA 断线、TV 断线、失灵启动开入异常、失灵接触电压闭锁异常、支路隔离开关位置异常等情况	装置提供该总信号
	故障异常信息	××母线保护 TA 断线	异常	支路 TA 断线、母联/分调 TA 断线	—
		××母线保护 TV 断线	异常	Ⅰ母 TV 断线、Ⅱ母 TV 断线等	—
		××母线保护装置通信中断	异常	由站控层后台或远动设备判别生成，智能站命名为 MMS 通信中断	—
		××母线保护开关隔离开关位置异常	异常		适用于双母线接线
		××母线保护 SV 总告警	异常	SV 总告警信号应反映 SV 采样链路中断、SV 采样数据异常等情况	装置提供该总信号
		××母线保护 SV 采样数据异常	异常	—	—
		××母线保护 SV 采样链路中断	异常	—	—
		××母线保护 GOOSE 总告警	异常	GOOSE 总告警应反映 GOOSE 链路中断、GOOSE 数据异常等情况	装置提供该总信号
		××母线保护 GOOSE 数据异常	异常	—	—
		××母线保护 GOOSE 链路中断	异常	—	—
		××母线保护对时异常	异常	—	—
		××母线保护检修不一致	异常	—	—

续表

信息/部件类型		信息名称	告警分级	站端信息对应关系说明	备注
告警信息	故障异常信息	××母线保护检修连接片投入	异常	—	—
		××母线保护母线互联运行	异常	—	适用于分段运行的母线

7.3.4　母联保护典型信息

母联（分段）保护应采集装置的投退、动作、异常及故障信息，装置故障信号应反映装置失电情况，并采用硬接点方式接入。对于智能变电站，还应采集 SV、GOOSE 告警信息及检修连接片状态。母联（分段）保护典型监控信息表见表 7-12。

表 7-12　　　　　　　　　　母联（分段）保护典型监控信息表

信息/部件类型		信息名称	告警分级	站端信息对应关系说明	备注
动作信息	总信号	××母联（分段）保护出口	事故	充电过电流Ⅰ段动作、充电过电流Ⅱ段动作、充电零序过电流动作	—
告警信息	总信号	××母联（分段）保护装置故障	异常	—	硬接点信号
		××母联（分段）保护装置异常	异常	—	装置提供该总信号
	故障异常信息	××母联（分段）保护装置通信中断	异常	由站控层后台或远动设备判别生成，智能变电站命名为 MMS 通信中断	—
		××母联（分段）保护TA 断线	异常	—	—
		××母联（分段）保护SV 总告警	异常	SV 总告警信号应反映 SV 采样链路中断、SV 采样数据异常等情况	装置提供该总信号
		××母联（分段）保护SV 采样数据异常	异常	—	—
		××母联（分段）保护SV 采样链路中断	异常	—	—
		××母联（分段）保护GOOSE 总告警	异常	GOOSE 总告警应反映 GOOSE 链路中断、GOOSE 数据异常等情况	装置提供该总信号，装置无 GOOSE 输入时，此信号不采集
		××母联（分段）保护GOOSE 数据异常	异常	—	装置无 GOOSE 输入时，此信号不采集
		××母联（分段）保护GOOSE 链路中断	异常	—	装置无 GOOSE 输入时，此信号不采集

续表

信息/部件类型		信息名称	告警分级	站端信息对应关系说明	备注
告警信息	故障异常信息	××母联（分段）保护对时异常	异常	—	—
		××母联（分段）保护检修不一致	异常	—	—
		××母联（分段）保护检修连接片投入	异常	—	—

7.3.5　电容器保护典型信息

电容器保护应采集装置的投退、动作、异常及故障信息，装置故障信号应反映装置失电情况，并采用硬接点方式接入。对于智能变电站，还应采集 SV、GOOSE 告警信息及检修连接片状态。电容器保护典型监控信息表见表 7-13。

表 7-13　　　　　　　　　　　电容器保护典型监控信息表

信息/部件类型		信息名称	告警分级	站端信息对应关系说明	备注
动作信息	总信号	××电容器保护出口	事故	过电流保护动作、过电压保护动作、不平衡保护动作	—
	具体信号	××电容器欠压保护出口	事故	—	—
告警信息	总信号	××电容器保护装置故障	异常	—	硬接点信号
		××电容器保护装置异常	异常	—	装置提供该总信号
	故障异常信息	××电容器保护装置通信中断	异常	由站控层后台或远动设备判别生成，智能变电站命名为 MMS 通信中断	—
		××电容器保护 TA 断线	异常	—	—
		××电容器保护 TV 断线	异常	—	—
		××电容器保护 SV 总告警	异常	SV 总告警信号应反映 SV 采样链路中断、SV 采样数据异常等情况	装置提供该总信号
		××电容器保护 SV 采样数据异常	异常	—	—
		××电容器保护 SV 采样链路中断	异常	—	—
		××电容器保护 GOOSE 总告警	异常	GOOSE 总告警应反映 GOOSE 链路中断、GOOSE 数据异常等情况	装置提供该总信号
		××电容器保护 GOOSE 数据异常	异常	—	—

续表

信息/部件类型		信息名称	告警分级	站端信息对应关系说明	备注
告警信息	故障异常信息	××电容器保护GOOSE链路中断	异常	—	—
		××电容器保护对时异常	异常	—	—
		××电容器保护检修不一致	异常	—	—
		××电容器保护检修连接片投入	异常	—	—

7.3.6 站用变保护典型信息

站用变保护应采集装置的投退、动作、异常及故障信息，装置故障信号应反映装置失电情况，并采用硬接点方式接入。对于智能变电站，还应采集 SV、GOOSE 告警信息及检修连接片状态。站用变保护典型监控信息表见表 7－14。

表 7－14　　　　　　　　　　站用变保护典型监控信息表

信息/部件类型		信息名称	告警分级	站端信息对应关系说明	备注
动作信息	总信号	××站用变保护出口	事故	过电流保护动作、零序保护动作	—
告警信息	总信号	××站用变保护装置故障	异常	—	硬接点信号
		××站用变保护装置异常	异常	—	装置提供该总信号
	故障异常信息	××站用变保护装置通信中断	异常	由站控层后台或远动设备判别生成，智能变电站命名为 MMS 通信中断	—
		××站用变保护 SV 总告警	异常	SV 总告警信号应反映 SV 采样链路中断、SV 采样数据异常等情况	装置提供该总信号
		××站用变保护 GOOSE 总告警	异常	GOOSE 总告警应反映 GOOSE 链路中断、GOOSE 数据异常等情况	装置提供该总信号
		××站用变保护检修连接片投入	异常	—	—

7.3.7 备自投装置典型信息

备自投装置应采集装置的投退、动作、异常及故障信息，装置故障信号应反映装置失电情况，并采用硬接点方式接入。对于智能变电站，备自投装置还应采集 SV、GOOSE 告警信息及检修连接片状态。对于备自投装置需远方投退操作的，还应采集备自投相关软连接片位置及备自投充电状态信息。备自投装置典型监控信息表见表 7－15。

表 7－15 备自投装置典型监控信息表

信息/部件类型		信息名称	告警分级	站端信息对应关系说明	备注
运行数据	位置状态	××备自投装置总投入软连接片位置	变位	—	需远方操作时
		××备自投装置充电状态	变位	—	
		××备自投装置远方操作连接片位置	变位	—	
动作信息	总信号	××备自投出口	事故	跳闸、合闸	—
告警信息	总信号	××备自投装置故障	异常		硬接点信号
		××备自投装置异常	异常	—	由装置提供一个反映装置异常的告警信号
	故障异常信息	××备自投装置通信中断	异常	由站控层后台或远动设备判别生成，智能变电站命名为 MMS 通信中断	—
		××备自投装置 SV 总告警	异常	SV 总告警信号应反映 SV 采样链路中断、SV 采样数据异常等情况	装置提供该总信号
		××备自投装置 GOOSE 总告警	异常	GOOSE 总告警应反映 GOOSE 链路中断、GOOSE 数据异常等情况	装置提供该总信号
		××备自投装置对时异常	异常	—	—
		××备自投装置检修不一致	异常	—	—
		××备自投装置检修连接片投入	异常	—	—

7.3.8 智能终端典型信息

智能终端应采集装置的投退、异常及故障信息，装置故障信号应反映装置失电情况，并采用硬接点方式接入；还应采集 GOOSE 告警信息及检修连接片状态。对于就地布置的，还应采集智能组件柜的温度、湿度信息。智能终端典型监控信息表见表 7－16。

表 7－16 智能终端典型监控信息表

信息/部件类型		信息名称	告警分级	站端信息对应关系说明	备注
运行数据	量测数据	××智能组件柜温度	—	—	就地布置时采集
		××智能组件柜湿度	—	—	就地布置时采集
	位置状态	××智能终端控制切至就地位置	变位	—	—

续表

信息/部件类型		信息名称	告警分级	站端信息对应关系说明	备注
告警信息	总信号	××智能终端故障	异常	智能终端电源失电、智能终端装置闭锁	硬接点信号
		××智能终端异常	异常	智能终端异常信号应反映智能终端运行异常、智能终端装置异常等异常情况	装置提供该总信号
	智能终端	××智能终端 GOOSE 总告警	异常	智能终端 GOOSE 总告警信号应反映智能终端保护 GOOSE 收信中断、智能终端测控 GOOSE 收信中断等情况	装置提供该总信号
		××智能终端对时异常	异常	—	—
		××智能终端 GOOSE 数据异常	异常	—	—
		××智能终端 GOOSE 检修不一致	异常	—	—
		××智能终端 GOOSE 链路中断	异常	—	装置提供该总信号
		××智能终端检修连接片投入	异常	—	—
	组件柜	××智能组件柜温度异常	异常	—	—
		××智能组件柜温/湿度控制设备故障	异常	—	—

7.3.9　合并单元典型信息

合并单元应采集装置的投退、异常、故障及检修连接片状态信息，装置异常信号应包括时钟同步异常、SV、GOOSE 接收异常等异常信息，故障信号应反映装置失电情况，并采用硬接点方式接入，对于就地布置的，应采集智能组件柜的温度、湿度信息。合并单元典型监控信息表见表 7-17。

表 7-17　　　　　　　　　　合并单元典型监控信息表

信息/部件类型		信息名称	告警分级	站端信息对应关系说明	备注
运行数据	量测数据	××智能组件柜温度	—	—	就地布置时采集
		××智能组件柜湿度	—	—	就地布置时采集
告警信息	总信号	××合并单元故障	异常	合并单元装置闭锁；合并单元失电	硬接点信号
		××合并单元异常	异常	合并单元异常应反映合并单元同步异常、合并单元采样异常、合并单元硬件自检出错、合并单元 GOOSE 接收异常（可选）、合并单元 SV 接收异常（可选）、合并单元未收到对时等异常情况	装置提供该总信号

信息/部件类型		信息名称	告警分级	站端信息对应关系说明	备注
告警信息	合并单元	××合并单元对时异常	异常	—	—
		××合并单元 SV 总告警	异常	SV 总告警应反映 SV 采样链路中断、SV 采样数据异常等情况	装置提供该总信号
		××合并单元 SV 采样链路中断	异常	—	—
		××合并单元 SV 采样数据异常	异常	—	—
		××合并单元 GOOSE 总告警	异常	GOOSE 总告警应反映 GOOSE 链路中断、GOOSE 数据异常等情况	装置提供该总信号
		××合并单元 GOOSE 数据异常	异常	—	适用于接收 GOOSE 信息的合并单元
		××合并单元 GOOSE 链路中断	异常	—	适用于接收 GOOSE 信息的合并单元
		××合并单元 SV 检修不一致	异常	—	—
		××合并单元 GOOSE 检修不一致	异常	—	适用于接收 GOOSE 信息的合并单元
		××合并单元电压切换异常	异常	—	适用于需要电压切换的合并单元
		××合并单元电压并列异常	异常	—	适用于需要电压切换的合并单元
		××合并单元检修连接片投入	异常	合并单元检修连接片投入	—
	组件柜	××智能组件柜温度异常	异常	—	—
		××智能组件柜温/湿度控制设备故障	异常	—	—

7.4 交、直流系统信号设置

7.4.1 站用电典型信息

站用电应采集反映站用电运行方式的低压断路器位置信息和电压量测信息。此外，还应采集备自投动作、异常及故障信息，装置故障信号应反映装置失电情况，并采用硬接点方式接入。站用电典型监控信息表见表 7－18。

表 7－18　　　　　　　　　　　　　　站用电典型监控信息表

信息/部件类型		信息名称	告警分级	站端信息对应关系说明	备注
运行数据	量测数据	站用电 × 段线电压	越限	—	—
		站用电 × 段 A 相电压	—	—	—
		站用电 × 段 B 相电压	—	—	—
		站用电 × 段 C 相电压	—	—	—
告警信息	低压开关	×× 站用变 ×× 低压开关	变位	—	—
		站用电 ×× 分段开关	变位	—	—
		×× 站用变 ×× 低压开关跳闸	事故	—	—
		站用电 ×× 分段开关跳闸	事故	—	—
		站用电 ×× 分段开关异常	异常	—	条件具备时设备直接提供总信号，不具备时可不采集
		×× 站用变 ×× 低压开关异常	异常	—	
	备自投	站用电备自投装置出口	事故	—	—
		站用电备自投装置故障	异常	—	硬接点信号
		站用电备自投装置异常	异常	—	—
	总信号	站用电交流电源异常	异常	失电、缺相	—

7.4.2　直流系统典型信息

直流系统监控信息应覆盖直流系统交流输入电源（含防雷器）、充电机、蓄电池、直流母线、重要馈线等关键环节，反映各个环节设备的运行状况和异常、故障情况；还应包括直流系统监控装置、监控系统逆变电源以及通信直流电源等相关设备的告警信息。直流系统控制母线电压应纳入监控范围，直流系统合闸母线电压、直流母线正、负极对地电压宜纳入监控范围。直流系统典型监控信息表见表 7－19。

表 7－19　　　　　　　　　　　　　　直流系统典型监控信息表

信息/部件类型		信息名称	告警分级	站端信息对应关系说明	备注
运行数据	量测数据	直流系统 × 段控制母线电压	越限	—	× 指各段母线分别采集，对于不分控母、合母的情况，直接采用"母线电压"定义
		直流系统 × 段合闸母线电压	越限	—	

续表

信息/部件类型		信息名称	告警分级	站端信息对应关系说明	备注
运行数据	量测数据	直流×段母线正极对地电压	—	—	×指各段母线分别采集，对于不分控母、合母的情况，直接采用"母线电压"定义
		直流×段母线负极对地电压	—	—	
		直流系统××蓄电池组电流	—	—	
		通信直流电源电压	—	—	
告警信息	总信号	直流系统故障	异常	一体化电源总故障	硬接点信号
		直流系统异常	异常	—	—
		直流系统绝缘故障	异常	含直流系统接地	—
	交流输入电源	直流系统交流输入故障	异常	—	—
		直流系统防雷器故障	异常	—	—
	充电机	直流系统充电机故障	异常	—	—
	蓄电池	直流系统熔断器故障	异常	蓄电池总熔丝熔断	—
		直流系统蓄电池异常	异常	蓄电池室温度过高、蓄电池电压异常	—
	直流母线	直流系统×段母线电压异常	异常	含直流系统母线电压消失、电压过高、过低	—
	直流馈线	直流系统馈电开关故障	异常	—	含至各小室的直流分支馈线开关
	通信直流系统	通信直流系统异常	异常	通信直流系统电压异常、通信直流系统交流输入故障、通信直流系统模块故障、通信蓄电池总熔丝熔断	—
	监控装置	一体化电源监控装置MMS通信中断	异常	由站控层后台或远动设备判别生成，常规站命名为"通信中断"	—
		一体化电源监控装置异常	异常	—	—
		一体化电源监控装置故障	异常	含装置失电	硬接点信号
		直流系统监控装置异常	异常	—	—
		直流系统监控装置故障	异常	含装置失电	硬接点信号
	逆变电源	××逆变电源故障	异常	—	—
		××逆变电源异常	异常	逆变电源过载、逆变电源直流输入异常、逆变电源旁路供电等	独立逆变电源需考虑整流模块交流输入异常

7.4.3 UPS 典型信息

UPS 典型监控信息表见表 7−20。

表 7-20　　　　　　　　　　　　UPS 典型监控信息表

信息/部件类型		信息名称	告警分级	站端信息对应关系说明	备注
告警信息	UPS	×号 UPS 装置交流输入异常	异常	—	如为单套 UPS，则信息描述为"UPS 装置交流输入异常"，其他以此类推
		×号 UPS 装置直流输入异常	异常	—	—
		×号 UPS 装置故障	异常	—	—
		×号 UPS 装置过载	异常	—	—
		×号 UPS 装置旁路供电	异常	—	—

7.5　公用信号设置

7.5.1　智辅设施典型信息

智辅设施包括由图像监视及安全警卫子系统、火灾报警子系统、环境监测子系统，宜采集相关设备故障和总告警信号。变压器等重要区域的消防告警信号应单独采集。智辅设施典型监控信息表见表 7-21。

表 7-21　　　　　　　　　　　智辅设施典型监控信息表

信息/部件类型		信息名称	告警分级	站端信息对应关系说明	备注
动作信息、告警信息	安全警卫	安防装置故障	异常	—	硬接点信号
		安防总告警	异常	高压脉冲防盗告警、边界防盗告警等	—
	火灾报警	消防装置故障	异常	包含多个装置的合并信号	硬接点信号
		消防火灾总告警	事故	火灾告警等	—
		××变压器消防火灾告警	事故	—	—
		环境监测装置故障	异常	包含多个装置的合并信号	硬接点信号
		电缆水浸总告警	异常	电缆层、电缆沟	按需采集
		消防水泵故障	异常	包含水泵控制器故障等	按需采集，硬接点信号

7.5.2　其他公用信号典型信息

其他公用信号典型监控信息表见表 7-22。

表 7−22   其他公用信号典型监控信息表

信息/部件类型		信息名称	告警分级	站端信息对应关系说明	备注
告警信息	网络分析仪	网络分析装置故障	异常	—	—
		×号网络分析装置故障	异常	—	—
	故障录波器	×号故障录波装置故障	异常	—	—
	时间同步装置	时间同步装置故障	异常	—	含故障、失电等
		时间同步扩展装置故障	异常	—	含故障、失电等
	交换机	××过程层 A 网交换机故障	异常	—	—
		××过程层 B 网交换机故障	异常	—	—
		××间隔层交换机故障	异常	—	—
		站控层 I 区交换机故障	异常	—	其他区交换机不采

第8章
辅助系统及设施

变电站辅助系统主要由消防设施系统、视频监控系统、安防系统、动环监控系统以及辅助系统监控平台构成，为变电站提供全方位、智能化、全天候的无人值守智能监测。

8.1 变电站消防设施系统

变电站常用的消防设施系统可分为：火灾报警系统、消火给水系统、变压器固定自动灭火系统等。

8.1.1 火灾报警系统

一般变电站中的火灾报警系统形式为区域火灾自动报警系统。该系统由区域火灾报警控制器和火灾探测器、手动报警按钮、输入输出模块等部件组成。功能简单，适用于较小范围保护，一般安装在值班室。变电站火灾报警系统结构图如图8-1所示。

变电站火灾报警系统应每月开展一次检查、测试。

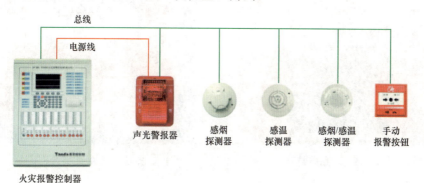

图 8-1 变电站火灾报警系统结构图

1. 火灾报警控制器

火灾报警控制器是火灾自动报警系统的心脏，可向探测器供电。火灾报警控制器用来接收火灾信号并启动火灾报警装置。该设备也可用来指示着火部位和记录有关信息，能通过火警发送装置启动火灾报警信号或通过自动消防灭火控制装置启动自动灭火设备和消防联动控制设备，并能自动的监视系统的正确运行和对特定故障给出声、光报警。壁挂式火灾报警

图 8-2 壁挂式火灾报警控制器

控制器如图 8-2 所示。

2. 火灾报警探测器

火灾探测器是火灾报警系统中，对现场进行探查，发现火灾的设备。火灾探测器是系统的"感觉器官"，它的作用是监视环境中有没有火灾的发生。

变电站内的火灾报警探测器，根据安装场所特点的不同，分烟感探测器、感温探测器、火焰光谱探测器以及感温电缆等类型。

变电站内一、二次设备间主要采用感烟探测器；在相对封闭的阀厅中采用烟感探测器加光谱探测器的火焰探测方案；感温电缆一般安装在主变以及电缆夹层中，并作为主变固定式灭火装置的启动条件之一。

3. 声光报警器及手动报警按钮

声光报警器是一种安装在变电站的声光报警设备，当现场发生火灾并确认后，安装在现场的火灾声光警报器可由消防控制的火灾报警控制器启动，发出强烈的声光报警信号，以达到提醒现场人员注意的目的。实物如图 8-3 所示。

手动报警按钮是火灾报警系统中的一个设备类型，当人员发现火灾时在火灾探测器没有探测到火灾的时候，人员手动按下手动报警按钮，报告火灾信号。手动报警按钮如图 8-4 所示。

图 8-3 声光报警器

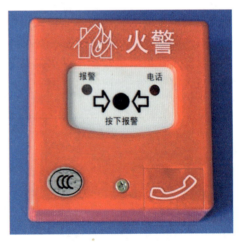

图 8-4 手动报警按钮

8.1.2 消火给水系统

变电站内的消火给水系统由消火栓、消防蓄水池及稳压系统组成。

1. 消火栓

变电站内的消火栓分为地面消火栓和户内消火栓箱，与消防水带和水枪等器材配套使用，用于扑灭非电气类火灾。消火栓箱如图 8-5 所示。

图 8-5　消火栓箱

2. 消防蓄水池及稳压系统

变电站的消防用水一般由消防水池、消防水泵供水，消防供水的可靠性主要是消防供电的保证。变电站的站用电一般有二至三路电源，消防供电的可靠性远比一般的企业要高，同时消防供水系统设置稳压装置，由稳压装置自动启动消防水泵。

消防水泵房是消防给水系统的核心，在火灾情况下保证正常工作。为了保证消防水泵不间断供水，变电站内一组消防工作水泵（2 台或 2 台以上，通常为 1 台工作泵，1 台备用泵）至少有 2 条吸水管。当其中一条吸水管发生破坏或检修时，另一条吸水管仍能通过 100% 的用水总量。

8.1.3　变压器固定自动灭火系统

主变压器是变电站中重要的带油电气设备，一旦发生火灾，变电站将停止运行，无法保证正常供电，将对本变电站及社会造成巨大的经济损失。因此，对变电站主变压器固定自动灭火系统的要求是：预防为主，防消结合。选择安全、可靠、经济的灭火系统。根据普遍配置分为排油冲氮灭火系统以及细水雾灭火系统。变压器固定灭火系统应同时具备自动、手动、远程遥控和应急机械操作方式，在完成变压器固定灭火系统防误改造并通过验收后，系统运行方式应置于"自动"方式。

1. 排油冲氮灭火系统

工作原理：当变压器内部发生故障，油箱内部产生大量可燃气体，引起气体继电器动作，发出重瓦斯信号，断路器跳闸，变压器内部故障同时导致油温升高，布置在变压器上的温感火灾探测器动作，同时布置在主变器身及储油柜的感温电缆超温动作，向消防控制柜发出火警信号。在同时满足火警信号、重瓦斯信号、断路器跳闸信号后，启动排油注氮系统，排油泄压，防止变压器爆炸，同时，储油柜下面的断流阀自动关闭，切断储油柜向变压器油箱供油，变压器油箱油位降低。一定延时后（一般为 3～20s），氮气释放阀开启，氮气通过注氮管从变压器箱体底部注入，搅拌冷却变压器油并隔离空气，达到防火灭火的目的。排油冲氮灭火系统如图 8-6 所示。

图 8-6　排油冲氮灭火系统

2. 细水雾灭火系统

工作原理：火灾报警控制器接收到保护区内一路探测器报警后，联动开启消防警铃；接收到两路探测器报警后，火灾报警控制器联动开启声光报警器、关闭防火阀与空调、联动开启对应的喷雾指示灯，并接收主变压器各侧断路器断电信号以及重瓦斯信号，联动打开对应的区域控制阀和主泵，喷放细水雾灭火。区域阀内的压力开关反馈喷放信号。

对比排油冲氮灭火系统，细水雾灭火系统的工作模式无需强制排油，降低了火情在主变区域外蔓延的可能性；但细水雾系统对水源可靠性要求较高，同时维护成本也相对较高。

8.2　变电站视频监控系统

针对目前变电站少人或无人值守运行管理模式，视频监控系统可作为远方操作监视以及设备巡视的辅助手段，同时构建的监控平台，可实现变电站后台、巡维中心与调度之间的信息共享和信息互动，并对变电站相关环节实现"千里眼"管理，从而为变电站降低运维成本、优化人力资源配置、提升运行效率，为安全生产提供重要保障。

变电站监控系统发展至今，逐步完善了安防防盗、远程安全督查、事故调查取证等功能，随着人工智能、图像识别技术的发展，近年来也朝着远程智能巡视、远程操作确认的方向发展。

变电站视频监控系统主要由网络硬盘录像机、摄像机及网络设备组成。

8.2.1　网络硬盘录像机

网络硬盘录像机，即网络视频录像机（见图 8-7），是网络视频监控系统的存储转发部分，NVR 与视频编码器或网络摄像机协同工作，完成视频的录像、存储及转发功能。如硬盘录像机需接入集控站或统一视频平台，需分配调度数据网Ⅳ区 IP。根据国网江苏省电力有限公司《变电站视频监控系统运维管理规定》的要求，220kV 及以下变电站视频监控系统发生硬盘录像机离线应在 48h 内处理恢复。

8.2.2　摄像机

变电站内摄像机根据监控场所及对象的不同，分为枪型摄像机、球型摄像机、云台摄像机及卡片摄像机。

（1）枪型摄像机为固定式摄像机，主要用于监控变电站重要出入口以及监控点位较少的电气设备。

（2）球型摄像机水平方向可旋转 360°，可联动安防、消防系统进行快速定位，一般用于围墙周界或电气设备间的环境监视。

（3）云台摄像机带有承载摄像机进行水平和垂直两个方向转动的装置，把摄像机装云台上能使摄像机从多个角度进行摄像。站内普遍采用带有补光功能的云台摄像机（见图 8-8），用以更为方便灵活的监测电气设备。

图 8-7　网络硬盘录像机

图 8-8　白光补光云台摄像机

（4）卡片型摄像机用于安装在 GIS 电气设备上，广泛运用于近距离监视断路器、隔离开关位置指示，便于运维人员进行远方电气设备操作的确认。

8.2.3　视频监控系统网络设备

随着高清视频监控系统的普及，以及对电气设备监控要求的不断提高，变电站内摄像机总数也在不断增加。以 220kV 户内 GIS 变电站为例，如需满足电气设备监控全覆盖的要求，需配备 150~200 台摄像机。因此对视频监控系统的网络设备也提出了更高的要求，无法采用传统视频监控系统的每台摄像机直连硬盘录像机的方式，需分区域分层次的布置汇聚节点，以便于数量庞大的前端设备接入以及后期的修理维护。

8.3　变电站安防系统

为切实加强变电站反恐、防盗水平，根据 GA 1800.1—2021《电力系统治安反恐防范要求 第 1 部分：电网企业》中技防要求，明确变电站安防系统的相关系统组成及建设维护标准。

该系统包括入侵和紧急报警系统、安防视频监控系统、安防照明系统、门禁系统、电子巡查系统。

8.3.1　入侵和紧急报警系统

系统主要包含周界电子围栏、大门口对射、室内双鉴探测器、紧急报警装置、报警主机等设备，发生入侵事件后，由防盗报警控制器根据预设联动方案进行现场声光报警和信号上传。入侵和紧急报警信号不仅需要上送至运维集控站，还应通过电话、网络的方式上送至公安机关 110 联动报警中心。电子围栏及声光报警器如图 8-9 所示。

图 8-9　电子围栏及声光报警器

8.3.2　安防视频监控系统

系统主要包含周界球形摄像机（见图 8-10）、出入口枪型摄像机、全景监控摄像机、录像机等设备，实现人脸捕捉、动作识别、入侵侦测、报警、越界侦测等功能。

其中周界球形摄像机、全景监控摄像机应与安防报警控制器联动，通过设定预置位的方式第一时间切换至报警防区所在区域，实时抓取报警场所画面。

8.3.3　安防照明系统

系统主要包含灯光控制器和射灯，具备与站端其他系统报警联动开启的功能。

8.3.4　门禁系统

图 8-10　安防周界球形摄像机

系统主要包含门禁控制器、磁力锁、读卡器等部分，实现对变电站人员和车辆的安全管控，并具备与其他系统的联动功能。

变电站内电动大门、主控楼、主控室等关键出入口均配备门禁系统。门禁系统基本功能为感应式读卡器刷卡、集控站远程控制以及自内向外的单向按钮开门。门禁卡权限配置遵循该变电站管理职能部室、运维中心、运维班的分级原则。站端和集控站均具备门禁使用历史记录查询功能。

8.3.5　电子巡查系统

系统主要包含有移动巡更设备、巡更点位芯片、电子巡查装置管理主机等部分，用于监督变电站保卫执勤人员及时有效地对变电站进行巡视。

重点反恐变电站在变电站大门、围墙、主控楼出入口、主控室出口等重点安防部位设置巡更点，用于引导和记录安保人员对变电站的安防巡逻。

8.4　变电站动环监控系统

变电站动环监控主要监测设备间温度、风机状态、空调状态、重点部位水位等重要参数，并能自动停启，远程遥控风机、空调、水泵等设备。

8.4.1　温/湿度控制系统

根据《变配电室安全管理规范》4.2.1 要求：变配电室周围空气温度的上限不得高于40℃，且在 24h 内其平均温度不得超过 35℃。在主变室、电容器室、电抗器室、继电保护室、蓄电池室等电气设备间配备温度监测设备，上送温/湿度数据至运维集控站，并联动设备间风机、空调等温/湿度调节设备。

8.4.2　水位监测与防汛设备

为提升变电站防洪防涝能力，避免变电站内造成积水，选取变电站大门、电缆沟、主控楼等防汛重点部位配置水浸传感器。其作用为在汛早期发出预警，告知运维集控站及运维班站内水位状况，便于积极开展防汛和抢修工作。

水浸传感器也可以作为站内智能防汛控制系统的启动条件，配合气象传感器、设备间温/湿度传感器等设备，共同判断站内汛情，自动启动大门、主控楼等挡水墙防汛设备，降低汛情灾害，为运维抢修争取时间。变电站智能挡水墙如图 8-11 所示。

图 8-11　变电站智能挡水墙

8.5 辅助系统监控平台

随着变电站各辅助系统子模块的完善，以及无人值班模式的推广，辅助系统监控平台可以有效帮助变电运维专业远程监控站内各辅助设备运作情况，提高运维专业效率。辅助系统监控平台拓扑图如图 8-12 所示。

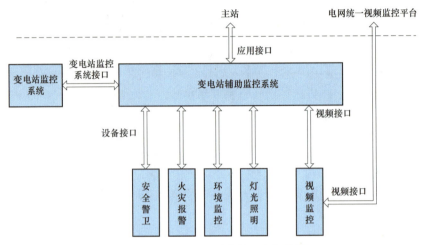

图 8-12 辅助系统监控平台拓扑图

变电站辅助系统监控平台以"智能感知和智能控制"为核心，通过各种物联网技术，对全站主要电气设备、关键设备安装地点以及周围环境进行全天候状态监视和智能控制，完成环境、视频、火灾消防、照明、安全防范、门禁等子系统的数据采集和监控，实现集中管理和一体化集成联动，为变电站的安全生产提供可靠的保障，从而解决了变电站安全运营的"在控""可控"和"易控"等问题。其通过以太网或 RS232/485 接口进行连接，包括前端的摄像机、各种传感器、中心机房的存储设备、服务器等，并通过软件平台进行集成和集中监视控制，形成一套辅助系统综合监控平台。

辅助系统监控平台最核心的功能为监视与告警，即实时监控变电站内各辅助系统的开关量、模拟量数据，以及对数值进行告警。在火灾、汛情等事件突发时，第一时间通知运维抢修单位，及时处理以免灾情扩大；在设备间温度过高、辅助设备故障离线时作出提示，使得运维班提前干预，防患于未然。远程监控站内摄像画面如图 8-13 所示。

辅助系统监控平台可以做到远程操控辅助设备，如远程开关变电站门禁，手动远程控制停启设备间空调、风机，避免运维人员来回奔波，同时也提高了辅助设备运维效率。远程开启变电站空调如图 8-14 所示。

同时，辅助系统监控平台还具备数据存储、统计以及分析的功能，帮助运维值班人员对缺陷、隐患进行定级和分类。根据历史数据可有效预告高温、汛情、强风等不利运行环境，使运维人员有备无患。对辅助设备故障进行统计和分析（见图 8-15），有助于系统消缺及未来建设的设备选型、维护规划。

图 8-13 远程监控站内摄像画面

图 8-14 远程开启变电站空调

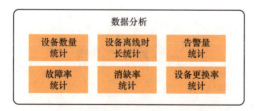

图 8-15 辅助设备故障率统计及分析

8.6 变电站智能巡检机器人

变电站智能巡检机器人主要应用于室外变电站，可对站内变电设备开展红外测温、表计读数、分合执行机构识别及异常状态报警等功能，并提供巡检数据的实时上传和数据分析、信息显示和报表自动生成等后台功能，具有巡检效率高、雨雪等恶劣环境下可开展巡检等优点，有效提高了变电站设备运行可靠性。

变电站智能巡检机器人主要分户内轨道式、户内轮式以及户外巡检机器人三种。

8.6.1 户内轨道式巡检机器人

户内轨道式巡检机器人是一款依赖于导轨的倒挂式行走机器人，如图8-16所示。适用于开关柜设备的巡检，可减轻或替代人工巡检工作量，完成对各配电站房的日常/故障巡检。其主要功能为红外热成像测温、局放检测、可见光抓拍等。

图8-16 户内轨道式巡检机器人

8.6.2 户内轮式巡检机器人

相较于轨道式机器人，户内轮式机器人巡检路线更为灵活，如图8-17所示。通过配备多轴云台，其巡视范围也更为广泛。其主要功能为图像识别、局放检测、红外热成像测温等。

图8-17 户内轮式巡检机器人

8.6.3　户外巡检机器人

户外巡检机器人如图 8-18 所示，可代替人工完成变电站高压变电设备的所有巡检作业，以自主或遥控的方式，在无人值守变电站对室外高压设备进行巡检，可及时发现电力设备的热缺陷、异物悬挂等设备异常现象。其可以根据预先设定的任务或操作人员在基站的任务操作，自动进行变电站内的全局路径规划，通过携带的各种传感器完成变电站设备的图像巡视、设备仪表的自动识别、一次设备的红外检测等，并记录设备信息，提供异常报警。

图 8-18　户外巡检机器人

现场作业篇

第9章
工作要求

9.1　文　明　生　产

9.1.1　一般规定

（1）运维人员应接受相应的安全生产教育和岗位技能（设备巡视、设备维护、倒闸操作、带电检测等）培训，经考试合格上岗。

（2）运维人员因故离岗连续三个月以上者，应经过培训并履行电力安全规程考试和审批手续，方可上岗正式承担运维工作。

（3）运维人员应掌握所管辖变电站电气设备的各级调度管辖范围，倒闸操作应按值班调控人员或运维负责人的指令执行。

（4）运维人员应严格执行相关规程规定和制度，完成所辖变电站的现场倒闸操作、设备巡视、定期轮换试验、消缺维护及事故处理等工作。

（5）运维人员应统一着装，遵守劳动纪律，在值班负责人的统一指挥下开展工作，且不得从事与工作无关的其他活动。

9.1.2　标识标牌

（1）变电站大门装设地标墙或变电站铭牌。

（2）生产区域入口处装设安全警示标牌及车辆限高、限速警示标识。

（3）生产、生活用房应有门牌指示，各楼层入口处应有楼层指示。

（4）设备间入口及设备网门应装设相关安全警示。

（5）生产区域应装设设备指示、安全警示，巡视路线、电缆沟防火隔断位置应有明显标示。

（6）电气设备、机构箱门、保护屏柜等装设设备名称标牌，一次设备应有相色标识，二次连接片、电源开关、切换把手等应贴有二次名称标签。

（7）变电站应有变电站简介，变电运维班驻地应有班组简介。

（8）标牌、标识制作应符合国网公司的标牌、标识标准，内容应正确、清晰，无褪色、无破损。

9.1.3　定置管理

（1）主控室定置摆放各级调度人员、"三种人"名单及相关工作联系方式。

（2）安全工器具、备品备件、消防器材、办公用品、家具等生产工器具、生活物品等应定置摆放，并配有定置图。

（3）图纸资料、记录台账、"两票"等定置摆放、专人管理。

（4）私人物品使用后及时收藏，非必用物品原则上不得带入变电站。

（5）生产用车、私人车辆按指定区域、顺序停放。

9.1.4　站容站貌

（1）站内环境应整洁，场地平整，道路畅通。设备区无杂草、无垃圾、无积水。

（2）变电运维主管单位应定期组织变电站环境卫生打扫、绿化维护，施工作业人员工作结束后要及时清理施工现场，确保工完场清、无垃圾杂物。

（3）室内物品应摆放有序，门窗应完整。设备厂房无漏雨，墙壁、屋顶干净，地面整洁。

（4）站内各上、下水道应畅通，无跑、冒、漏水现象，一旦发现要及时修复。

（5）站内电缆沟要略高于地面。沟内电缆排列整齐，无杂物、无堵塞、无积水、无积油。电缆沟盖板应齐全完整，放置整齐。

（6）变电站照明、围墙、大门应完好。

（7）变电站照明照度应符合有关规程要求。室外灯具应防雨、防潮、安全可靠、节能环保、易于维护、寿命长质量好，满足变电站夜间巡视、操作、检修等要求。设备间灯具应根据需要考虑防爆等特殊要求。

（8）生产、生活用房应整齐、清洁，无明显破损、污物。生活、办公用品应摆放整齐，干净整洁。厨房、卫生间、盥洗室无积水、异味。

（9）变电站生产区域禁止吸烟，禁止随意丢弃垃圾与杂物。

（10）废旧物资未经许可不得存放在变电站，安装设备、施工工器具应在指定区域有序摆放，不得影响变电站正常生产生活秩序。

9.2　现场安全管理

9.2.1　作业现场安全管控

（1）倒闸操作必须严格执行"八要八步"与操作录音制度。对于新设备启动的操作、特殊运行方式下的操作，缺陷隐患设备的操作，以及隔离故障点的操作等危险、复杂、难度较大的工作任务，要合理安排人员力量、做好预控措施。班组长应到岗到位，严防误操作事件的发生。

（2）变电站生产区域应封闭管理，未经许可开工，检修作业人员不得进入生产区域；吊装、自卸等特种车辆，未经风险交代、未指定专责监护人不得进入生产区域。

（3）工作范围与带电设备安全距离不够，作业场地条件无法满足检修施工要求，登高、动火、吊装等高危工作未指定专责监护人不得许可开工。

（4）改扩建工程施工"三措"手续应齐全，施工区域应有硬质隔离措施、设有安全警示标识，措施不完善者不得许可开工。

（5）许可开工前，工作许可人应会同工作负责人到作业现场检查安全措施，指明带电设备位置与隔离措施，交代工作过程中的注意事项。检查、交代过程应录音，现场安全措施要拍照留存。

（6）远方许可、间断工作时，要与工作负责人电话确认安全措施的完好性并录音。

（7）严格变电站钥匙管理，未经许可、履行借用手续，检修作业人员不得擅自使用变电站的钥匙。

（8）结合巡视对作业现场进行检查，对于破坏安全措施、违章作业等行为要及时制止，对于可能危及生产安全的作业工作可临时间断、督促整改，对于不听劝阻的要及时向上级部门汇报。

9.2.2　防小动物管理

（1）各开关柜、端子箱和机构箱应采取防止小动物进入的措施；设备室、主控室、通信机房、蓄电池室、控制楼、设备间、保护小室等出入门应设置防鼠挡板。

（2）每月应检查防小动物措施落实情况，发现问题及时处理并做好记录。

（3）各设备室的门窗应完好严密，出入时随手将门关好。

（4）设备室通往室外的电缆沟道应严密封堵，因施工拆动后应及时堵好。

（5）各设备室不得存放粮食及其他食品，应放有鼠药或捕鼠（驱鼠）器械（含电子式），并做好统一标识。

（6）设备施工后，应验收防小动物措施落实情况。因施工和工作需要将封堵的孔洞、入口、屏柜底打开时，应在工作结束时及时封堵。若工期较长，每日收工时，施工人员必须采取临时封堵措施，运维人员要进行检查。工作结束运维人员应验收孔洞是否封堵严密，不符合要求不得结束工作票。

9.2.3　消防管理

（1）变电站须具备完善的消防设施，并经消防部门验收合格。

（2）运维班应按照国家有关消防法规制定现场消防管理规程，落实有资质的人员负责专项管理，并严格执行。

（3）变电站消防设施的相关报警信息应传送至调控中心。

（4）变电站应配备数量足够且有效的消防器材并放置在固定地点，相关运维人员应会正确使用、维护和保管；应制定消防器材布置图，标明存放地点、数量和消防器材类型。

（5）应备有经消防主管部门审核批准的防火预案。

（6）运维班负责管理、检查消防器材的放置、完好情况并清点数量，记入相关记录。消防设施（器材）不得挪作他用。

（7）运维班负责建立消防设备档案、台账等技术资料。应根据 DL 5027—2015《电力设备典型消防规程》对站内防火重点部位或场地动火级别进行区分，明确一级动火区和二级动火区。在站内易燃易爆区域禁止动火（电焊、气焊）作业，特殊情况需要动火作业，应严格按照动火工作票制度执行。

（8）控制保护屏、配电屏和端子箱等电缆穿孔应用防火材料封堵。设备室或设备区不得存放易燃、易爆物品。消防室（亭）的门不应上锁，消防通道应保持畅通。

（9）运维人员应定期学习消防知识和消防用器材的使用方法，熟知火警电话和报警方法，定期组织消防演习。

9.2.4　安防管理

（1）无人值守变电站须具备完善的安防设施，应能实现安防系统运行情况监视、防盗报警等主要功能，相关报警信息应传送至调控中心。

（2）无人值守变电站实体防护措施应可靠有效，并报有关部门审查。

（3）无人值守变电站的大门正常应关闭、上锁，装有防盗报警系统的应定期检查、试验报警装置完好。

（4）运维人员在巡视设备时应兼顾安全保卫设施的巡视检查。

（5）按相关保卫规定，未经审批和采取必要安全措施的易燃、易爆物品严禁携带进站。

（6）运维人员在巡视设备时应兼顾工业视频设施的巡视检查，发现设施异常时应及时安排处理。

9.2.5　防汛管理

（1）应根据本地区的气候特点、地理位置和现场实际，制定相关预案及措施。无人值守变电站内应配备充足的防汛设备和防汛物资，包括潜水泵、塑料布、塑料管、沙袋、铁锹等。

（2）在每年汛前应对防汛设备进行全面的检查、试验，确保处于完好状态。

（3）防汛物资应由专人保管、定点存放，并建立专门台账。

（4）定期检查开关、气体继电器等设备的防雨罩是否完好，端子箱、机构箱等室外设备箱门是否关闭并密封良好。

（5）雨季来临前对可能积水的地下室、电缆沟、电缆隧道及场区的排水设施进行全面检查和疏通，做好防进水和排水措施。

（6）下雨时对房屋渗漏、排水情况进行检查；雨后检查地下室、电缆沟、电缆隧道等积水情况，并及时排水，设备室潮气过大时做好通风。

9.2.6　危险品管理

（1）站内的危险品应有专人负责保管并建立相关台账。

（2）各类可燃气体、油类应按产品存放规定的要求统一保管，不得散存。

（3）备用六氟化硫（SF_6）气体应妥善保管，对回收的六氟化硫（SF_6）气体应妥善收存。

（4）六氟化硫（SF_6）配电装置室、蓄电池室的排风机电源开关应设置在门外。

（5）废弃有毒的电力电容器要按国家环保部门有关规定保管处理。

（6）设备室通风装置因故停止运行时，禁止进行电焊、气焊、刷漆等工作，禁止使用煤油、酒精等易燃易爆物品。

9.2.7　外来人员

（1）外来人员是指除负责无人值守变电站管理、运维、检修人员外的各类人员（如外来参观人员、进入无人值守变电站工作的临时工、工程施工人员等）。

（2）无单独巡视设备资格的人员到无人值守变电站参观检查，应在运维人员的陪同下方可进入设备场区。

（3）外来参观人员必须得到相关部门的许可，到运维班办理相关手续、出示有关证件，得到允许后，在运维人员的陪同下方可进入设备场区。

（4）对于进入无人值守变电站工作的临时工、外来施工人员必须履行相应的手续、经安全监察部门进行安全培训和考试合格后，在工作负责人的带领下，方可进入无人值守变电站。如在施工过程中违反无人值守变电站安全管理规定，运维人员有权责令其离开变电站。

（5）外来施工队伍到无人值守变电站必须先由工作负责人办理工作票，其他人员应在非设备区等待，不得进入主控室及设备场区；工作许可后，外来施工队伍应在工作负责人带领和监护下到施工区域开展工作。

（6）严禁施工班组人员进入工作票所列范围以外的电气设备区域。发现上述情况时，应立即停止施工班组的作业，并报告当班负责人或相关领导。

9.2.8　车辆管理

（1）运维班应配置满足变电站运行维护工作需要的生产车辆。
（2）生产车辆严禁私用，使用前后应做好相关的登记工作。
（3）专（兼）职驾驶员定期做好车辆的例行保养、检查工作，保证车况良好。
（4）专（兼）职驾驶员不得擅自将车辆交给他人驾驶，禁止利用生产车辆学习驾驶。
（5）变电站内车辆行驶必须严格遵守限速、限高规定，按照规定的路线行驶和停放。
（6）变电站内严禁作为非工作车辆停车点。
（7）变电站特种车辆应定期检验，特种车辆操作人员应具备相应资质。

9.3　岗　位　职　责

9.3.1　变电运维班（简称运维班）职责

（1）负责贯彻执行上级各项规章制度、技术标准和工作要求。
（2）负责所辖变电站的运行维护及日常管理工作。
（3）负责变电站生产计划、统计报表的编制、上报和执行。
（4）负责所辖变电站设备台账、设备技术档案、规程制度、图纸资料等的管理。
（5）负责每月开展运维分析。
（6）参加新建、扩建、改造变电站工程的生产准备工作。

9.3.2　班长岗位责任

（1）班长是本班安全第一责任人，全面负责本班工作。

（2）组织本班的业务学习，落实全班人员的岗位责任制。

（3）组织本班安全活动，开展危险点分析和预控等工作。

（4）主持本班异常、故障和运行分析会。

（5）定期巡视所辖变电站的设备，掌握生产运行状况，核实设备缺陷，督促消缺。

（6）负责编制本班运维计划，检查、督促"两票"执行、设备维护、设备巡视和文明生产等工作。

（7）负责大型停、送电工作和复杂操作的准备和执行工作。

（8）做好新、改、扩建工程的生产准备，组织或参与设备验收。

9.3.3　副班长（安全员）岗位责任

（1）协助班长开展班组管理工作。

（2）负责安全管理，制定安全活动计划并组织实施。

（3）负责安全工器具、备品备件、安全设施及安防、消防、防汛、辅助设施管理。

9.3.4　副班长（专业工程师）岗位责任

（1）协助班长开展班组管理工作。

（2）专业工程师是全班的技术负责人。

（3）组织编写、修订现场运行专用规程、典型操作票、故障处理应急预案等技术资料。

（4）组织本班培训计划，完成本班人员的技术培训工作。

（5）负责技术资料管理。

9.3.5　运维工岗位责任

（1）按照班长（副班长）安排开展工作。

（2）接受调控命令，填写或审核操作票，正确执行倒闸操作。

（3）做好设备巡视维护工作，及时发现、核实、跟踪、处理设备缺陷，同时做好记录。

（4）遇有设备的事故及异常运行，及时向调控及相关部门汇报，接受、执行调控命令，对设备的异常及事故进行处理，同时做好记录。

（5）审查和受理工作票，办理工作许可、终结等手续，并参加验收工作。

（6）负责填写各类运维记录。

9.4　值　班　方　式

9.4.1　变电运维班设置

（1）运维班设置应综合考虑变电站的数量、分布情况、工作半径、应急处置、基础设施和电网发展等因素。

（2）驻地宜设置在重要枢纽变电站，原则上省检修公司运维班工作半径不宜大于 90km 或超过 90min 车程，地市公司运维班工作半径不宜大于 60km 或超过 60min 车程。

9.4.2　运维班值班模式

（1）运维班值班方式应满足日常运维和应急工作的需要，运维班驻地应 24h 有人值班，并保持联系畅通，夜间值班不少于 2 人，可采用以下两种值班模式。有条件的地区应逐步过渡到第二种值班模式。

（2）值班模式一：采用 3 班轮换制模式。除班组管理人员上正常白班外，其他运维人员平均分 3 值轮转，负责值班、巡视、操作、维护和应急工作。

（3）值班模式二：采用"2+N"模式。"2"为至少 2 名 24h 值班人员，主要负责值班期间的应急工作，采用轮换值班方式。"N"为正常白班人员，负责巡视、操作和维护工作，夜间不值班（必要时可留守备班），应急工作保持 24h 通信畅通，随叫随到。计划工作提前安排响应人员。

（4）偏远、交通不便等特殊地区可根据实际情况采用其他值班模式。

9.4.3　交接班

（1）运维人员应按照下列规定进行交接班。未办完交接手续之前，不得擅离职守。

（2）交接班前、后 30min 内，一般不进行重大操作。在处理事故或倒闸操作时，不得进行工作交接；工作交接时发生事故，应停止交接，由交班人员处理，接班人员在交班负责人指挥下协助工作。

（3）交接班方式。

1）轮班制值班模式：交班负责人按交接班内容向接班人员交代情况，接班人员确认无误后，由交接班双方全体人员签名后，交接班工作方告结束。

2）"2+N"值班模式：交接班由班长（副班长）组织，每日早上班时，夜间值班人员汇报夜间工作情况，班长（副班长）组织全班人员确认无误并签字后，交接班工作结束；每日晚下班时，班长（副班长）向夜间值班人员交代全天工作情况及夜间注意事项，夜间值班人员确认无误并签字后，交接班工作结束。节假日时可由班长指定负责人组织交接班工作。

（4）交接班主要内容。

1）所辖变电站运行方式。

2）缺陷、异常、故障处理情况。

3）两票的执行情况，现场保留安全措施及接地线情况。

4）所辖变电站维护、切换试验、带电检测、检修工作开展情况。

5）各种记录、资料、图纸的收存保管情况。

6）现场安全用具、工器具、仪器仪表、钥匙、生产用车及备品备件使用情况。

7）上级交办的任务及其他事项。

（5）接班后，接班负责人应及时组织召开本班班前会，根据天气、运行方式、工作情况、设备情况等，布置安排本班工作，交代注意事项，做好事故预想。

第10章
变电站巡视

10.1 设备巡视要求及周期

10.1.1 巡视基本要求

（1）运维班负责所辖变电站的现场设备巡视工作,应结合每月停电检修计划、带电检测、设备消缺维护等工作统筹组织实施，提高运维质量和效率。

（2）巡视应执行标准化作业，保证巡视质量。

（3）巡视中如有紧急情况，运维人员应立即停止巡视，参与异常及故障处理。处理完成后，再继续巡视。

（4）对于不具备可靠的自动监视和告警系统的设备，应适当增加巡视次数。

（5）巡视设备时运维人员应着工作服，正确佩戴安全帽。雷雨天气必须巡视时应穿绝缘靴、着雨衣，不得靠近避雷器和避雷针，不得触碰设备、架构。

（6）为确保夜间巡视安全，变电站应具备完善的照明。

（7）现场巡视工器具应合格、齐备。

（8）备用设备应按照运行设备的要求进行巡视。

（9）巡视设备前，可通过集控站和站端监控后台确认现场设备有无异常或告警信号。

（10）设备现场各种名称、编号、铭牌、标签等应齐全明显、描述准确，相序标志明显。

（11）检查导线、接头、母线、变压器、断路器、隔离开关及其他设备区内无异物漂浮、残留。

（12）检查全站一、二次电缆孔洞处封堵严密，设备区进出口处防小动物措施完善。户内设备通风措施良好，温度正常。门窗、照明完好，房屋无漏水。

（13）检查现场设备基础应无下沉、倾斜，无破损、异常声响等，接地连接无锈蚀、松动、开断，无油漆剥落，接地螺栓压接良好。

（14）针对支柱绝缘子及套管等一次设备，应注意外观清洁，无裂纹、放电痕迹或放电异声，金属法兰与瓷件的胶装部位完好，防水胶无开裂、起皮、脱落现象，金属法兰无裂痕，连接螺栓无锈蚀、松动、脱落现象。

（15）避雷器的动作计数器指示值正常，泄漏电流指示值正常。

（16）针对注油一次设备，巡视时应注意设备运行正常。各部位无渗油、漏油，油位、油色应正常，声响均匀、正常，外壳本体及箱沿应无异常发热。

（17）机构箱、汇控柜箱门平整，无变形、锈蚀，机构箱锁具完好，各控制箱、机构箱、端子箱、汇控柜、智能控制柜等电源供电正常，密封良好，加热、驱潮等装置运行正常。

（18）熄灯巡视应重点关注引线、接头、套管末屏无放电、发红、闪络迹象。

（19）针对新投入或者经过大修的一次设备，声音应正常，无不均匀声响或放电声。

（20）针对异常天气，检查导引线摆动幅度及有无断股迹象，设备上有无飘落积存杂物，瓷套管有无放电痕迹及破裂现象，观察设备表面有无覆冰等。

（21）针对设备过载，定时检查并记录负载电流，做好设备纵向和横向测温对比，保证冷却及散热措施完好。

（22）针对故障跳闸，检查现场一次设备（特别是保护范围内设备）有无着火、爆炸、喷油、放电痕迹、导线断线、短路、小动物爬入等情况。

（23）二次设备各屏柜门屏内清洁，接地良好，封堵完好，各装置的运行监视指示灯状态应指示正确，各微机保护及自动装置的显示器显示正常，各类监视、指示灯、表计指示正常。

（24）利用红外成像对一次设备、继电保护及二次回路进行检查无异常。

10.1.2 巡视分类及周期

变电站的设备巡视分为例行巡视、全面巡视、专业巡视、熄灯巡视和特殊巡视。巡视要求及周期见表 10-1。

表 10-1   变电站的设备巡视要求及周期

巡视分类		例行巡视	全面巡视	专业巡视	熄灯巡视	特殊巡视
巡视重点及要求		（1）对设备及设施外观、异常声响、设备渗漏、监控系统、二次装置及辅助设施异常告警、消防安防系统完好性、变电站运行环境、缺陷和隐患跟踪检查等方面的常规性巡查。 （2）智能巡检设备可替代人工进行例行巡视	（1）在例行巡视项目基础上，对站内设备开启箱门检查，记录设备运行数据，检查设备污秽情况，检查防火、防小动物、防误闭锁等有无漏洞，检查接地引下线是否完好，检查变电站设备厂房等方面详细巡查。 （2）全面巡视和例行巡视可一并进行	为深入掌握设备状态，由运维、检修、设备状态评价人员联合开展对设备的集中巡查和检测	夜间熄灯开展的巡视，重点检查设备有无电晕、放电，接头有无过热现象	因设备运行环境、方式变化而开展的巡视
巡视周期	一类/≥1 次	每 2 天	每 1 周	每 1 月	每 1 月	恶劣天气条件、新设备投运后、设备停电检修投入运行后、异常或缺陷情况、保供电预案说明的其他因素
	二类/≥1 次	每 3 天	每 15 天	每季度	每 1 月	
	三类/≥1 次	每 1 周	每 1 月	每半年	每 1 月	
	四类/≥1 次	每 2 周	每 2 月	每一年	每 1 月	

10.2　电气设备巡视要点

10.2.1　油浸式变压器（电抗器）

油浸式变压器（电抗器）巡视重点见表 10-2。

表 10-2　　　　　　　　　油浸式变压器（电抗器）巡视重点

巡视部位	本体	分接开关	冷却系统	非电量保护装置	储油柜	其他
巡视重点	（1）各部位无渗油、漏油。 （2）外壳及箱沿应无异常发热。 （3）抄录主变油温及油位	（1）档位指示与监控系统一致。 （2）油位、油色应正常。 （3）在线滤油装置工作正常，无渗漏油	（1）冷却器（散热器）的风扇、油泵等运转正常。 （2）连接管道无渗漏油。 （3）控制箱电源投切方式指示正常	（1）压力释放阀、安全气道及防爆膜应完好无损。 （2）气体继电器内应无气体。 （3）室外相关继电器、温度计防雨措施完好	（1）油位应与制造厂提供的油温、油位曲线相对应。 （2）吸湿器呼吸正常，外观完好，吸湿剂符合要求，油封油位正常	在线监测装置应保持良好状态

10.2.2　断路器

断路器巡视重点见表 10-3。

表 10-3　　　　　　　　　断路器巡视重点

巡视部位	本体	操动机构	其他
巡视重点	（1）分、合闸指示正确。 （2）检查并抄录 SF_6 密度继电器压力、动作次数。 （3）传动部分无明显变形、锈蚀。 （4）指示灯正常，连接片投退、远方/就地切换把手位置正确	（1）液压、气动操动机构压力表指示正常。 （2）液压操动机构油位、油色正常。 （3）弹簧储能机构储能正常	基础构架无破损、开裂、下沉，支架无锈蚀、松动或变形，无鸟巢、蜂窝等异物

10.2.3　组合电器

组合电器巡视重点见表 10-4。

表 10-4　　　　　　　　　组合电器巡视重点

巡视部位	本体	SF_6 气体报警装置	智能控制柜
巡视重点	（1）无锈蚀、损坏，漆膜无局部颜色加深或烧焦、起皮现象。 （2）伸缩节外观完好，盆式绝缘子分类标示清楚。 （3）带电显示装置指示正常。 （4）运行监控信号、灯光指示、运行信息显示等均应正常	室内组合电器，进门前检查氧量仪和气体泄漏报警仪无异常	智能终端/合并单元信号指示正确与设备运行方式一致，无异常告警信息

10.2.4　隔离开关

隔离开关巡视重点见表 10-5。

表 10-5　　　　　　　　　隔离开关巡视重点

巡视部位	导电部分	传动部分	操动机构	其他
巡视重点	（1）合闸状态触头接触良好，合闸角度符合要求。 （2）分闸状态触头间的距离或打开角度符合要求	（1）传动连杆、拐臂、万向节无锈蚀、松动、变形。 （2）轴销无锈蚀、脱落现象，开口销齐全，螺栓无松动、移位现象。 （3）接地开关平衡弹簧无锈蚀、断裂现象，平衡锤牢固可靠；接地开关可动部件与其底座之间的软连接完好、牢固	分、合闸指示与本体实际分、合闸位置相符	（1）五防锁具无锈蚀、变形现象，锁具芯片无脱落损坏现象。 （2）隔离开关"远方/就地"切换把手、"电动/手动"切换把手位置正确

10.2.5　开关柜

开关柜巡视重点见表 10-6。

表 10-6　　　　　　　　　开关柜巡视重点

巡视部位	面板	其他
巡视重点	（1）断路器或手车位置指示灯、断路器储能指示灯、带电显示装置指示灯指示正常。 （2）机械分、合闸位置指示与实际运行方式相符。 （3）气压及储能正常。 （4）保测装置无异常或告警信号，连接片投退正确	（1）开关柜内应无放电声、异味和不均匀的机械噪声。 （2）试温蜡片（试温贴纸）变色情况。 （3）一次电缆进入柜内处封堵良好

10.2.6　互感器

互感器巡视重点见表 10-7。

表 10-7　　　　　　　　　互感器巡视重点

巡视部位	本体	其他
巡视重点	（1）二次接线盒关闭紧密，电缆进出口密封良好。 （2）金属膨胀器无变形，膨胀位置指示正常。 （3）油色、油位指示正常，各部位无渗漏油现象。 （4）电容式电压互感器的电容分压器及电磁单元无渗漏油。 （5）互感器三相温差在正常范围内，运行中无异常声响	330kV 及以上电容式电压互感器电容分压器各节之间防晕罩连接可靠

10.2.7　母线

巡视要点：

（1）软母线无断股、散股及腐蚀现象，表面光滑整洁。

（2）硬母线应平直、焊接面无开裂、脱焊，伸缩节应正常。

（3）绝缘母线表面绝缘包敷严密，无开裂、起层和变色现象。

（4）绝缘屏蔽母线屏蔽接地应接触良好。

（5）伸缩节无变形、散股及支撑螺杆脱出现象。

（6）检查各气室压力、接缝处伸缩器（如有）有无异常。

10.2.8　电力电缆

电力电缆巡视重点见表 10-8。

表 10-8　　　　　　　　　　　　　　电力电缆巡视重点

巡视部位	电缆本体	电缆终端	接地箱	电缆通道	其他
巡视重点	无明显变形，外护套无破损和龟裂现象	附近无不满足安全距离的异物；金属屏蔽层、铠装层应分别接地良好；套管密封无漏油、流胶现象	接地设备应连接可靠，无松动、断开；接地线或回流线无缺失、受损	盖板表面应平整、平稳，活动盖板应开启灵活、无卡涩；通道内无杂物、积水	消防设施应齐全完好；在线监测装置应保持良好状态

10.2.9　站用变

站用变巡视重点见表 10-9。

表 10-9　　　　　　　　　　　　　　站用变巡视重点

巡视部位	本体	其他
巡视重点	（1）本体声响均匀、正常。 （2）低压侧绝缘包封情况良好。 （3）本体运行温度正常。 （4）干式站用变坏氧树脂表面及端部应光滑、平整，无裂纹、毛刺或损伤变形，无烧焦现象，表面涂层无严重变色、脱落或爬电痕迹	干式站用变温度控制器显示正常，散热风扇可正常启动，运转时无异常响声

10.2.10　站用交、直流电源系统

站用交、直流电源系统巡视重点见表 10-10。

表 10－10   站用交、直流电源系统巡视重点

巡视部位	站用交流电源系统	蓄电池	充电装置	馈电屏
巡视重点	（1）三相负荷平衡，各段母线电压正常。 （2）电源指示灯、仪表显示正常，无异常声响。 （3）备自投装置充电状态指示正常，无异常告警。 （4）UPS 面板、指示灯、仪表显示正常	（1）壳体无渗漏、变形。 （2）电压在合格范围内。 （3）巡检采集单元运行正常	（1）交流输入电压、直流输出电压、电流正常。 （2）充电模块运行正常，无报警信号。 （3）直流控制母线、动力（合闸）母线电压、蓄电池组浮充电压值在规定范围内，浮充电流值符合规定	（1）低压断路器位置指示正确，元件标志正确，操作把手位置正确。 （2）绝缘监测装置运行正常。 （3）支路直流断路器位置正确

10.3 二次设备巡视要点

　　二次设备往往布置在室内或是安放在智能控制柜中。巡视时，更侧重于设备状态、设备定值、设备告警灯、报文等方面的检查。二次设备的巡视质量，对于及时发现保护装置连接片、空气开关、定值状态错误，二次回路端子发热的缺陷异常具有重要意义。

10.3.1 继电保护装置巡视项目及要求

　　（1）各装置的运行监视指示灯状态应指示正确，各微机保护及自动装置的显示器显示正常。

　　（2）各类监视、指示灯、表计指示正常。

　　（3）线路高频保护、线路纵联差动保护通道检查、测试正常。

　　（4）装置面板及外观检查。运行指示灯、显示屏无异常，检查定值区号应符合要求。

　　（5）屏内保护设备检查。各功能开关、方式开关（把手）、空气开关、连接片状态（包括软连接片）应符合当时运行状态。

　　（6）各装置的连接片、电流切换端子、各类转换开关等投放位置正确。连接片上下端头已拧紧，备用连接片已取下。

　　（7）检查各控制、信号、电源回路快分开关位置符合运行要求。

　　（8）红外测温。利用红外成像对继电保护及二次回路进行检查，重点检查交流电流、交流电压二次回路接线端子、直流电源回路应无异常。

10.3.2 合并单元巡视项目及要求

　　（1）外观正常，无异常发热，装置运行状态、通道状态、对时同步灯、GOOSE 通信灯等 LED 指示灯指示正常，其他故障灯应熄灭。

　　（2）双母线接线，双套配置的母线电压合并单元并列把手应保持一致，且电压并列把手位置应与监控系统显示一致。

　　（3）母线合并单元，母线隔离开关位置指示灯指示正确。

　　（4）正常运行时，应检查合并单元检修硬连接片在退出位置。

10.3.3 智能终端巡视项目及要求

（1）正常运行时，智能终端对应的分合闸出口硬连接片应投入，检修连接片应退出。

（2）智能终端前面板断路器、隔离开关位置指示灯与实际状态一致，空气开关都应在合位。

（3）装置上硬连接片位置应与运行要求一致。

10.3.4 网络报文分析仪巡视项目及要求

（1）外观正常，液晶显示画面正常，装置无异常或告警信号。

（2）网络报文记录装置上运行灯、对时灯、硬盘灯正常，无告警。

（3）能够进行变电站网络通信状态的在线监视和状态评估功能，并能实时显示动态 SV 数据和 GOOSE 开关量信息。

10.3.5 网络交换机巡视项目及要求

（1）交换机正常工作时各指示灯运行正常，无其他告警灯及异常信号。

（2）检查监控系统中变电站网络通信状态。

（3）检查交换机散热情况，确保交换机不过热运行。

10.3.6 GPS 对时装置巡视项目及要求

（1）检查 GPS 对时装置运行正常，主时钟、从时钟时间正常，无其他告警灯及异常信号。

（2）检查需采集 GPS 时钟的所有装置对时正常，检查相关装置上的 GPS 对时灯无异常信号。

10.4 辅助设施巡视要点

10.4.1 消防系统

消防系统巡视重点见表 10-11。

表 10-11　　　　　　　　　　消防系统巡视重点

巡视部位	变电站常规消防	主变本体消防	
		排油充氮灭火系统	水（泡沫）喷淋系统
巡视重点	（1）消防箱、消防桶、消防铲、消防斧完好、清洁，无锈蚀、破损。 （2）消防砂池完好，无开裂、漏砂。 （3）室内、外消火栓完好，无渗漏水；消防水带完好、无变色。 （4）火灾报警控制器各指示灯显示正常，无异常报警，火灾报警联动正常，备用电源正常，能可靠切换	（1）控制屏各指示灯显示正确，无异常及告警信号。 （2）手动启动方式按钮防误碰措施完好。 （3）感温电缆完好，无断线、损坏。 （4）控制屏硬连接片的投退、启动控制方式符合变电站现场运行专用规程要求。 （5）排油充氮灭火系统氮气瓶压力、氮气输出压力合格。 （6）水（泡沫）喷淋系统水泵工作正常	

10.4.2　安防设施及视频监控系统

安防设施及视频监控系统巡视重点见表 10 – 12。

表 10 – 12　　　　　　　　　　安防设施及视频监控系统巡视重点

巡视部位	视频主机	防盗报警系统	门禁系统
巡视重点	（1）设备运行情况良好，各指示灯正常，网络连接完好，交换机（网桥）指示灯正常。 （2）摄像机的灯光正常，旋转到位，雨刷旋转正常	（1）电子围栏报警、红外对射或激光对射报警装置报警正常；联动报警正常。 （2）红外对射或激光对射报警主控制箱工作电源应正常。 （3）红外探测器或激光探测器工作区间无影响报警系统正常工作的异物	（1）读卡器或密码键盘防尘、防水盖完好。 （2）开门正常、关门可靠。 （3）读卡器及按键密码使用正常

10.5　缺陷分类定义及处理流程

巡视过程中发现设备缺陷时，应对缺陷及时进行分析，根据缺陷的严重程度按有关标准进行分类，对严重缺陷及时汇报，以保证严重缺陷及时得到处理。

10.5.1　缺陷分类

（1）危急缺陷。设备或建筑物发生了直接威胁安全运行并需立即处理的缺陷，否则，随时可能造成设备损坏、人身伤亡、大面积停电、火灾等事故。

（2）严重缺陷。对人身或设备有严重威胁，暂时尚能坚持运行但需尽快处理的缺陷。

（3）一般缺陷。上述危急、严重缺陷以外的设备缺陷，指性质一般，情况较轻，对安全运行影响不大的缺陷。

10.5.2　缺陷发现

（1）各类人员应依据有关标准、规程等要求，认真开展设备巡视、操作、检修、试验等工作，及时发现设备缺陷。

（2）检修、试验人员发现的设备缺陷应及时告知运维人员。

10.5.3　缺陷建档及上报

（1）发现缺陷后，运维班负责参照缺陷定性标准进行定性，及时启动缺陷管理流程。

（2）在 PMS 系统中登记设备缺陷时，应严格按照缺陷标准库和现场设备缺陷实际情况对缺陷主设备、设备部件、部件种类、缺陷部位、缺陷描述以及缺陷分类依据进行选择。

（3）对于缺陷标准库未包含的缺陷，应根据实际情况进行定性，并将缺陷内容记录清楚。

（4）对不能定性的缺陷应由上级单位组织讨论确定。

（5）对可能会改变一、二次设备运行方式或影响集中监控的危急、严重缺陷情况应向相应调控人员汇报。缺陷未消除前，运维人员应加强设备巡视。

10.5.4　缺陷处理

（1）危急缺陷处理不超过 24h。

（2）严重缺陷处理不超过 1 个月。

（3）需停电处理的一般缺陷不超过 1 个检修周期,可不停电处理的一般缺陷原则上不超过 3 个月。

发现危急缺陷后,应立即通知调控人员采取应急处理措施。缺陷未消除前,根据缺陷情况,运维单位应组织制订预控措施和应急预案。对于影响遥控操作的缺陷,应尽快安排处理,处理前后均应及时告知调控中心,并做好记录。必要时配合调控中心进行遥控操作试验。

10.5.5　消缺验收

（1）缺陷处理后,运维人员应进行现场验收,核对缺陷是否消除。

（2）验收合格后,待检修人员将处理情况录入 PMS 系统后,运维人员再将验收意见录入 PMS 系统,完成闭环管理。

图 10-1 为当前缺陷处理流程图,运维人员根据缺陷定级标准,结合现场实际切实有效地完成缺陷闭环流程。

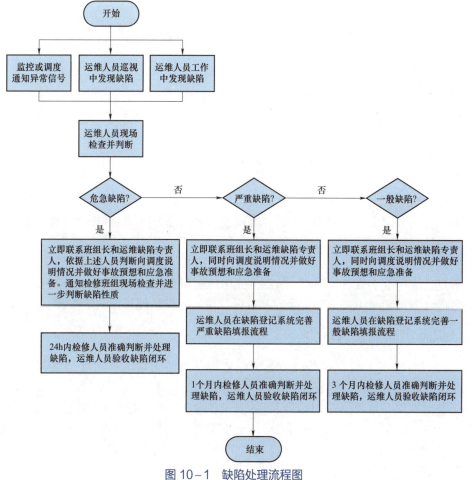

图 10-1　缺陷处理流程图

10.6　设备维护及定期轮换试验

10.6.1　设备维护项目

常见设备维护项目的巡视及维护重点如下：

（1）避雷器动作次数、泄漏电流抄录每月 1 次，雷雨后增加 1 次。

（2）高压带电显示装置每月检查维护 1 次。

（3）单个蓄电池电压测量每月 1 次，蓄电池内阻测试每年至少 1 次。

（4）在线监测装置每季度维护 1 次。

（5）全站各装置、系统时钟每月核对 1 次。

（6）防小动物设施每月维护 1 次。

（7）安全工器具每月检查 1 次。

（8）消防器材每月维护 1 次，消防设施每季度维护 1 次。

（9）微机防误装置及其附属设备（电脑钥匙、锁具、电源灯）维护、除尘、逻辑校验每半年 1 次。

（10）排水、通风系统每月维护 1 次。

（11）室内、外照明系统每季度维护 1 次。

（12）漏电保安器每季试验 1 次。

（13）配电箱、检修电源箱每半年检查、维护 1 次。

（14）室内 SF_6 氧量告警仪每季度检查维护 1 次。

（15）防汛物资、设施在每年汛前进行全面检查、试验。

下面以蓄电池的维护项目为例进行说明：

（1）测试工作至少两人进行，防止直流短路、接地、断路。

（2）蓄电池内阻应在生产厂家规定的范围内。蓄电池内阻无明显异常变化，单只蓄电池内阻偏离值应不大于出厂值 10%。测试时连接测试电缆应正确，按顺序逐一进行蓄电池内阻测试。

（3）抽测电池应不少于整组电池个数的 1/10，选测的代表电池应相对固定，便于比较。蓄电池测量值应保留小数点后两位，每次测完电池应审查测试结果。当电池电压超限时，应记录在蓄电池测试记录中，并分析原因及时采取措施，设法使其恢复正常值。

10.6.2　设备定期轮换及试验

变电站设备定期轮换和试验制度是确保变电站设备正常运行和延长设备寿命的重要措施。

为了及时发现和解决问题，保证设备的安全和可靠运行，需要定期对变电站设备进行试验。由于设备在长期运行中，部分设备可能会出现磨损、老化等问题，这样的设备可能会存在较高的故障风险。为了降低故障风险，可以采取轮换制度，将设备按照一定周期进行更替。定期轮换及试验项目的巡视及维护重点如下：

（1）在有高频保护设备运行的变电站，运维人员应按保护专业有关规定进行高频通道的对试工作。

（2）变电站事故照明系统每季度试验检查 1 次。

（3）主变冷却电源自投功能每季度试验 1 次。

（4）直流系统中的备用充电机应半年进行 1 次启动试验。

（5）变电站内的备用站用变（一次侧不带电）每半年应启动试验 1 次，每次带电运行不少于 24 小时。

（6）交流电源系统的 ATS 装置应每季度切换检查 1 次。

（7）对强油（气）风冷、强油水冷的变压器冷却系统，各组冷却器的工作状态（即工作、辅助、备用状态）应每季进行轮换运行 1 次。

（8）对 GIS 设备操作机构集中供气的工作和备用气泵，应每季轮换运行 1 次。

（9）对通风系统的备用风机与工作风机，应每季轮换运行 1 次。

（10）UPS 系统每半年试验 1 次。

需要注意的是，定期轮换和试验制度需要根据具体的变电站情况进行制定和执行，以确保设备的安全和可靠运行。

第11章
倒闸操作

11.1 设备状态的基本概念

电气设备倒闸操作，其实质是进行电气设备状态间的转换。因此，首先介绍变电站电气设备的状态及其状态间转换的概念，进而对变电站电气设备倒闸操作的基本概念、基本内容、基本类型、操作任务、操作指令、操作原则、二次设备操作方法和倒闸操作的一般规定进行阐述。

11.1.1 一次设备的状态定义

电气一次设备的状态主要分为四种：运行、热备用、冷备用、检修。一次主设备状态定义见表11－1，一次附属设备状态定义见表11－2。

表11－1　　　　　　　　　　　　　一次主设备状态定义

电气设备	状态	状态释义
开关	运行	开关及两侧刀闸合上（含开关侧电压互感器等附属设备）
	热备用	两侧刀闸合上，开关断开
	冷备用	开关及两侧刀闸均断开（接在开关上的电压互感器高低压熔丝一律取下，一次刀闸拉开）
	检修	开关及两侧刀闸拉开，开关操作回路断开，开关两侧挂上接地线（或合上接地刀闸）
刀闸	拉开	动静触头分离
	合上	动静触头接触
线路	运行	线路开关运行（包括电压互感器、避雷器等）
	热备用	线路开关热备用（电压互感器、避雷器等运行）
	冷备用	线路开关及刀闸都在断开位置，线路电压互感器、避雷器运行
	检修	刀闸及开关均断开，线路接地刀闸合上或装设接地线（电压互感器高低压熔丝取下、一次刀闸拉开）
电压互感器	运行	高低压熔丝装上、一次刀闸合上
	冷备用	高低压熔丝取下、一次刀闸拉开

电气设备	状态	状态释义
母线	运行	冷备用、检修以外的状态均视为运行状态
	冷备用	母线上所有设备的开关及刀闸都在断开位置，母线电压互感器冷备用
	检修	该母线的所有开关、刀闸均断开，母线电压互感器冷备用或检修状态，并在母线上挂好接地线（或合上接地刀闸）
变压器	运行	一侧及以上开关（刀闸）运行
	热备用	一侧及以上开关热备用，且其余侧开关非运行
	冷备用	各侧开关及附属设备均冷备用（有高压刀闸的则拉开）
	检修	各侧开关及附属设备均冷备用（有高压刀闸的则拉开），变压器各侧挂上接地线（或接地刀闸），并断开变压器冷却器电源
手车式开关柜	运行	开关手车在"工作"位置，开关在"合闸"位置
	热备用	开关手车在"工作"位置，开关在"分闸"位置
	冷备用	开关手车在"试验"位置，开关在"分闸"位置
	线路检修	开关手车在"试验"或"退出"位置，线路侧接地刀闸在合位
充气式开关柜	运行	母线侧刀闸在合位，开关在"合闸"位置
	热备用	母线侧刀闸在合位，开关在"分闸"位置
	冷备用	无
	开关检修	母线侧刀闸在接地位置，线路侧加装接地线，开关在"分闸"位置
	线路检修	母线侧刀闸在接地位置，开关在"合闸"位置，断开开关控制电源

表 11-2　　　　　　　　　　一次附属设备状态定义

电气设备	状态	状态释义
所用变	运行	电源侧开关运行，一次刀闸合上，高低压熔丝装上
	冷备用	电源侧开关冷备用，一次刀闸拉开，高低压熔丝取下
接地变	运行	电源侧开关运行，一次刀闸合上，高低压熔丝装上
	冷备用	电源侧开关冷备用，一次刀闸拉开，高低压熔丝取下
电容器	运行	电源侧开关运行
	热备用	电源侧开关热备用
	冷备用	电源侧开关冷备用
电抗器	运行	电源侧开关运行
	充电	后置式开关热备用
	热备用	电源侧开关热备用
	冷备用	电源侧开关冷备用

续表

电气设备	状态	状态释义
消弧线圈	运行	与其相连的开关刀闸均合上
	冷备用	与其相连的开关刀闸均断开
避雷器	运行	一次刀闸合上
	冷备用	一次刀闸拉开

11.1.2　二次设备的状态定义

二次设备是指对一次设备进行控制、保护、监察和测量的设备，如测控装置、继电保护装置、同期装置、故障录波器自动控制设备等。二次设备操作即指针对上述设备进行的操作，其中操作次数最多、操作较为复杂的设备为继电保护设备。保护及自动装置状态定义见表 11-3。

表 11-3　　　　　　　　　　保护及自动装置状态定义

电气设备	状态	状态释义
母差保护	跳闸	保护直流电源投入，保护出口连接片接通（含跳闸和启动失灵）正常运行
	信号	保护直流电源投入，保护出口连接片断开
500kV 及以上线路分电流差动保护	跳闸	保护装置的交、直流回路正常运行；保护通道正常运行；保护出口回路（跳闸、启动失灵和启动重合闸等）正常运行
	无通道跳闸	保护装置的交、直流回路正常运行；保护出口回路（跳闸、启动失灵和重合闸等）正常运行；保护装置的分相电流差动功能停用或两个光纤通道全部停用
	信号	保护装置的交、直流回路正常运行；保护通道正常运行；保护出口回路（跳闸、启动失灵和启动重合闸等）停用
500kV 线路高频距离保护	跳闸	保护装置的交、直流回路正常运行；保护通道正常运行；保护出口回路（跳闸、启动失灵和启动重合闸等）正常运行
	无通道跳闸	保护装置的交、直流回路正常运行；保护出口回路（跳闸、启动失灵和启动重合闸等）正常运行；保护通道改停用；后备距离、方向零流保护跳闸
	信号	保护装置的交、直流回路正常运行；保护通道正常运行；保护出口回路（跳闸、启动失灵和启动重合闸等）停用
远方跳闸	跳闸	远方跳闸功能正常投运
	信号	远方跳闸功能停用
220kV 线路分相电流差动保护（常规站）	跳闸	保护直流电源投入，保护功能连接片接通，保护出口跳闸连接片接通
	信号	保护直流电源投入，保护功能连接片断开
	弱电应答	保护直流电源投入，保护功能连接片接通，保护出口跳闸连接片断开
220kV 线路分相电流差动保护（智能站）	跳闸	保护直流电源投入，保护功能软连接片投入，保护出口连接片（GOOSE 跳闸、启动失灵）投入，相应 SV、GOOSE 接收软连接片投入，保护装置检修硬连接片退出，智能终端装置直流投入，出口硬连接片（含保护跳/合闸，遥控出口）投入，检修硬连接片退出；合并单元装置直流电源投入，检修硬连接片退出
	信号	保护直流电源投入，保护功能软连接片投入，保护出口连接片（GOOSE 跳闸、启动失灵）退出，保护装置检修硬连接片退出

续表

电气设备	状态	状态释义
220kV 线路分相电流差动保护（智能站）	弱电应答	保护直流电源投入，保护功能软连接片投入，保护出口连接片（GOOSE 跳闸、启动失灵）投入，相应 SV、GOOSE 接收软连接片投入，保护装置检修硬连接片退出；智能终端装置直流投入，出口跳闸硬连接片退出，检修硬连接片退出；合并单元装置直流电源投入，检修硬连接片退出
220kV 线路高频保护	跳闸	保护直流电源投入，保护功能连接片接通，保护出口跳闸连接片接通
	信号	保护直流电源投入，保护功能连接片断开
	停用	保护直流电源投入，保护功能连接片断开，收发信机电源停用（通道开关断开）
主变差动保护	启用	保护直流电源投入，保护功能连接片接通
	停用	保护直流电源投入，保护功能连接片断开
瓦斯保护	跳闸	保护直流电源投入，保护功能连接片接通
	信号	保护直流电源投入，保护功能连接片断开
主变后备保护	启用	保护直流电源投入，保护功能连接片接通，保护出口跳闸连接片接通
	停用	保护直流电源投入，保护功能连接片断开
重合闸	启用	装置直流电源投入，装置功能连接片接通，方式开关按调度要求放置
	停用	装置功能连接片退出，方式开关按调度要求放置（无功能连接片，取下相应出口连接片及闭重连接片）
备自投	启用	装置直流电源投入，跳闸及合闸出口连接片接通
	停用	装置直流电源投入，跳闸及合闸出口连接片断开
电网振荡解列装置	启用	装置直流电源投入，出口跳闸连接片接通
	停用	装置直流电源投入，出口跳闸连接片断开
低频低压解列装置	启用	装置直流电源投入，出口跳闸连接片接通
	停用	装置直流电源投入，出口跳闸连接片断开
低频低压减载装置	启用	装置直流电源投入，出口跳闸连接片接通
	停用	装置直流电源投入，出口跳闸连接片断开
稳定控制装置	跳闸	装置直流电源投入，出口连接片根据整定方式放置
	信号	装置直流电源投入，保护出口跳闸连接片断开
	停用	装置直流电源停用，保护出口跳闸连接片断开
距离、方向零序保护	启用	保护直流电源投入，保护功能连接片接通，保护出口跳闸连接片接通
	停用	保护直流电源投入，保护功能连接片断开

说明：

（1）整套保护停用，应断开出口跳闸连接片；保护的部分功能退出，退出该功能独立设置的出口连接片，无独立设置的出口连接片时，退出其功能投入连接片，无功能投入连接片或独立设置的出口连接片时，退出装置共用的出口连接片。

（2）保护功能连接片包括硬连接片和软连接片。

（3）如未特别说明，高频保护均指闭锁式高频保护。

（4）光纤纵联（允许式）距离零序主保护的操作参照高频保护相关内容执行，不再另行区分。

（5）第×套分相电流差动保护包含第×套分相电流差动保护、后备距离保护和方向零流保护功能。

（6）其他保护及自动装置状态定义按相关规定执行。

11.1.3 倒闸操作概念及分类

将电气设备由一种状态转变到另一种状态所进行的操作总称为电气设备倒闸操作，包括变更一次系统运行接线方式、继电保护装置定值调整、继电保护装置的启停用、二次回路切换、自动装置启停用、电气设备切换试验等所进行的操作过程。

（1）倒闸操作可以通过就地操作、遥控操作、程序操作完成。遥控操作、程序操作的设备应满足有关技术条件。

（2）倒闸操作的分类。

1）监护操作：由两人进行同一项的操作。监护操作时，其中一人对设备较为熟悉者作监护。特别重要和复杂的倒闸操作，由熟练的运行人员操作，运行值班负责人监护。

2）单人操作：由一人完成的操作。

a. 单人值班的变电站或发电厂升压站操作时，运维人员根据发令人用电话传达的操作指令填用操作票，复诵无误。

b. 实行单人操作的设备、项目及运维人员需经设备运维管理单位或调度控制中心批准，人员应通过专项考核。

3）检修人员操作：由检修人员完成的操作。

（3）变电站倒闸操作的基本内容。

1）线路的停、送电操作。

2）变压器的停、送电操作。

3）倒母线及母线停送电操作。

4）装设和拆除接地线的操作（合上和拉开接地刀闸）。

5）电网的并列与解列操作。

6）变压器的调压操作。

7）站用电源的切换操作。

8）继电保护及自动装置的投、退操作，改变继电保护及自动装置的定值的操作。

9）其他特殊操作。

（4）倒闸操作的任务。

1）倒闸操作任务。倒闸操作任务是由电网值班调度员下达的将一个电气设备单元由一种状态连续地转变为另一种状态的操作内容。电气设备单元由一种状态转换为另一种状态有时只需要一个操作任务就可以完成，有时需要经过多个操作任务来完成。

2）调度指令。一个调度指令是电网值班调度员向变电站值班人员下达一个倒闸操作任务的形式。调度操作指令分为逐项指令、综合指令、口头指令三种。

a. 逐项指令。值班调度员下达的涉及两个及以上变电站共同完成的操作。值班调度员按操作规定分别对不同单位逐项下达操作指令，接受令单位应严格按照指令的顺序逐个进行操作。

b. 综合指令。值班调度员下达的只涉及一个变电站的调度指令。该指令具体的操作步骤和内容以及安全措施，均由接受令单位运行值班员按现场规程自行拟定。

c. 口头指令。值班调度员口头下达的调度指令。变电站的继电保护和自动装置的投、退等，可以下达口头指令。在事故处理的情况下，为加快事故处理的速度，也可以下达口头指令。

11.1.4　倒闸操作流程及要求

1. 接受预令

（1）预令应明确操作任务票的编号、所需操作的变电站、操作任务、预发时间、预发调控员和接收人。

（2）运维人员接收调度预令，应与预发人互通单位、姓名，使用规范的调度术语和普通话，并进行全过程电话录音。采取监控转令方式发令的变电站，运维人员接收监控转发的预发操作票，并与监控核对。接令人必须对调度预发令内容进行复诵核对，预发人确认无误后即告结束。通过网络或传真下发的调度操作任务票也须进行复诵核对。

（3）发令人对其发布的操作任务的安全性、正确性负责，接令人对操作任务的正确性负有审核把关责任，发现疑问应及时向发令人提出。对直接威胁设备或人身安全的调度指令，运维人员有权拒绝执行，并应把拒绝执行指令的理由向发令人指出，由其决定调度指令的执行或者撤销，必要时可向发令人上一级领导报告。

（4）调度预发的任务票有误或取消操作时，应通知运维人员作废。

2. 填写操作票

（1）倒闸操作票由当班运维人员负责填写。

（2）接令后，填写人与审核人一起核对实际运行方式、一次系统接线图，明确操作目的和操作任务，核对操作任务的安全性、正确性，确认无误后即可开始填写操作票。

（3）填票人应根据调度操作任务，对照一、二次设备运行方式填写操作票，填写完毕、审核无误后签名，不得他人代签，然后提交正值审核。

（4）操作票不得使用典型操作票自动生成（不含调度操作任务票）。

3. 审核操作票

（1）正值应对当班填写的操作票进行全面审核，首先必须明确各操作票的操作目的和操作任务，然后逐项检查操作步骤的正确性、合理性、完整性。

（2）审核发现有误应由填票人重新填写，审核人确认正确无误后在操作票审核人栏签名，不得他人代签。

（3）填票人、审核人不得为同一人。

（4）本班未执行的操作票移交下一班时，应交代预操作时间及有关操作注意事项，接班负责人或正值须对移交的操作票重新审核、签名，对操作票的正确性负责。

4. 操作准备

（1）操作票审核完毕后，应提前做好操作风险分析及预控。

（2）操作前应做好必要的钥匙、工器具、安全用具等操作用具的准备工作。

（3）对操作中需要使用的安全用具进行正确性、完好性检查，检查准备的工器具电压等级是否合格、试验周期是否符合规定、外观是否完好、功能是否正常（如绝缘手套是否漏气、验电器试验声光是否正常、接地线是否满足现场要求等）。

5. 接受正令

（1）调度正式发令时必须由正值接令，在接受调度正令时，双方先互通单位、姓名，受令人分别将发令调控员及自己的姓名填写在操作票相应栏目内；双方应使用规范的调度术语和普通话，并全过程电话录音。

（2）发令调度员将操作任务的编号、所需操作的变电站、操作任务、正令时间一并发给受令人，受令人填写正令时间，并向调度复诵，发现问题及时提出，经双方核对确认无误后即告发令结束。采取监控转令方式发令的变电站，变电站运维人员接受监控员转令后进行现场操作。

（3）对于调度发布的口令操作任务，发、受令规范同操作正令。接令后运维人员在完成填票、审票、预想等步骤后即开始操作。

（4）接受调度正令后，操作人、监护人在操作票中分别签名，监护人填写操作开始时间，准备模拟预演。

6. 模拟预演

（1）监护人手持操作票与操作人一起进行模拟预演，监护人按照操作步骤，在一次系统模拟接线图上对照具体设备进行模拟操作唱票，操作人则根据监护人唱票内容进行复诵。当监护人确认无误后即发出"正确，执行"的指令，操作人即将一次系统模拟接线图上的相关设备进行变位操作。在监控后台机上进行模拟前，必须确认在模拟操作界面下进行。

（2）模拟操作结束后，监护人、操作人应共同核对模拟操作后系统的运行方式是否符合调度操作目的。

（3）除事故紧急情况外，正常操作严禁不经模拟预演即进行操作，模拟操作必须全过程录音。

（4）二次设备操作可不进行模拟预演操作。

7. 正式操作

（1）变电运维人员在执行倒闸操作票前后，应检查监控后台告警信息的情况，确认无影响操作的异常信号后方可进行后续相关工作。

（2）倒闸操作应严格执行监护复诵制，没有监护人的指令，操作人不得擅自操作。监护人应严格履行监护职责，不得操作设备。

（3）操作过程中，操作人携带好必要的工器具、安全用具等用具，监护人携带好操作票、录音笔、钥匙等用具。

（4）操作过程中的走位，操作人必须走在监护人前面，操作人到达具体设备操作地点后，监护人应根据操作项目核对操作人的站位是否正确，核对操作设备名称编号及设备实际状况是否与操作项目相符。

（5）操作地点转移时，监护人应根据操作项目及时告知操作人下一步操作地点及设备名称。

（6）核对无误后，监护人根据操作步骤，手指设备操作处高声唱票，操作人听清监护人指令后，手指设备操作处高声复诵，监护人再次核对正确无误后，即发出"正确，执行"的命令，操作人方可操作。

（7）每项操作结束后都应对设备的终了状态进行检查，如检查一次设备操作是否到位、三相位置是否一致、GIS刀闸（接地刀闸）传动连杆机械位置是否到位、二次设备的投退方式与一次系统运行方式是否对应、二次连接片（电流端子）的投退是否正确和拧紧、灯光及信号指示是否正常、电流电压指示是否正常、操作后是否存在缺陷等。

（8）操作中需使用钥匙时，由监护人将钥匙交给操作人，操作人方可开锁将设备操作到位，然后重新将锁锁好后将钥匙交回监护人手中。

（9）在操作过程中必须按操作顺序逐项操作，每项操作结束后监护人必须及时打勾，不得漏项、跳项。操作人应注意核对监护人的打勾完成情况。

（10）操作全部结束后，应对所操作的设备进行一次全面检查，核对整个操作是否正确完整、设备状态是否正常、是否达到操作目的，一次系统接线图是否对应，监控后台有无异常信息。

（11）监护人在操作票结束时间栏内填写操作结束时间。

8．操作汇报

（1）对于列入监控中心监控的变电站，母线、主变停电或倒排等大型操作开始前和操作完毕汇报调度前，变电站运维人员应及时与监控人员联系，告知操作时间并核对设备状态及异常信息。

（2）采取监控转令方式发令的变电站，现场完成操作后，变电站运维人员向监控员回令，监控员负责将操作结果汇报至相关调控员。

（3）操作完毕，监护人应通过录音电话及时向调度（监控）汇报：×时×分已完成××变电站××操作任务，并核对操作后的运行方式，得到调度（监控）认可后即告本操作任务已全部执行结束，并在操作票上加盖"已执行"章。

（4）运维人员及时在系统中将已执行的操作票登记完毕，将已执行操作票及时归档。

（5）复查评价，总结经验。操作全部结束后，监护人、操作人应对操作的全过程进行审核评价，总结操作中的经验和不足，不断提高操作水平。

9．网络发令

通过网络或传真下发的调度正令按相关调度规范执行接令、复诵、操作、汇报等。

11.2　倒闸操作基本原则及一般规定

11.2.1　一次设备操作的一般原则

（1）停电拉闸操作应按照开关－负荷侧刀闸－电源侧刀闸的顺序依次进行，送电合闸操作应按与上述相反的顺序进行。

（2）正常方式下，3/2 接线方式的线路或主变停电，应按照中间开关－边开关的顺序进行，送电合闸操作顺序应与上述顺序相反。

（3）在一项操作任务中，如同时停用几个间隔时，允许在先行拉开几个开关后再分别拉开刀闸，但拉开刀闸前必须在每检查一个开关的相应位置后，随即分别拉开对应的两侧刀闸。

（4）电气设备操作后的位置检查应以设备实际位置为准，无法看到实际位置时，可通过设备机械位置指示、电气指示、带电显示装置、仪表及各种遥测、遥信等信号的变化来判断。判断时，至少应有两个不同原理或非同源的指示发生对应变化，且所有这些确定的指示均已同时发生对应变化，才能确认该设备已操作到位。以上检查项目应填写在操作票中作为检查项。检查中若发现其他任何信号有异常，均应停止操作，查明原因。若进行遥控操作，可采用上述的间接方法或其他可靠的方法判断设备位置。

（5）对无法进行直接验电的设备和雨雪天气时的户外设备，可以进行间接验电，即通过设备的机械指示位置、电气指示、带电显示装置、仪表及各种遥测、遥信等信号的变化来判断。判断时，至少应有两个非同样原理或非同源的指示发生对应变化，且所有这些确定的指示均已同时发生对应变化，才能确认该设备已无电。

（6）下列操作可由值班员按工作需要自行掌握：

1）站用交直流低压电源操作（不影响一、二次设备正常运行）；

2）定期切换试验；

3）对人身和设备有严重威胁时的事故处理操作（事后应立即汇报调度）。

（7）倒闸操作过程若因故中断，在恢复操作时运维人员必须重新进行"四核对"（即核对模拟图板、核对设备名称、核对设备编号、核对设备的实际位置及状态）工作，确认操作设备、操作步骤正确无误。

（8）当发生带负荷误拉、合刀闸后，禁止再将已拉开（或合上）的刀闸合上（或拉开）。

11.2.2　保护装置操作的一般原则

（1）微机保护的投退操作。

1）停用整套保护时，只须退出保护的出口连接片、失灵保护启动连接片和联跳（或启动）其他装置的连接片，开入量连接片不必退出。

2）停用整套保护中的某段（或其中某套）保护时，对有单独跳闸出口连接片的保护，只须退出该保护的出口连接片；对无单独跳闸出口连接片的保护，应退出该保护的开入量连接片，保护的总出口连接片不得退出。

（2）开关运行状态时，保护修改定值必须在保护出口退出的情况下进行。

（3）220kV及以下微机保护切换定值区的操作不必停用保护，但切换后应检查、核对定值；500kV微机保护（分相电流差动、高频距离、方向高频等）切换定值区，应按照华东调度要求切换前将相应保护改信号状态方可进行。

（4）开关在运行状态启用保护前，应检查所启用的保护装置无动作及异常信号，500kV双位置继电器出口的保护（如失灵、母差、主变、远跳、高抗保护等）还应按复归按钮。

（5）投入晶体管或电磁型保护的出口连接片前，应用高内阻电压表测量连接片两端确无电压后，再投入连接片；国产微机保护出口或功能连接片在投入前可不测量，但投入前应检查保护装置无动作或告警信号。

（6）在进行母差和主变差动电流回路的切换操作时，保护临时退出不必向调度汇报，保护退出的时间应尽可能短，操作步骤要求应在变电站现场运行规程明确。

11.2.3　倒闸操作安全规定

为了保证倒闸操作的安全顺利进行，倒闸操作技术管理规定如下：

（1）正常倒闸操作必须根据调度值班人员的指令进行操作。

（2）正常倒闸操作必须填写操作票，监护操作必须两人进行。监护操作时，其中一人对设备较为熟悉者作为监护，特别重要和复杂的倒闸操作，由熟练的运维人员操作，运维负责人监护。

（3）倒闸操作过程中要严防发生下列误操作：

1）误分、误合开关。

2）带负载拉、合隔离开关或手车触头。

3）带电挂（合）接地线（接地刀闸）。

4）带接地线（接地刀闸）合开关（刀闸）。

5）误入带电间隔。

6）非同期并列。

7）误投退（插拔）连接片（插把）、连接片、短路片，切错定值区。

（4）正常倒闸操作尽量避免在下列情况下操作：

1）交接班时。

2）系统发生事故或异常时。

3）雷电时（注：事故处理确有必要时，可以对开关进行远控操作）。

（5）电气设备操作后必须检查确认实际位置。

（6）下列情况下，变电站值班人员不经调度许可能自行操作，操作后须汇报调度：

1）将直接对人员生命有威胁的设备停电。

2）确定在无来电可能的情况下，将已损坏的设备停电。

3）确认母线失电，拉开连接在失电母线上的所有开关。

（7）一次设备送电前必须检查有关保护装置已投入。

（8）操作中发现疑问时，应立即停止操作，并汇报调度，查明问题后再进行操作。操作中具体问题处理规定如下：

1）操作中如发现闭锁装置失灵时，不得擅自解锁。应按现场有关规定履行解锁操作程序进行解锁操作。

2）操作中出现影响操作安全的设备缺陷，应立即汇报值班调度员，并初步检查缺陷情况，由调度决定是否停止操作。

3）操作中发现系统异常，应立即汇报值班调度员，得到值班调度员同意后，才能继续操作。

4）操作中发现操作票有错误，应立即停止操作，将操作票改正后才能继续操作。

（9）操作中发生误操作事故，应立即汇报调度，采取有效措施，将事故控制在最小范围内，严禁隐瞒事故。

（10）下列各项工作可以不用操作票：

1）事故紧急处理。

2）拉合开关（断路器）的单一操作。

3）程序操作。

（11）倒闸操作必须具备下列条件才能进行操作：

1）变电站值班人员须经过安全教育培训、技术培训、熟悉工作业务和有关规程制度，经上岗考试合格，有关主管领导批准后，方能接受调度指令，进行操作或监护工作。

2）要有与现场设备和运行方式一致的一次系统模拟图，要有与实际相符的现场运行规程、继电保护自动装置的二次回路图纸及定值整定计算书。

3）设备应达到防误操作的要求，不能达到的须经上级部门批准。

4）倒闸操作必须使用统一的电网调度术语及操作术语。

5）要有合格的安全工器具、操作工具、接地线等设施，并设有专门的存放地点。

6）现场一、二次设备应有正确、清晰的标识牌，设备的名称、编号、分合位指示、运动方向指示、切换位置指示以及相别标识齐全。

11.2.4　智能变电站顺控及二次操作一般规定

智能变电站应具备适应不同主接线、不同运行方式下顺控操作功能。一般情况下倒闸操作可以采用顺控操作方式。

1. 顺控操作的基本要求

（1）实行顺序控制时，顺序控制设备应具备电动操作功能。条件具备时，宜和图像监控系统实现联动。

（2）顺序控制操作票应严格按照《电力安全工作规程》有关要求，根据智能变电站设备现状、接线方式和技术条件进行编制，符合五防逻辑要求。顺序控制操作票的编制要严格例行审批手续，不能随意修改。当变电站设备及接线方式变化时应及时修改。

（3）顺序控制操作前应核对设备状态并确认当前运行方式，符合顺序控制操作条件。

（4）在远方或变电站监控后台调用顺序控制操作票时，应严格核对操作指令与设备编号，顺序控制操作应采用"一人操作一人监护"的模式。

（5）进行顺序控制的操作时，继电保护装置应采用软连接片控制模式。

（6）顺序控制操作完成后，现场运行人员应核对设备最终状态并检查有无异常信息后完成此次操作。

2. 填写倒闸操作票

顺控操作时，应填写倒闸操作票，步骤填写要求如下：

（1）进入设备顺控（程序）操作界面。

（2）起始状态核对。

（3）目标状态选定。

（4）顺控操作执行。

（5）操作结果或最终状态核对。

3. 顺控操作中断处理原则

（1）顺序控制操作中断时，应做好操作记录并注明中断原因。待处理正常后方能继续进行。

（2）若设备状态未发生改变，应查明原因并排除故障后继续顺控操作；若无法排除故障，可根据情况改为常规操作。

（3）若设备状态已发生改变，应在已操作完的步骤下边一行顶格加盖"已执行"章，并在备注栏内写明顺控操作中断时的设备状态和中断原因，同时应根据调度命令按常规操作要求重新填写操作票，操作票中须填写对已经变位的设备状态的检查。

4. 连接片操作

（1）运行人员的软连接片操作应在监控后台实现，操作前应在监控画面上核对软连接片实际状态，操作后应在监控画面及保护装置上核对软连接片实际状态。

（2）正常运行的保护装置远方修改定值连接片应在退出状态，远方控制连接片应在投入状态，远方切换定值区连接片应在投入状态。运行人员不得改变连接片状态。

（3）正常运行的智能组件严禁投入"置检修"连接片，运行人员不得操作该连接片。

（4）设备开关检修时，应退出本间隔保护失灵启动连接片，退出母差装置本间隔投入连接片。

（5）设备从开关检修改冷备用或保护启用前，应检查间隔中各智能组件的"置检修"连接片已取下。

（6）禁止通过投退智能终端的开关跳合闸连接片的方式投退保护。

5. 定值操作

（1）运行人员定值区切换操作在监控后台进行。操作前应在监控画面上核对定值实际区号，操作后应在监控画面及保护装置上核对定值实际区号，切换后打印核对正确。

（2）检修人员的修改定值只允许在装置上进行，禁止在监控后台更改。

11.2.5　倒闸操作流程及要求

1. 操作准备

（1）明确操作任务和停电范围，并做好分工。

（2）拟定操作顺序，确定挂地线部位、组数。

（3）考虑保护和自动装置相应变化及应断开的交、直流电源和防止电压互感器、站用变二次反高压的措施。

（4）分析操作过程中可能出现的危险点并采取相应的措施。

（5）检查操作所用安全工器具、操作工具正常。包括：防误装置电脑钥匙、录音设备、绝缘手套、绝缘靴、验电器、绝缘拉杆、对讲机、照明设备等。

（6）五防闭锁装置处于良好状态，当前运行方式与模拟图板对应。

2. 接令

（1）应由上级批准的人员接受调控指令，接令时先问清下令人姓名、下令时间，并主动报出班（站）名和姓名。

（2）接令时应随听随记，记录在"调控命令记录"中，接令完毕，应将记录的全部内容向下令人复诵一遍，并得到下令人认可。

（3）对调控命令有疑问时，应立即停止操作并向发令人报告。待发令人再行许可后，方可进行操作。

3. 操作票填写

（1）倒闸操作由操作人员根据调度命令填写操作票。

（2）操作顺序应根据调控命令、参照本站典型操作票内容进行填写。

（3）操作票填写后，由操作人和监护人共同审核，复杂的倒闸操作经班组工程师或班长审核执行。

4. 模拟预演

（1）模拟操作前应结合调控命令核对当时的运行方式。

（2）模拟操作由监护人根据操作顺序逐项下令，由操作人复令执行。

（3）模拟操作后应再次核对新运行方式与调控命令相符。

（4）拆、挂地线，应有明显标识。

（5）模拟操作无误后监护人和操作人分别签字，开始操作时填入操作开始时间。

5．执行操作

（1）现场操作开始前，汇报调控中心，由监护人填写操作开始时间。

（2）操作地点转移前，监护人应提示，转移过程中操作人在前，监护人在后，到达操作位置，应认真核对。

（3）电脑钥匙开锁前，操作人应核对电脑钥匙上的操作内容与现场锁具名称编号一致，开锁后做好操作准备。

（4）监护人唱诵操作内容，操作人用手指向被操作设备并复诵。

（5）监护人确认无误后发出"对、执行"动令，操作人立即进行操作。操作人和监护人应注视相应设备的动作过程或表计、信号装置。

（6）监护人所站位置应能监视操作人的动作以及被操作设备的状态变化。

（7）操作人应在验电前把地线散开、摆好，把地线接地桩头装好。

（8）操作人、监护人共同核对地线编号，监护人在操作票上记录地线编号。

（9）操作人验电前，在临近带电设备测试验电器，确认验电器合格，验电器的伸缩式绝缘棒长度应拉足，手握在手柄处不得超过护环，人体与验电设备保持足够安全距离。

（10）操作人验明 A、B、C 三相确无电压，验明一相确无电压后唱诵"*相无电"，监护人确认无误并唱诵"对"后，操作人方可移开验电器。

（11）每步操作完毕，监护人应核实操作结果无误后立即在对应的操作项目后打"√"，再通知操作人下步操作内容。

操作人、监护人对操作票按操作顺序复查，仔细检查所有项目全部执行并已打"√"（逐项令逐项复查）。

（12）检查监控后台与五防画面设备位置确实对应变位。

（13）在操作票上填入操作终了时间，加盖"已执行"章。

（14）向值班调度员汇报操作情况。

（15）操作完毕后将安全工器具、操作工具等归位。

（16）将操作票、录音归档管理。

11.3　倒闸操作票管理规定

11.3.1　操作票的填写内容

下列项目应填入操作票内：

（1）应拉合的设备［开关、刀闸、接地刀闸（装置）等］，验电，装拆接地线，合上（安装）或断开（拆除）控制回路或电压互感器回路的空气开关、熔断器，切换保护回路和自动化装置及检验是否确无电压等。

（2）拉合设备［开关、刀闸、接地刀闸（装置）等］后检查设备的位置。

（3）进行停、送电操作时，在拉、合刀闸和手车式开关拉出、推入前，检查断路器（开关）确在分闸位置。

（4）在进行倒负荷或解、并列操作前后，检查相关电源运行及负荷分配情况。母线电压互感器送电后，检查母线电压表指示正确（有表计时）。

（5）设备检修后合闸送电前，检查送电范围内接地刀闸（装置）已拉开，接地线已拆除。

11.3.2　操作票中的操作术语使用

（1）常用设备名称包括：主变、站用变（站用变、厂变）、开关、刀闸、手车、接地刀闸（装置）、母线、线路、电压互感器、电流互感器、电缆、避雷器、电容器、电抗器、消弧线圈、跌落式熔断器、熔丝、保护装置。

（2）常用操作术语包括：

1）开关、刀闸、接地刀闸、跌落式熔断器：合上、拉开。

2）接地线：装设（挂）、拆除。

3）各种熔丝：放上、取下。

4）继电保护及自动装置：启用、停用。

5）连接片（也称压板）：放上、取下、投入、退出、从××位置切至××位置。

6）交、直流回路各种转换开关：从××位置（区）切至××位置（区）（二次插件：插入、拔出）。

7）二次空气开关：合上、分开。

8）二次回路小刀闸：合上、拉开。

9）小车、中置开关：由××位置拉、推或摇至××位置。（工作位置、试验位置、检修位置/退出位置）

（3）设备状态定义与调度术语以管辖调度的定义为准，各种类型的操作应符合调度操作管理规定的要求。

11.4　开关操作原则及注意事项

开关是电力系统中改变运行方式，接通和断开正常运行的电路，开断和关合负荷电流、空载长线路或电容器组等容性负荷电流，以及开断空载变压器电感性小负荷电流的重要电气主设备之一。与继电保护装置配合，在电网发生故障时，能快速将故障从电网上切除；与自动重合闸配合能多次关合和断开故障设备，以保证电网设备瞬时故障时，及时切除故障和恢复供电，提高电网供电的可靠性。

11.4.1　开关操作的一般原则

（1）开关的操作应在监控后台进行，一般不得在测控屏进行（测控屏和汇控柜中开关控制把手上的钥匙正常应取下并封存管理）。

（2）解环操作前、合环操作后（包括旁代、旁代恢复、双线解合环、母联分段解合环）应抄录相关开关的三相电流分配情况。

（3）充电操作后应抄录充电设备（包括线路、母线等）的电压情况。

（4）拉合主变压器电源侧开关前，主变压器中性点必须直接接地。

（5）若开关检修，应在该开关两侧验明三相无电后挂接地线（或合上接地刀闸），并断开该开关的合闸电源和控制电源。

（6）开关在某些情况下可进行单独操作，即开关操作不影响线路和其他设备时，可直接由运行转检修或由检修转运行；反之，操作视开关与其他设备配合情况分步进行：即运行→热备用→冷备用→检修，恢复送电时顺序相反。对于双母线接线，开关恢复时应明确运行于哪条母线。

（7）开关操作后的位置检查，应通过开关电气指示或遥信信号变化、仪表（电流表、电压表、功率表）或遥测指示变化、开关（三相）机械指示位置变化等方面判断。遥控操作的开关，至少应有两个非同样原理或非同源的指示发生对应变化，且所有这些确定的指示均已同时发生对应变化，才能确认该开关已操作到位。

（8）并列与解列操作。

1）并列操作：正常情况的并列操作通常采用准同期并列方法。不允许采用非同期并列方法。采用准同期并列时，必须相序相同、频率相等、电压差尽量小。

2）解列操作：应将解列点有功潮流调整到接近于零、无功潮流尽量小，使解列后的两个系统的频率、电压均可保持在允许范围之内。

（9）合环与解环操作。

1）合环操作：必须相位相同，操作前应考虑合环点两侧的相角差和电压差，以确保合环时不因环路电流过大引起潮流的变化而超过继电保护、系统稳定和设备容量等方面的限额。

2）解环操作：先检查解环点的潮流，确保不因解环引起的潮流重新分布而超过继电保护、系统稳定和设备容量等方面的限额。同时还要确保解环后系统各部分电压应在规定范围之内。

11.4.2　开关停送电操作注意事项

1. 开关停电操作注意事项

（1）开关检修时必须拉开开关直流操作电源，弹簧机构应释放弹簧储能（一般由检修人员根据工作情况自行操作），以免检修时引起人员伤亡。检修后的开关必须放在分开位置上，以免送电时造成带负荷合刀闸的误操作事故。

（2）开关检修时，应退出开关失灵连接片，复役时，在开关改为冷备用后，投入失灵跳闸连接片。

（3）对于手车开关拉出后，应观察隔离挡板是否可靠封闭。

2. 开关送电操作注意事项

（1）送电操作前应检查控制回路、辅助回路控制电源、液（气）压操动机构压力正常，储能机构已储能，即具备运行操作条件。对油开关还应检查油色、油位应正常，SF_6 开关检查 SF_6 气体压力在规定范围之内。

（2）设备送电，开关合闸前，应检查继电保护已按规定投入。开关合闸后，应确认三相均应接通，自动装置已按规定放置。

（3）当开关检修（或开关及线路检修）且保护用二次电流回路有工作，在开关送电时，相关保护需做带负荷试验，运维人员应根据试验方案调整相关保护及许可试验工作。

3．开关异常时操作注意事项

（1）当用 500kV 或 220kV 开关进行并列或解列操作，因机构失灵造成两相开关断开、一相开关合上的情况时，不允许将断开的两相开关合上，而应迅速将合上的一相开关拉开。若开关合上两相，应将断开的一相再合一次，若不成功即拉开合上的两相开关。

（2）接入系统中的开关由于某种原因造成 SF_6 压力下降，开关操作压力异常并低于规定值时，严禁对开关进行停、送电操作。运行中的开关如发现有严重缺陷而不能跳闸的（如开关已处于闭锁分闸状态）应立即改为非自动，并迅速报告值班调度员后继续处理。

（3）开关出现非全相分闸时，应立即设法将未分闸相拉开，如拉不开应利用上一级开关切除，之后通过隔离开关将故障开关隔离。

（4）开关累计分闸或切断故障电流次数（或规定切断故障电流累计值）达到规定时，应停电检修。当开关允许跳闸次数只剩一次时，应停用重合闸，以免故障重合时造成开关跳闸引起开关损坏。

11.5 刀闸操作原则及注意事项

11.5.1 刀闸操作的一般原则

（1）严禁用刀闸拉合带负荷设备及带负荷线路，允许单独用刀闸进行以下操作：

1）在无接地告警指示时，拉开或合上电压互感器。

2）在无雷击时，拉开或合上避雷器。

3）在没有接地故障时，拉开或合上变压器中性点接地刀闸或消弧线圈刀闸。

4）拉开或合上 220kV 及以下母线的充电电流。

5）拉开或合上所用变压器的空载电流。

6）拉开或合上低压电抗器的充电电流。

7）拉开或合上 3/2 断路器接线 3 串及以上运行方式的母线环流。

8）拉开或合上非 3/2 断路器接线的环路，但此时应确认环路中所有开关三相完全接通、非自动状态。

注：上述设备如长期停用时，在未经充电检验前不得用刀闸进行充电。

（2）刀闸操作的一般原则。

1）操作刀闸时，应先检查相应的开关确在断开位置（倒母线时除外），严禁带负荷操作刀闸。

2）停电操作刀闸时，应先拉线路侧刀闸，后拉母线侧刀闸。送电操作刀闸时，应先合母线侧刀闸，后合线路侧刀闸。

3）刀闸（包括接地开关）操作时，运行人员应在现场逐相检查实际位置的分、合是否到位，触头插入深度是否适当和接触良好，确保刀闸动作正常，位置正确。

4）刀闸、接地开关和开关等设备之间设置有防止误操作的闭锁装置，在倒闸操作时，必须严格按操作顺序进行。如果闭锁装置失灵或刀闸不能正常操作时，必须按闭锁要求的条件逐一检查相应的开关、刀闸和接地开关的位置状态，待条件满足，履行审批许可手续后，方能解除闭锁进行操作。

5）电动刀闸手动操作时，应断开其动力电源，手动操作完毕后，应将相关挡板、箱门复位，以防电动操作被闭锁。

6）500kV刀闸机构箱中的方式选择把手正常时必须在"三相"位置。

7）装有接地开关的刀闸，必须在刀闸完全分闸后方可合上接地开关；反之当接地开关完全分闸后，方可进行刀闸的合闸操作，操作必须到位。

8）用绝缘棒拉合刀闸或经传动机构拉合刀闸，均应戴绝缘手套。雨天操作室外高压设备时，绝缘棒应有防雨罩，还应穿绝缘靴。

11.5.2　刀闸操作注意事项

（1）刀闸在操作过程中如有卡滞、动触头不能插入静触头、触头合闸不到位、机构连杆未过死点等现象时应停止操作，待缺陷消除后再继续进行。

（2）在操作刀闸过程中若绝缘子有断裂等异常时应迅速撤离现场，防止人身受伤。

（3）对于插入式触头的刀闸，冬季进行倒闸操作前，应检查触头内无冰冻或积雪后才能进行合闸操作，防止由于冰冻致使触头不能插入而造成刀闸支持绝缘子断裂。

（4）刀闸操作失灵时严禁擅自解锁操作，必须查明原因、确认操作正确，并履行解锁许可手续后方可进行解锁操作。手动操作时应拉开该刀闸的控制电源。

（5）如发生带负荷拉错刀闸，在刀闸动、静触头刚分离时，发现弧光应立即将刀闸合上。已拉开时，不准再合上，防止造成带负荷合刀闸，并将情况及时汇报上级；发现带负荷错合刀闸，无论是否造成事故均不准将错合的刀闸再拉开，应迅速报告所属调度听候处理并报告上级。

（6）拉合刀闸发现异常时，应停止操作，已拉开的不许合上，已合上的不许再拉开。

11.6　继电保护及自动装置操作原则及注意事项

变电站二次设备操作是指对变压器、线路、母线、开关等一次设备的继电保护、自动装置、控制信号以及测量等设备的投退、切换、改变定值等。二次设备操作关系到一次设备操作及运行的安全，并较一次设备操作更具复杂性。

11.6.1　二次设备操作一般要求

（1）微机保护的投退操作。

1）停用整套保护时，只须退出保护的出口连接片、失灵保护启动连接片和联跳（或启动）其他装置的连接片，开入量连接片不必退出。

2）停用整套保护中的某段（或其中某套）保护时，对有单独跳闸出口连接片的保护，只须退出该保护的出口连接片；对无单独跳闸出口连接片的保护，应退出该保护的开入量连接片，保护的总出口连接片不得退出。

3）500kV保护的整套保护停用，应断开其在控制回路中的出口跳闸连接片；若保护部分功能退出，则退出该部分功能的投入连接片或方式开关，不得停用装置的总出口。

（2）开关运行状态时，保护修改定值必须在保护出口退出的情况下进行。220kV 及以下微机保护切换定值区的操作不必停用保护；500kV 线路微机保护（分相电流差动、高频距离、方向高频等）切换定值区，应按照华东调度要求切换前将相应保护改信号状态方可进行。

（3）微机保护出口或开入量连接片在投入前可不测量连接片两端电压，但投入前应检查保护装置无动作或告警信号。500kV 双位置继电器出口的保护（如失灵、母差、主变、远跳、高抗保护等）投跳前，不论装置有无动作信号，必须按出口复归按钮，防止出口自保持造成运行设备跳闸。

（4）500kV、220kV 开关改非自动，不得停用其保护直流电源，防止失灵保护拒动。

（5）当一次设备检修或二次设备检修时，应将相应装置的"置检修状态"连接片投入，检修完毕后应将相应装置的"置检修状态"连接片退出。

（6）在电流端子切换操作过程中应先将相应差动保护停用，为防止电流回路开路，差动电流端子切换操作的顺序原则如下：

1）被操作回路开关在运行状态时，操作时防电流回路开路。

a. 投入操作：应先投入运行连接片，后退出原短接连接片。

b. 退出操作：应先投入短接连接片，后退出原运行连接片。

c. 切换操作：应先投入欲切运行连接片，后退出原运行连接片。

2）被操作回路开关在非运行状态时：

a. 投入操作：应先退出短接连接片，后投入运行连接片。

b. 退出操作：应先退出运行连接片，后投入短接连接片。

c. 切换操作：应先退出原运行连接片，后投入欲切运行连接片。

（7）新设备投运前根据调度启动方案及调度继保定值整定单核对启动前保护定值及保护投退方式，启动前保护状态的核对不需填写操作票。

（8）根据二次设备操作随一次设备操作的原则，以下二次设备操作由现场值班员掌握：

1）检修母线复役，用母联开关对待复役母线充电，需启用短充电保护。

2）开关旁路代（包括主变开关）操作，旁路开关保护切换及重合闸调整。

3）主变检修，停用检修主变联跳正常运行开关的联跳连接片；启用运行主变联跳正常运行开关（母联开关、旁路母联开关）的联跳连接片。

4）运行主变中压侧或低压侧开口运行时，停用相应的电压元件。

5）调度发令调整主变中性点接地刀闸状态，相关中性点保护调整。

11.6.2　母差保护操作

（1）500、220、110kV 母线配有母线保护，35、10kV 母线一般不配置母线保护。母线保护包含母线差动保护、充电保护，母差保护具有母线故障、死区故障、母联（分段）失灵及开关失灵等保护功能。

（2）双母线接线方式的母差保护中，母线差动回路由大差和各段小差构成，母线大差是指除母联和分段开关以外的所有支路电流构成的差动回路，母线大差用于判别母线区内与区外故障；某段母线小差是指该段母线上所有支路（包含母联和分段开关）电流构成的差动回路，小差用于判别故障母线。

（3）母差保护启停用操作原则：

1）母线保护有两套母差保护的，应明确操作某一套母差保护。当发令操作母线保护时，两套母差保护应同时操作。

2）母差保护停用，应退出母差保护至其他保护或装置的启动连接片（如母差动作启动主变开关失灵、启动分段开关失灵、闭锁重合闸、闭锁备自投等连接片），退出母差保护各跳闸出口连接片，母差保护的功能连接片不必退出。

3）对于配置双套母差保护的，若每套母差均接入开关两组跳圈，则正常时一套母差（第一套母差）投跳闸，另一套母差（第二套母差）投信号。若每套母差分别接入开关一组跳圈，则正常时两套母差保护均投跳闸。按"六统一"原则设计的母差保护，每套母差分别接入开关一组跳圈，因此，按"六统一"原则设计的母差保护两套母差保护均投跳闸。

4）倒母线操作时，在母联开关改非自动前投入互联连接片，倒排操作结束母联开关改自动后退出母差互联连接片。

5）母联或分段开关拉开后应投入相应母差保护的"母联开关分列连接片"或"分段开关分列连接片"，母联或分段开关合上后应退出。

6）发现母差保护刀闸位置指示不对应时应查明原因，如确系刀闸辅助开关不对应应将母差保护相应间隔的刀闸位置小开关强制打至对应位置。

7）若母线已至检修、冷备用状态，调度不再单独发令停用母差保护，母差保护相关检修工作由现场自行落实安全措施。

8）在进行保护校验等工作时，运维人员和继保人员均应做好防止开关失灵保护动作启动母差的安全措施。

9）充电时保护的操作：

a. 母线检验性充电，充电保护的启停用由现场运维人员自行掌握，充电结束后将保护退出。

b. 对非"六统一"配置的微机保护，用母联开关对母线充电时，当母差保护运行时，应优先使用母差保护的充电保护；母差保护停用时，启用母联开关电流保护。

c. 对"六统一"配置的微机保护，用母联开关对母线充电时，应启用母联开关电流保护。

d. 用母联开关实现串供方式对新投运的线路、主变充电时应启用母联开关电流保护，母差保护投信号。

e. 用旁路开关对旁路母线充电，应启用旁路开关的线路保护及停用重合闸。

f. 用分段开关对母线充电，不论母差保护是否运行，均应启用分段开关的电流保护对空母线充电。

11.6.3　主变保护操作

（1）500kV 主变电气量保护均实行双重化配置，两套保护均具备各自独立的功能设置、独立的输入/输出回路和直流电源。

1）非"六统一"500kV 主变电气量保护一般包括差动保护、分相差动保护（高阻抗差动）、后备距离、过励磁保护、低压侧过流、中性点零流、220kV 侧失灵保护、过负荷告警、中性点偏移等。

2）"六统一"500kV 主变电气量保护一般包括纵差保护、分相差动保护、分侧差动保护、后备距离、过励磁保护、低压侧过流、中性点零流、220kV 侧失灵保护、过负荷告警、中性点偏移等。

3）500kV 主变非电量保护一般包括：本体重瓦斯、本体轻瓦斯、本体油位异常、本体压力释放（突变）、线温高、油温高、有载重瓦斯、有载压力释放。变压器运行时，除本体重瓦斯、有载重瓦斯投跳闸外，其余非电量保护均应投信号。

（2）220kV 主变保护一般配有两套独立的主、后备保护及一套独立的非电量、失灵保护。主变一般配置下列保护：

1）电量保护包括差动保护、复合电压过电流保护、零序过电流保护、中性点零序过电流保护、间隙保护。

2）非电量保护包括瓦斯、压力释放、油温高、油位异常、冷却器故障等保护功能。

（3）对于作用于跳闸的保护（包括主变差动、后备距离、过励磁保护、低压侧过流、中性点零流、失灵保护等）由调度发令操作。有三种调度状态：跳闸、信号、停用。

1）跳闸：保护装置的交、直流回路正常运行；跳闸等出口回路正常运行。

2）信号：保护装置的交、直流回路正常运行；跳闸等出口回路停用。

3）停用：保护装置的交、直流回路停用；跳闸等出口回路停用。

（4）对于作用于信号（包括过负荷、公共绕组过负荷、低压侧电压偏移等），及非调度整定的保护，调度不发令，仅采用许可的操作方式。

（5）对于部分后备保护双重化配置的主变，若调度发令不区分第一或第二套，即指两套同时操作。异常处理时，由现场负责提出具体操作哪一套，再由调度发令明确；若现场不提要求，则默认两套一起投退。

（6）对于需要停用（或用上）整套后备保护装置的情况，调度只对整套后备保护统一发令。整套后备保护装置复役时，只将正常跳闸状态的后备保护改为跳闸。

（7）主变中性点接地刀闸合上前，应停用主变间隙保护；主变中性点接地刀闸拉开后，投入主变间隙保护。主变停送电操作不必考虑间隙保护的调整。主变无间隙保护出口连接片的不必考虑操作。

（8）500kV 变压器低压侧三相过电流保护为变压器低压侧母线主保护，原则上运行中不得全停，若因保护异常或保护工作，导致主变低压侧无过电流保护时，则应考虑变压器低压侧总开关拉停或变压器陪停（变压器低压侧无总开关）。

（9）主变后备保护包括除主变差动保护外的其他电气量保护（华东网调定义）。

11.6.4　线路保护操作

（1）500kV 线路保护按双重化进行配置，两套线路保护的交流电流、交流电压、直流电源、跳闸出口回路相互独立。

1）500kV 线路的主保护主要有以下两种：分相电流差动保护与允许式高频距离（方向高频）保护。

2）500kV 线路还配有三段式或五段式接地、相间距离保护及带时限或反时限零序方向过电流保护，作为本元件的近后备和相邻元件的远后备。此外，500kV 线路保护装置还带有可选用的大电流速断、过电压等辅助保护功能和具有振荡闭锁、断线闭锁、装置故障闭锁、故障测距等功能。

3）为满足开关失灵保护、过电压保护、高压电抗器保护动作远方跳闸的需要，500kV线路均配有远方跳闸回路，部分线路保护还配置有远方跳闸就地判别装置。

（2）220kV线路一般配有双套线路保护，其中包含光纤纵差或高频保护、距离保护、零序保护和自动重合闸装置。

（3）110kV线路一般配有单套距离保护、零序保护和自动重合闸装置。

（4）35、10kV线路一般配有测控保护一体化的保护和自动重合闸装置。

（5）整套线路保护停用，应断开所有出口跳闸连接片和失灵启动连接片。如只停用线路保护中的某一套保护，则只需退出某套保护的开入连接片，不得退出保护装置的出口跳闸连接片和失灵启动连接片。

（6）线路闭锁式高频保护启用前须测试通道正常。

（7）当本侧纵联差动保护装置检修时须退出检修保护装置的远跳连接片。

（8）3/2接线方式的线路停役开关仍需合环运行时，应在开关合环前投入短引线保护。线路恢复运行时在线路侧刀闸合上前将其停用。

（9）重合闸操作。

1）500kV线路（3/2接线方式）重合闸停用时，应将线路保护跳闸方式置三跳位置，停用相关开关重合闸（线变串或不完整串线路对应的两开关重合闸置信号状态；线线串本线对应的靠近母线侧开关重合闸置信号状态）；对于没有装设线路保护跳闸方式开关的，直接将本线对应的两开关重合闸改信号状态。

2）对非"六统一"配置的微机保护，220kV线路重合闸停用时，应将"沟通三跳"连接片投入，将重合闸切换开关切至"停用"位置，并退出合闸出口连接片。

3）对"六统一"配置的微机保护，当220kV线路重合闸停用时，应分别将两套线路保护的"停用重合闸"投入，并取下其重合闸出口连接片；当停用其中一套线路保护的重合闸功能时，只需将对应保护的重合闸出口连接片退出，不得将其"停用重合闸"连接片投入，让另一套保护重合闸可以正常动作。

4）停用110kV及以下线路重合闸应退出合闸出口连接片。

（10）220kV线路配有双套保护且合用一套操作箱的，当单套保护停用时，不得断开操作箱电源空气开关。

（11）对于具有双口通道的继电保护，如其中单个通道需要停役应由现场或信通部门等向调度提出停役申请，并确认不影响相关保护的运行，经调度许可后进行；已停役通道的复役也应经调度许可。

（12）500kV线路保护中，若后备保护（包括后备距离和方向零流）包含在线路主保护（分相电流差动、高频距离或方向高频）中，调度不单独发令，当线路主保护改为信号时，其对应的后备距离、方向零序电流也为信号状态；若后备保护（包括后备距离和方向零流）独立于线路主保护，一般情况下，调度也不单独发令，当线路主保护改为信号时，其对应的后备距离、方向零流也为信号状态。若后备距离（或方向零流）发生装置故障等情况下，需停役处理时，一般由网调调度发令将对应主保护改为信号（对应的后备距离、方向零流亦改为信号状态）。如遇有特殊情况，需要单独停用后备距离（或方向零流）的，需经网调同意后发令。

（13）远方跳闸操作。

1）若远方跳闸复用分相电流差动保护通道，当分相电流差动保护改无通道跳闸或信号时，网调单独发令将其对应的远方跳闸改为信号状态；同样，当分相电流差动保护改跳闸状态时，网调单独发令其对应的远方跳闸改为跳闸状态。

2）启动远方跳闸功能的保护有线路高压并联电抗器（简称高抗）保护、线路过电压保护、开关失灵保护。一般情况下，线路在运行状态时，线路两套远方跳闸不得同时停役。若两套远方跳闸同时故障退出，原则上要求线路陪停。

3）500kV 线路保护经改造均具有两套独立就地判别装置，相应的远方跳闸可单独停用。

11.6.5　断路器（开关）保护操作

（1）500kV 断路器（开关）保护一般具有开关失灵判别、重合闸逻辑和三相不一致等多项功能。

1）500kV 断路器（开关）保护按照开关配置，部分挂在母线上的主变对应的开关配置两套断路器（开关）保护。

2）一般 500kV 开关的重合闸方式为单相重合闸，单相故障单跳单合，相间故障三跳不重合。

3）一般情况下，开关不允许无失灵保护运行。若开关已为检修或冷备用状态，网调不单独发令停用开关失灵保护，开关二次状态由现场自行掌握。

4）断路器（开关）保护有检修工作时，运维人员应将相应断路器（开关）保护启动失灵出口连接片停用。

5）失灵保护动作出口后跳闸回路将自保持，必须按手动复归按钮进行复归，方能再次合上所跳开关。

（2）220kV 开关一般配有开关失灵启动、开关三相不一致、过电流保护等。110kV 及以下母联、分段开关一般配有过电流保护。

（3）对于开关同时具备本体三相不一致保护和三相不一致保护装置的，应启用开关本体三相不一致回路，保护装置的三相不一致保护应停用。

（4）220kV 开关失灵保护的启停用原则：

1）母差保护运行时，其所有连接在母线上运行的开关失灵保护均应投入。

2）电气量保护和非电气量保护采用同一出口的主变保护，其主变开关失灵保护停用。电气量保护和非电气量保护不采用同一出口的主变保护，且非电气量保护已退出启动开关失灵保护的，主变开关失灵保护应启用。

11.6.6　高压并联电抗器保护操作

（1）当高压并联电抗器（简称高抗）故障时，保护动作跳开高抗所运行的线路本侧开关并闭锁重合闸，同时发出远方跳闸命令，跳开线路对侧开关切除故障。高抗外部引线故障由线路保护动作切除故障。

（2）对于作用于跳闸的保护（包括高抗纵差、零差、压力释放保护等）有两种调度状态：

1）跳闸：保护装置的交、直流回路正常运行；跳闸等出口回路正常运行。

2）信号：保护装置的出口回路停用；其他均同跳闸状态。

3）对于作用于信号的保护（包括高抗接地检测、过负荷等），调度不发令，仅采用操作许可方式。

（4）对于 LOCKOUT 自保持继电器，要注意及时复归。

（5）高抗保护退出运行而线路在运行时，保护屏内进行任何工作前都必须将保护出口连接片停用，断开高抗保护与外回路的联系，防止高抗保护误动。

11.6.7　备自投装置操作

（1）备用电源自动投入装置（简称备自投装置）用于当变电站主电源失电时，自动投入另一备用电源的自动装置，以提高供电可靠性。

（2）备自投装置启动投入的开关有投母联（或分段）开关、投进线开关、投主变开关。

（3）备自投装置的启停用均需按调度命令执行。

（4）备自投装置的运行方式：

1）启用。

a. 一次接线方式满足备自投装置启用条件。

b. 接入备自投装置的各电压互感器二次回路均已投入且各电压正常。

c. 投入备自投装置电源，检查备自投装置运行正常，无其他异常信号发信。

d. 检查备自投装置自投方式符合当时运行要求。

e. 检查备自投装置充电指示正常。

f. 投入备自投装置的合闸出口连接片和跳闸出口连接片。

2）停用。退出备自投装置的合闸出口连接片和跳闸出口连接片。

3）检修。

a. 退出备自投装置的合闸出口连接片和跳闸出口连接片。

b. 断开备自投装置电源开关。

（5）因故需断开与备自投装置有关的电压互感器二次回路时须先将备自投装置停用。

（6）主变保护屏闭锁备自投装置连接片在备自投装置正常启用时应投入，主变保护校验工作前应退出。

（7）开关检修时，需退出备自投装置至检修开关的联跳及合闸连接片。

11.6.8　二次设备操作注意事项

（1）设备投运前，值班人员应详细检查保护装置、功能把手、连接片、空气开关位置正确，所拆二次线恢复到工作前接线状态。

（2）保护出口连接片投入前，应检查保护装置是否有动作出口信号。

（3）二次设备进行操作后，应检查相应的信号指示是否正确、装置工作是否正常；检查保护采样值，电压、电流等是否正常。

（4）保护及自动装置有消缺、维护、检修、改造、反措、调试等工作时，应将有关的装置电源、保护和计量电压空气开关断开，并断开本装置启动其他运行设备装置的二次回路，做好全面的安全隔离措施，防止造成运行中的设备跳闸。

（5）严禁在保护停用前拉、合装置直流电源。因直流消失而停用的保护，只有在电压恢复正常后才允许将保护重新投入运行，防止保护误动。

（6）继电保护运行注意事项。

1）线路保护：

a. 高频保护或差动保护一侧改信号，线路对侧的相应保护也要求同时改信号。

b. 当线路主保护改为信号时，其对应的后备保护也改为信号状态，后备保护调度不单独发令。仅当后备保护发生装置故障或其他特殊情况，需单独处理时，在现场和调度确认后备保护可单独停役后，由调度发令将后备保护改至信号状态。

c. 线路发生 CVT 断线，应将相关的线路保护停用后再处理。

d. 开关一般不允许无失灵保护运行，如出现此情况，需经调度总工批准后对一次方式进行必要的调整。

2）母差保护：

a. 对于 3/2 断路器接线的母线，当母线上的两套母差全停时，要求母线停用。

b. 220kV 母线充电时投入充电保护，充电完毕后停用充电保护。

3）主变压器保护：

a. 500kV 变压器正常运行时，不允许两套差动保护全停。如主变压器大差动停用，则除高阻抗差动投运外，低压侧过电流至少应有一套在运行状态。

b. 主变压器 500kV 和 220kV 后备距离方向均指向变压器，并带一定的反向偏移。这两套保护均可作为 500kV 或 220kV 母线的后备保护。当母差保护停用时，原则上调整同侧后备距离保护时间，利用反向偏移段作后备。

c. 主变压器 500kV 侧和 220kV 侧距离保护整定不伸到主变压器低压侧，一般不能作为主变压器低压侧的后备保护。

d. 过励磁保护动作曲线须与变压器的过励磁特性曲线相配合。

11.7 线路停复役操作要点

11.7.1 一般线路停送电操作原则

（1）一般线路停、送电操作。

1）线路停电操作应先拉开线路开关，然后拉开线路侧刀闸，最后拉开母线侧刀闸及线路电压互感器刀闸。线路送电操作与此相反。

在正常情况下，线路开关在断开位置时，先拉合线路侧刀闸或母线侧刀闸都没多大影响。之所以要求遵循一定操作顺序，是为了防止万一发生带负荷拉、合刀闸时，可把事故缩小在最小范围之内。

开关未断开，若先拉线路侧刀闸时，发生带负荷拉刀闸故障，线路保护动作，使开关分闸，仅停本线路；若先拉母线侧刀闸，发生带负荷拉刀闸故障，母线保护动作，将使整条母线上所有连接元件停电，扩大了事故范围。

2）线路改冷备用，接在线路上的电压互感器高压侧刀闸不拉开，电压互感器高、低压熔丝（空气开关）不取下（不拉开）。

3）线路改检修，利用线路电压互感器进行带电闭锁的，应在合上线路接地刀闸后再拉开线路电压互感器高压侧刀闸和二次侧空气开关（或熔丝）。

（2）3/2 断路器接线线路停、送电操作。

1）线路停电操作时，先断开中间开关，后断开母线侧开关；拉开刀闸时，由负荷侧逐步拉向电源侧。送电操作顺序与此相反。

在正常情况下，先断开（合上）还是后断开（合上）中间开关都没有关系，之所以要遵循一定顺序，主要是为了防止停、送电时发生故障，导致同串的线路或变压器停电。

停电操作时，先断开中间开关，切断很小负荷电流；断开边开关，切除全部负荷电流，这时若发生故障，则母线保护动作，跳开母线直接相连的开关，切除母线故障，其他线路可继续运行。若断开中间开关发生故障时，将导致本串另一条线路停电。

2）母线为 3/2 接线方式，带有线路刀闸的线路停电后需要恢复完整串运行时，要求投入短引线保护，用以保护两开关间的引线。

3）母线为 3/2 接线方式，线路一般采用三相电压互感器，不得单独停役，其运行状态随线路一起改变。

（3）线路停电前，特别是超高压线路，要考虑线路停电后对其他设备的影响。

（4）对空载线路充电的操作。

1）充电时要求充电线路的开关必须有完备的继电保护。正常情况下线路停运时，线路保护不一定停运，所以在对线路送电前一定要检查线路的保护情况。

2）要考虑线路充电功率对系统及线路末端电压的影响，防止线路末端设备过电压。充电端必须有变压器的中性点接地。

3）新建线路或检修后相位有可能变动的线路要进行核相。

4）在线路送电时，对馈电线路一般先合上送电端开关，再合上受电端开关。

（5）500kV 线路高压电抗器（无专用开关）投停操作必须在线路冷备用（停电 15min 后）或检修状态下进行。

（6）针对只有两路电源的 220kV 变电站，当一条线路停电后，应将运行线路保护定值按保护配置情况调整为弱馈方式；送电时应先将运行线路保护定值调整为联络线方式，再恢复联络线（或双回线）运行。当切断联络线（或并列运行的双回路或多回路的一路）时，应注意检查继续运行线路的继电保护、潮流及对系统稳定的影响。

11.7.2　线路停送电操作注意事项

（1）并列运行的线路，在一条线路停电前，应考虑有关保护定值的调整。注意在该线路拉开后另一条线路是否会过负荷，如有疑问应问清楚调度后再操作。

（2）线路停、送电时，对装有重合闸的线路开关，重合闸一般不操作。当需要重合闸停用或投入时，调度员应发布操作命令。

（3）线路停、送电操作中的危险点：

1）误走间隔造成误停线路。

2）线路未停电前停用线路并联电抗器。

3）3/2 断路器接线线路停电，只停边开关或中开关。

4）3/2 断路器接线线路停电，保护连接片未做相应的投停。

5）未检查实际接地位置，造成误合接地开关。

6）带电合接地开关或挂接地线。

7）旁路代线路时，旁路开关与所代线路开关保护定值不符。

8）带接地开关或接地线送电。

9）多电源线路非同期合闸。

10）未按规定程序装设接地线。

（4）电缆线路停电检修和挂接地线前，必须经过多次放电，才能接地。

（5）线路停、送电操作中，涉及系统解列、并列或解环、合环时，应按开关操作一般原则中的规定处理。

（6）可能使线路相序发生紊乱的检修，在恢复送电前应进行核相工作。

（7）线路停、送电操作，应考虑对继电保护及安全自动装置、通信、调度自动化系统的影响。

11.8　变压器停复役操作要点

电力变压器是变电站各类电气设备中最重要的设备之一。变压器的操作包括变压器的停送电操作、调压操作以及主变压器开关旁路代操作。主变压器的停送电操作一般不涉及相邻变电站的配合操作，而仅仅是各级调度部门在停运主变压器之前要充分考虑好邻近地区的负荷转移情况。

11.8.1　变压器操作原则

（1）变压器并列运行条件。

1）联结组别相同。

2）变比相同。

3）短路电压相等。

在任何一台变压器不会过负荷的条件下，允许将短路电压不等的变压器并列运行，必要时应先进行计算。变电站内几台主变分接头对应档位的电压比不一致时，应有主变允许并列的档位对照表。并列运行的主变停用其中一台时，操作前应检查负荷分配情况，防止主变过载。

（2）变压器投入运行时，应选择励磁涌流影响较小的一侧送电。一般先从电源侧充电，后合上负荷侧开关，当两侧或三侧均有电源时，应先从高压侧充电，再送中低压侧（500kV变电站根据站内实际情况另定）。停电时，应先拉开负荷侧开关，后拉开电源侧开关，当两侧或三侧均有电源时，应先停中低压侧，后停高压侧。

（3）500kV 主变停电前，应将主变对应的无功自动投切装置退出；主变送电后，再将无功自动投切装置投入。一般情况下，主变停/复役过程中低抗、电容器自动投切装置的投退由现场自行掌握，网调不单独发令。

（4）500kV 主变调压分接开关为分相操动机构的，送电前应检查三相档位一致。

（5）主变中性点的运行要求。

1）大电流接地系统的变压器进行停、送电前，应先将各侧中性点接地刀闸合上，操作结束后再根据调度要求对中性点接地方式进行调整。

2）并列运行中的主变中性点接地刀闸如需倒换，应先合上另一台主变的中性点接地刀闸，再拉开原来一台主变的中性点接地刀闸，并相应调整主变中性点间隔保护。

3）110kV 及以上的主变处于热备用状态时（开关一经合上，变压器即可带电），其中性点接地刀闸应合上。

4）经网调确认 500kV 主变中性点正常运行方式为经阻抗（小电抗或小电阻）接地的 500kV 变电站，站内所有 500kV 主变中性点接地方式原则上必须保持一致。

（6）对于中、低压侧具有电源的发电厂、变电站，至少应有一台变压器中性点接地。在双母线运行时，应考虑当母联开关跳闸后，保证被分开的两个系统至少应有一台变压器中性点接地。

（7）带有消弧线圈的变压器停电前，必须先将消弧线圈断开后再停电，不得将两台变压器的中性点同时接到一台消弧线圈上。

（8）在运行中需要拉合变压器中性点接地刀闸时，由所辖调度发令操作。运行中的双绕组及三绕组变压器，若需一侧开关断开，如该侧为中性点直接接地系统，则该侧的中性点接地刀闸应先合上。变压器零序保护和间隙保护的调整由运维人员按整定书要求和现场运行规程自行操作，调度不发令。

220kV 变压器中性点零序保护和间隙保护投停的顺序：

1）若间隙保护用电流互感器接于变压器中性点放电间隙与接地点之间，当变压器中性点由经间隙接地改为直接接地时，零序保护应在接地刀闸合上前投入，间隙保护应在接地刀闸合上后停用；当变压器中性点由直接接地改为经间隙接地时，间隙保护应在接地刀闸拉开前投入，零序保护应在接地刀闸拉开后停用。

2）若间隙保护电流取自变压器中性点套管电流互感器，则合上中性点接地刀闸前先投入零序保护，退出间隙保护；拉开中性点接地刀闸后，投入间隙保护，停用零序保护。

（9）新投运或大修后的变压器应进行核相，确认无误后方可并列运行。新投运的变压器一般冲击合闸 5 次，大修后的冲击合闸 3 次。

（10）变压器调压操作。

1）无载调压变压器分接头的调整，应根据调度命令进行。无载调压的操作，必须在变压器停电状态下进行。调整分接头应严格按制造厂规定的方法进行，防止将分接头调整错位。分接头调整好后，应检查和核对三相分接头位置一致，并应测量绕组的直流电阻。

2）有载调压变压器调整分接头，运行人员应根据调度颁发的电压曲线进行。分接头调压操作可以在变压器运行状态下进行，调整分接头后不必测量直流电阻，但调整分接头时应无异声，每调整一挡运行人员应检查相应三相电压表指示情况，电流和电压平衡。

3）两台有载调压变压器并联运行时，允许在 85%变压器额定负荷电流及以下的情况下进行分接变换操作，不得在单台变压器上连续进行两个分接变换操作，必须在一台变压器的分接变换完成后再进行另一台变压器的分接变换操作。每进行一次变换后，都要检查电压和电流的变化情况，防止误操作和过负荷。升压操作，应先操作负荷电流相对较少的一台，再操作负荷电流相对较大的一台，防止过大的环流；降压操作时与此相反。操作完毕，应再次检查并联的两台变压器的电流大小与分配情况。

4）当有载调压变压器过载 1.2 倍运行时，禁止分接开关变换操作并闭锁。

（11）二次回路的调整。

1）500kV 3/2 断路器接线方式（出线配置刀闸），主变压器一次检修而其 500kV 开关作联络方式运行时，因主变压器检修需停用相关的本体保护（如本体瓦斯保护、有载调压瓦斯保护、压力释放保护、温度保护等），其投、停不需调度发令，按现场运行规程的规定执行，特别应注意检修后必须检查本体保护的相关继电器不动作并复归。

2）在变压器保护预试校验时，对设有联跳回路的变压器后备保护，应注意解除联跳回路的连接片。

3）主变压器间隙零序保护在主变压器中性点刀闸合上时退出，断开时投入。主变压器零序过电流保护，在主变压器中性点刀闸合上时投入，断开时退出。

11.8.2　变压器操作中的注意事项

1. 变压器在正常停送电操作中的注意事项

（1）变压器充电时应投入全部继电保护。充电开关应有完备的继电保护，并保证有足够的灵敏度。同时应考虑励磁涌流对系统继电保护的影响。

（2）为保证系统稳定，充电前先降低相关线路的有功功率。

（3）变压器在充电状态下及停送电操作时，必须将其中性点接地刀闸合上。

（4）500kV 变压器充电前，应检查调整充电侧母线电压及变压器分接头位置，保证充电后各侧电压不超过规定值。

（5）500kV 联络变压器，应根据调度规程的有关规定进行操作。

（6）变压器并联运行必须满足并列运行条件。

（7）新投入或大修后变压器有可能改变相位，合环前都要进行相位校核。

（8）两台变压器并列运行前，要检查两台变压器有载调压电压分头指示一致；若是有载调压变压器与无励磁调压变压器并联运行时，其分接电压应尽量靠近无励磁调压变压器的分接位置。并列运行的变压器，其调压操作应轮流逐级或同步进行，不得在单台变压器上连续进行两个及以上分接头变换操作。

2. 变压器新投入或大修后投入操作前的注意事项

（1）按规定，对变压器本体及绝缘油进行全面试验，合格后方具备通电条件。

（2）对变压器外部进行检查：所有阀门应置于正确位置；变压器上各带电体对地的距离以及相间距离应符合要求；分接开关位置符合有关规定，且三相一致；变压器上导线、母线以及连接线牢固可靠；密封垫的所有螺栓要足够紧固，密封处不渗油。

（3）对变压器冷却系统进行检查：风扇、潜油泵的旋转方向符合规定，运行是否正常，自动启动冷却设备的控制系统动作正常，启动整定值正确，投入适当数量冷却设备；冷却设备备用电源切换试验正常。

（4）对监视、保护装置进行检查：所有指示元件要正确，如压力释放阀、油流指示器、油位指示器、温度指示器等；各种指示、计量仪表配置齐全；继电保护配置齐全，并按规定投入，接线正确，整定无误。

3. 变压器操作中异常情况的处理原则

（1）强迫油循环风冷变压器在充电过程中，应检查冷却系统运行正常；若异常应查明原因，处理正常后方可带负荷运行。

（2）变压器电源侧开关合上后，若发现下列情况之一者，应立即拉开变压器电源侧开关，将其停运。

1）声响明显增大，很不正常，内部有爆裂声。

2）严重漏油或喷油，使油面下降到低于油位计的指示限度。

3）套管有严重的破损和放电现象。

4）变压器冒烟着火等。

11.9　母线停复役操作要点

母线的作用是汇集、分配和交换电能。根据母线接线方式的不同，其操作也各有不同。母线的操作是指母线的送电、停电操作以及母线上的电气设备单元在两条母线间的倒换等。

（1）母线冷备用时，母线上的所有开关、刀闸全部断开，母线上电压互感器的高压侧刀闸拉开，高、低压熔丝全部取下（或拉开低压侧空气开关）。

（2）母线停电操作，应先拉开母线电压互感器二次侧空气开关（或取下熔丝），然后再拉开电压互感器高压侧刀闸；复役操作反之。

（3）母线停电前，有站用变接于停电母线上的，应先做好站用电的调整操作。母线停役前应检查停役母线上所有元件确已转移，同时应防止电压互感器倒送电。

（4）对于3/2断路器接线系统的母线停电操作时，先将母线上所有运行开关由运行状态转换成冷备用状态，即母线冷备用状态，再将母线由冷备用状态转检修状态；送电操作时，先将母线由检修状态转成冷备用状态，再选择一个开关对母线进行充电操作，母线充电正常后，然后将母线上所有运行开关由冷备用状态转换成运行状态。

（5）当3/2接线方式母线上接有主变，在进行母线停役操作时应先将主变与母线可靠隔离，然后再停母线。复役时，应先将母线改为运行，再将主变改运行。当3/2接线方式母线上接有高压并联电抗器，在进行母线停役操作时应先将高压并联电抗器与母线可靠隔离，然后再停母线。复役时，应先将母线改为运行，再将高压并联电抗器改运行。

（6）双母线接线方式的母线停电操作，将要停电母线上所有运行设备倒至另一条母线上运行，母联及分段开关由运行改为冷备用，即母线冷备用状态，停电母线由冷备用改为检修；送电操作时，停电母线由检修改为冷备用，母联及分段开关由冷备用改为运行，原在该母运行的设备由运行母线倒回原母线运行。

（7）双母线接线停用一组母线时，在倒母线操作结束后，应先拉开空出母线上电压互感器二次侧开关后再拉开母联开关，最后拉开空出母线上的电压互感器刀闸。

（8）双母双分段、双母单分段接线方式，停母线操作一般先断开该母线分段开关。

（9）单母线停电时，应先拉开停电母线上所有负荷开关，后拉开电源开关，再将所有间隔设备（含母线电压互感器、站用变压器等）转冷备用、最后将母线三相短路接地。恢复时顺序相反。

（10）母线检修结束恢复送电时，必须对母线进行检验性充电。用母联开关对母线充电时必须启用母差充电保护或母联开关电流保护，用旁路开关对旁路母线充电时，必须启用旁路开关线路保护并停用重合闸。

（11）外桥形接线母线（线路或主变压器）停、送电时，在拉、合刀闸前要同时检查相邻两个开关确在断开位置。

11.9.1　母线停送电操作中的注意事项

（1）500kV 母线停役时，一般按开关编号从小到大进行操作。复役时根据系统情况一般选择线路开关对母线进行充电，不用主变压器开关进行充电，正常后再按开关编号从大到小将其他开关恢复运行。

（2）双母线中停用一组母线时，要防止运行母线电压互感器倒充母线而引起二次侧熔丝或小开关断开使继电保护失压误动作。

（3）母线复役充电时，应使用具有反映各种故障类型的速动保护的开关进行。在母线充电前，为防止充电至故障母线可能造成系统失稳，必要时先降低有关线路的潮流。

（4）用开关向母线充电前，应将空母线上只能用刀闸充电的附属设备，如母线电压互感器、避雷器先行投入。

（5）对不能直接验电的母线（如 GIS 母线），在合接地刀闸前，必须要确认连接在该母线上的全部刀闸确已全部拉开，连接在该母线上的电压互感器的二次空气开关已全部断开。

（6）带有电容器的母线停送电时，停电前应先拉开电容器开关，送电后合上电容器开关，以防母线过电压，危及设备绝缘。

（7）有母联开关时，应使用母联开关向母线充电。充电时母联开关的充电保护应在投入状态，必要时要将保护整定时间调整至零。这样，如果被充电母线存在故障，可由母联开关切除，防止扩大事故。

（8）用主变压器开关对母线进行充电时应确保变压器保护确在投入位置，并且后备保护的方向应有指向母线的。用变压器向母线充电时，变压器中性点必须接地。

（9）用线路开关或旁路开关对母线充电时确保线路开关充电保护及线路保护在投入状态。

（10）母线充电操作后应检查母线及母线上的设备情况，包括检查母线上所连电压互感器、避雷器应无异常响声，无放电、冒烟，支持绝缘子无放电，检查充电开关正常等，同时应检查母线电压指示正常。对 GIS 母线在充电后还应检查母线及母线上连接各设备的气室压力正常。

11.9.2　倒母线操作一般原则

（1）倒排操作时不得停用母差保护，母差保护停用时不得进行倒排操作。

（2）双母线并列运行时进行倒排操作（简称热倒），必须检查母联开关及两侧刀闸在合位，将母差保护改为（或检查）互联方式、母联开关改为非自动、母线电压互感器二次并列。热倒操作结束后，必须将倒排母线的电压互感器二次并列开关打至分列位置、母联开关改为自动，母差保护根据母线运行方式调整互联连接片投退方式。热倒操作必须先合后拉。

（3）倒排间隔的开关在分位的状态下所进行的倒排操作（简称冷倒），必须检查倒排间隔的开关在分位，冷倒操作必须先拉后合。

（4）倒排操作结束后应检查所有倒排间隔无"切换继电器同时动作"信号发信，倒排操作后"切换继电器同时动作"信号发信不能复归时不得拉开母联开关，严防电压互感器二次回路倒充电。

（5）某段母线停电，在倒排操作结束后拉开母联开关前应检查母联开关三相电流指示为零，防止漏倒。

（6）进行母线倒排操作后在拉开母联开关前，为确证母联开关三相可靠联动，应检查对比倒排操作前后母联开关三相电流不平衡情况，在三相电流平衡情况无异常差异以及母差保护无差流告警后方可拉开母联开关。

（7）对于 GIS 等组合电气设备热倒操作，由于不能直接观察到刀闸触头的分合状况，为防止刀闸触头发生非全相状况，在母联开关合后状态应先检查母联开关三相电流不平衡情况，在热倒操作完成后再检查母联开关三相电流不平衡情况，并与倒排前三相电流不平衡情况对比无异常差异，以及检查母差保护无差流告警后方可拉开母联开关。

（8）接有备自投跳合闸回路的热备用开关应采用热倒方式倒排。

（9）一组运行母线及母联开关停电，应在倒母线操作结束后，拉开母联开关，再拉开停电母线侧刀闸，最后拉开运行母线侧刀闸。

（10）双母线分段接线方式倒母线操作时，应逐段进行。一段操作完毕，再进行另一段的倒母线操作。不得将与操作要求无关的母联、分段开关改非自动。

11.9.3 倒母线操作中的注意事项

（1）倒母线操作时，母联开关应合上，并取下母联开关的操作电源，防止母联开关误跳闸，造成带负荷拉刀闸事故。所有负荷倒完后，断开母联开关前，应再次检查要停电母线上所有设备是否均倒至运行母线上，并检查母联开关电流表指示是否为零。

（2）倒母线时，要考虑倒闸过程中对母线差动保护的影响，并注意有关二次切换开关的通断以及保护连接片的切换。要根据母差保护运行规程作相应的变更。在倒母线操作过程中无特殊情况下，母差保护应投入运行。

（3）由于设备倒换至另一母线或母线上电压互感器停电。继电保护和自动装置的电压回路需要转换由另一电压互感器供电时，应注意勿使继电保护及自动装置因失去电压而误动。避免电压回路接触不良以及通过电压互感器二次向不带电母线反充电而引起的电压回路二次空气开关跳开，造成继电保护误动等情况出现。

（4）智能变电站中母线电压切换是通过合并单元内逻辑判断实现，没有常规变电站中物理的切换回路，因此倒排过程中，不需要进行母线电压互感器二次并列操作。

11.10　电压互感器操作要点

根据电压互感器接入一次系统的方式不同，有互感器一次侧通过刀闸与主设备连接和互感器通过引线直接与主设备连接两种方式。对于互感器通过引线直接与一次系统连接的接线方式，其互感器的停送电应随同所在母线或线路一起进行。对于通过刀闸接入的电压互感器，根据其操作的目的和任务的不同进行不同的操作。本章节主要介绍通过刀闸接入的电压互感器的操作。

11.10.1　电压互感器的一般操作原则

1. 电压互感器的停送电操作顺序

（1）停电时先停低压（二次）侧，再停高压（一次）侧；送电时顺序与此相反。双母线接线中两台电压互感器中一台停电，必须将停电的电压互感器高、低压两侧断开，以防止反充电。

（2）高压侧装有熔断器的电压互感器，其高压熔断器必须在停电并采取安全措施后才能取下、放上。在有刀闸和熔断器的低压回路，停电时应先拉开刀闸，后取下熔断器，送电时相反。

2. 电压互感器二次并列的操作

（1）对电压并列回路是经母联或分段回路运行启动的，一组母线电压互感器停用，母线仍为双母线运行时，此时可将两条母线电压互感器二次侧联络。

（2）电压互感器二次并列时，必须一次先并列，二次后并列，防止电压互感器二次对一次进行反充电，造成二次熔断器熔断或二次开关跳闸。

（3）只有一组电压互感器的母线，一般情况下电压互感器和母线同时进行停、送电；若单独停用电压互感器时，应考虑继电保护及自动装置的变动（如距离、方向、解列、低压闭锁保护等）。

11.10.2　电压互感器操作中的注意事项

（1）电压互感器二次回路不能切换时，为防止误动，可申请将有关保护和自动装置停用。对于通过电压闭锁、电压启动等原理进行工作的保护及自动装置，在电压互感器停电操作时，对相应装置的连接片或切换开关应根据现场运行规程的规定和保护装置的要求进行切换和投退操作，退出装置对停运电压互感器的电压判别功能。

（2）电压互感器操作要求。

1）允许用刀闸拉、合无故障的空载电压互感器。

2）对于互感器有异常，电压互感器高压侧刀闸可以远方遥控操作时，应用远方遥控操作高压侧刀闸隔离。

3）当发现电压互感器高压侧绝缘有损伤的征象，如喷油、冒烟，应用开关将其电源切断，严禁用刀闸或取下熔断器的方法拉开有故障的电压互感器，防止造成操作中短路引起带负荷拉刀闸及人员伤亡、设备损害事故。

4）在发现电压互感器有明显异常时，对于双母线接线方式，不得将该电压互感器与正常运行电压互感器二次侧并列，可在倒母线后用母联开关断开电压互感器使其退出。对于3/2 断路器接线方式，可断开全部母线侧开关后将故障电压互感器退出运行；对于主变压器低压侧单母接线方式的应断开主变压器低压侧总开关使故障互感器退出运行。

（3）电压互感器操作中异常情况的处理原则。

1）在合上电压互感器二次电压空气开关或放上熔断器后，若发现二次无电压，应停止操作，查明原因。

2）在电压互感器二次并列，且断开需停用电压互感器的所有二次电压空气开关（或取下熔断器）时，若发现二次电压异常或失去，应立即合上停用电压互感器的所有二次电压空气开关（或取下熔丝），将电压并列装置由"电压互感器并列"切至"电压互感器解列"后，再查明原因。

3）当电压互感器高压侧刀闸拉不开时，对于双母线接线的采用倒母线后，再用母联开关隔离处理；对于单母线接线的采用转移或倒负荷后，再用电源开关隔离处理。

11.11　交、直流系统操作要点

变电站的站用交流系统是保证变电站安全可靠运行的重要环节。站用交流系统为主变压器提供冷却电源、消防水喷淋电源，为开关提供储能电源，为刀闸提供操作电源，为站用直流系统充电机提供充电电源，另外站用电还提供站内的照明、生活用电以及检修等电源。如果站用电失去，将严重影响变电站设备的正常运行，甚至引起系统停电和设备损坏事故。因此，运行人员必须十分重视站用交流系统的安全运行，熟悉站用电系统及其运行操作。

变电站内的直流系统是独立的操作电源，为变电站内的控制信号系统、继电保护和自动装置提供电源；同时能供给事故照明用电。直流系统一般由蓄电池、充电设备、直流负荷三部分组成。

11.11.1　站用交流系统操作原则

（1）站用电系统属变电站管辖设备，但高压侧的运行方式由调度操作指令确定，涉及站用变压器转运行或备用，应经调度许可。

（2）站用变的停电操作应先次级后初级，送电操作相反。站用变送电前应确认次级开关确在分闸位置。

（3）站用变正常分列运行，合站用电母线分段开关前应先拉开（或检查）受电母线站用电的低压侧开关（在分开位置）。

（4）站用电配电的交流环路电源不得环供运行，正常运行需断开交流配电屏某一环路配电空气开关。

（5）站用电切换操作后应注意检查主变冷却装置、直流充电机、UPS 不间断电源、通信设备、空调等装置的工作电源是否恢复正常。

（6）主变停、复役前先考虑站用电切换。

（7）站用交流系统操作要求。

1）装有站用电源切换装置的站用电系统，其切换装置和低压开关有"自动"和"手动"两种位置。正常运行时，应均置于"自动"位置，且站用电源切换装置的电源开关应合上，此时不能手动分合低压开关；若需在装置上手动分合低压开关，应将切换装置置于"手动"位置；若需在就地分合低压开关，应将切换装置和低压开关均置于"手动"位置。

2）对重要负荷，如主变压器冷却电源、开关储能电源以及刀闸操作电源等，必须保证其供电的可靠性和灵活性，其负荷分别接于站用电低压Ⅰ、Ⅱ段母线，可以通过环路或自动切换装置互为备用。

3）大修或新更换的站用变压器（含低压回路变动）在投入运行前应核相。

11.11.2　站用交流系统操作注意事项

1. 站用交流系统操作注意事项

（1）站用电系统正常运行时，低压Ⅰ、Ⅱ段母线分列运行。在两台站用变压器高压侧未并列时，严禁合上低压母线联络开关（或刀闸）；同样在低压母线联络开关（或刀闸）未合上时，严禁将分别接自站用电不同母线段的出线并列。因为站用变压器高压侧未并列［或低压母线联络开关（或刀闸）未合上］时，低压侧（或出线）并列会有很大的环流，可能造成短路。

（2）对于是外来电源的站用变压器，由于和站内电源的站用变压器相位不同，因此不得并列运行。

（3）装卸站用变压器高压熔断器（操作前确认站用变压器高、低压侧已断开），应戴护目眼镜和绝缘手套，必要时使用绝缘夹钳，并站在绝缘垫或绝缘台上。停电时应先取中相，后取边相；送电时则反之。

（4）采用停电倒负荷方式的站用变压器停电后，应检查相应站用电屏上的电压表无指示，然后才能合上另一台站用变压器的低压开关（或放上熔断器）或低压母线联络开关（或刀闸）。在站用变压器转检修后，应做好防止倒送电的安全措施。

2. 站用交流系统操作中异常情况的处理原则

（1）跌落式熔断器操作中易跌落的处理。若易跌落属于高压熔断器底座组件原因，需停电处理；若属于跌落式熔断器原因，应配置合理的熔丝，且熔丝与熔体管两端良好紧固，其张力可比照完好的熔断器进行调整，操作时必须迅速而果断。

（2）低压开关合不上的处理。遥控合不上时，首先检查站用电源切换装置是否正常，是否置于"手动"位置；其次检查低压开关本体置于的位置与操作方式是否一致，若在装置上操作应置于"自动"位置，若就地操作应置于"手动"位置；接着检查进线侧有无电压以及回路有无短路现象等。

对于储能式低压开关，应检查能量是否储满，若没有储满，应连续拉动开关储能拉杆，进行储能直至显示储满能量的指示为止。

（3）低压开关拉不开的处理。首先检查站用电源切换装置是否正常，是否置于"手动"位置；其次检查低压开关本体置于的位置与操作方式是否一致，若在装置上操作应置于"自动"位置，若就地操作应置于"手动"位置；接着采用手动脱扣开关，若仍拉不开，即采用电源开关或高压侧刀闸切除后再处理。

（4）低压倒负荷后没有电压的处理。运行中的低压开关均带有失压脱扣功能，若合上后没有电压，一般属于低压开关内部异常或站用变压器高压侧失电，致使低压开关跳闸。

首先用万用表在低压开关的来电侧测量有无电压，若无压说明高压侧失电或熔丝熔断，反之低压开关内部异常，此时迅速恢复站用电系统原方式。

11.11.3　站用直流系统操作原则

（1）500kV 变电站一般装有三组充电机和两组蓄电池，并且直流母线的接线方式以及直流馈电网络的结构也相应按双重化的原则考虑，采用直流分屏，直流负荷采用辐射状供电方式。

1) 在正常运行情况下，两段母线间的联络刀闸打开，整个直流系统分成两个没有电气联系的部分，在每段母线上各接一组蓄电池和一组充电机，两组蓄电池共用一组备用充电机，主充电机经开关分别接到两组蓄电池的出口，可分别对其进行充放电。

2) 当其中一组蓄电池因检修或充放电需要脱离母线时，分段刀闸合上，两段母线的直流负荷由一组蓄电池供电。

（2）220kV变电站直流系统一般配置两组充电机和两组蓄电池，采用单母线分段方式运行。正常情况下，直流Ⅰ、Ⅱ段母线分别由一组充电机和蓄电池组供电，并装有自动调压、绝缘在线监测以及报警装置等。

1) 若两段母线之间装有母线联络自动开关，当任一组充电机故障或其交流电源失去时，该开关自动合闸，将两段母线并列运行；若该开关置于"手动"位置时，则需手动合闸，将两段母线并列运行。

2) 若两段母线之间装有刀闸，当任一组充电机故障或其交流电源失去时，应手动合上该刀闸，将两段母线并列运行。

（3）直流母线在正常运行和改变运行方式的操作中，严禁将蓄电池组退出运行。

（4）正常运行方式下不允许两段直流母线并列运行，特殊情况下需进行直流电源切换操作的允许短时间并列，但并列前需检查直流系统无接地等异常情况，否则不得并列。

（5）充电机停用时应先停直流输出开关，再停用交流输入开关；恢复运行时，应先合交流输入开关，再合上直流输出开关。

（6）备用充电机切换操作，原则上在备用充电机启用至浮充状态后，先将运行充电机切出工作直流母线，再将备用充电机切至停用充电机工作母线侧。

（7）运行中的直流Ⅰ、Ⅱ段母线，如因直流系统工作，需要转移负荷时，允许用母线联络开关或刀闸进行短时间并列。但必须注意的是两段电压值接近（误差不超过2%）、极性相同，且绝缘良好，无接地现象。工作完毕后应及时恢复，以免降低直流系统的可靠性。

（8）运行中的直流Ⅰ、Ⅱ段母线，在正常情况下，不允许通过负荷回路并列，以免因合环电流过大而使负荷回路空气开关跳开（或熔丝熔断），造成负荷回路失电而引起保护异常或系统事故。

（9）双路环形供电的直流负荷，必须在适当的地点断开（一般在直流屏），开环运行。

（10）控制、动力及事故照明负荷，应根据设计要求以及蓄电池的容量，按比例分配至两条直流母线上。

11.11.4 站用直流系统操作注意事项

（1）直流母线不允许只带充电机运行，以免突然失电或装置故障而造成直流母线停电事故；直流母线也不允许长期只带蓄电池组运行，以免造成蓄电池长期供负载电流而过放电。

（2）投入或停用直流控制电源（或熔断器）时，应考虑对继电保护及自动装置的影响；必要时应征得所属调度同意，短时停用。

（3）运行中的继电保护及自动装置需停用直流电源时，应先停用保护出口连接片，再停用直流电源。恢复时投入直流电源后，应先检查整个继电保护及自动装置运行是否正常。

（4）运行中的直流屏上充电机、绝缘在线监测装置和监控器电源以及控母总开关，正常时不得断开。

（5）任一组充电机中的某一整流模块故障后，在直流电压、电流不受影响时，可暂时将故障模块退出，并将故障信息屏蔽，等待检修人员处理。

（6）直流倒换操作发生直流失电时，应立即恢复原运行方式，查明原因后再进行倒换操作。

（7）操作过程中发生直流接地故障时，立即终止操作，查找和消除接地故障，拉路时应尽量缩短时间。针对拉路时可能造成继电保护和自动装置误动的，应汇报调度退出运行，之后投入运行。

（8）充电机交流输入异常时立即退出运行，在故障未消除前不得将其投入运行。

第12章

工作票管理

12.1　工作票类型

12.1.1　工作票分类

1. 工作票的种类

（1）变电站第一种工作票。

（2）变电站第二种工作票。

（3）变电站带电作业工作票。

（4）电力电缆第一种工作票。

（5）电力电缆第二种工作票。

（6）变电站事故紧急抢修单。

2. 其他

（1）现场勘察记录。

（2）二次工作安全措施票。

12.1.2　使用范围

（1）填用变电站第一种工作票的工作为：

1）高压设备上工作，需要全部停电或部分停电者。

2）二次系统和照明等回路上的工作，需要将高压设备停电者或做安全措施者。

3）高压电力电缆需停电的工作。

4）换流变压器、直流场设备及阀厅设备需要将高压直流系统或直流滤波器停用者。

5）直流保护装置、通道和控制系统的工作，需要将高压直流系统停用者。

6）换流阀冷却系统、阀厅空调系统、火灾报警系统及图像监视系统等工作，需要将高压直流系统停用者。

7）在高压室遮栏内或与导电部分小于表 12-1 规定的安全距离［见 Q/GDW 1799.1—2013《国家电网公司电力安全工作规程　变电部分》表 1］进行继电保护、安全自动装置和仪表等及其二次回路的检查试验时，需将高压设备停电者。

表 12-1　　　　　　　　　　　　　　　　设备不停电时的安全距离

电压等级（kV）	安全距离（m）	电压等级（kV）	安全距离（m）
10 及以下	0.7	500	5.0
20、35	1.0	1000	8.7
66、110	1.5	±500	6.0
220	3.0	±800	9.3

注　1. 表中未列电压应选用高一电压等级的安全距离。

　　2. 750kV 数据按 2000m 校正的，±400kV 数据按海拔 5300m 校正，其他电压等级数据按海拔 1000m 校正。

8）在高压设备继电保护、安全自动装置和仪表、自动化监控系统等及其二次回路上工作需将高压设备停电或做安全措施者。

9）通信系统同继电保护、安全自动装置等复用通道（包括载波、微波、光纤通道等）的检修、联动试验需将高压设备停电或做安全措施者。

10）其他工作需要将高压设备停电或做安全措施者。

（2）填用变电站第二种工作票的工作为：

1）控制盘和低压配电盘、配电箱、电源干线上的工作。

2）二次系统和照明等回路上的工作，无需将高压设备停电者或做安全措施者。

3）转动中的发电机、同期调相机的励磁回路或高压电动机转子电阻回路上的工作。

4）非运维人员用绝缘棒、核相器和电压互感器定相或用钳形电流表测量高压回路的电流。

5）大于 Q/GDW 1799.1—2013《国家电网公司电力安全工作规程　变电部分》表 1 距离的相关场所和带电设备外壳上的工作以及无可能触及带电设备导电部分的工作。

6）高压电力电缆不需停电的工作。

7）换流变压器、直流场设备及阀厅设备上工作，无需将直流单、双极或直流滤波器停用者。

8）直流保护控制系统的工作，无需将高压直流系统停用者。

9）换流阀水冷系统、阀厅空调系统、火灾报警系统及图像监视系统等工作，无需将高压直流系统停用者。

10）继电保护装置、安全自动装置、自动化监控系统在运行中改变装置原有定值时不影响一次设备正常运行的工作。

11）对于连接电流互感器或电压互感器二次绕组并装在屏柜上的继电保护、安全自动装置上的工作，可以不停用所保护的高压设备或不需做安全措施者。

12）在继电保护、安全自动装置、自动化监控系统等及其二次回路，以及在通信复用通道设备上检修及试验工作，可以不停用高压设备或不需做安全措施者。

13）进入运行变电站进行现场勘察工作者。

（3）填用变电站带电作业工作票的工作为：带电作业或与邻近带电设备距离小于表 12-1、大于表 12-2 规定的工作。

表 12-2　　　　　　　　　　带电作业时人身与带电体间的安全距离

电压等级（kV）	10	35	66	110	220	330	500	750	1000	±400	±500	±660	±800
距离（m）	0.4	0.6	0.7	1.0	1.8 (1.6)[①]	2.6	3.4 (3.2)[②]	5.2 (5.6)[③]	6.8 (6.0)[④]	3.8[⑤]	3.4	4.5[⑥]	6.8

注　表中数据是根据线路带电作业安全要求提出的。

[①] 220kV 带电作业安全距离因受设备限制达不到 1.8m 时，经单位分管生产领导（总工程师）批准，并采取必要的措施后，可采用括号内 1.6m 的数值。

[②] 海拔 500m 以下，500kV 取 3.2m 值，但不适用于 500kV 紧凑型线路。海拔在 500~1000m 时，500kV 取 3.4m 值。

[③] 直线塔边相或中相值。5.2m 为海拔 1000m 以下值，5.6m 为海拔 2000m 以下值。

[④] 此为单回输电线路数据，括号中数据 6.0m 为边相值，6.8m 为中相值。表中数值不包括人体占位间隙，作业中需考虑人体占位间隙不得小于 0.5m。

[⑤] ±400kV 数据是按海拔 3000m 校正的，海拔为 3500m、4000m、4500m、5000m、5300m 时最小安全距离依次为 3.90m、4.10m、4.30m、4.40m、4.50m。

[⑥] ±660kV 数据是按海拔 500~1000m 校正的；海拔 1000~1500m、1500~2000m 时最小安全距离依次为 4.7m、5.0m。

（4）填用电力电缆第一种工作票的工作为：高压电力电缆停电的工作。

（5）填用电力电缆第二种工作票的工作为：不需要高压电力电缆停电的工作。

（6）填用变电站事故紧急抢修单的工作为：

1）电气设备发生故障被迫紧急停止运行，需要短时间内恢复的抢修和排除故障的工作。

2）处理停、送电操作过程中的设备异常情况，可填用变电站事故紧急抢修单。

3）事故紧急抢修工作原则上指隔离故障点，尽快恢复运行，中间无工作间断的抢修工作。抢修工作超过 4h，应使用工作票。

（7）下列工作必须进行现场勘察，并填写现场勘察记录：

1）变电站（换流站）主要设备现场解体、返厂检修和改（扩）建项目施工作业。

2）变电站（换流站）开关柜内一次设备检修和一、二次设备改（扩）建项目施工作业。

3）变电站（换流站）保护及自动装置更换或改造作业。

4）带电作业。

5）涉及多专业、多单位、多班组的大型复杂作业和非本班组管辖范围内设备检修（施工）的作业。

6）使用吊车、挖掘机等大型机械的作业。

7）试验和推广新技术、新工艺、新设备、新材料的作业项目。

8）工作票签发人或工作负责人认为有必要现场勘察的其他作业项目。

（8）填写二次工作安全措施票的工作为：

1）在运行设备的二次回路上进行拆、接线工作。

2）在对检修设备执行隔离措施时，需拆断、短接和恢复同运行设备有联系的二次回路工作。

3）在电流互感器与短路端子之间导线上进行的任何工作。

（9）在运行变电站内从事基建、电力监控、信息、通信等施工作业，应严格执行变电站工作票制度，同时执行 Q/GDW 1799.1—2013《国家电网公司电力安全工作规程　变电部分》相关专业规定。

12.2　工作票管理流程和规定

12.2.1　填写与签发

（1）工作票原则上应使用 PMS（生产管理系统）开票，只有在网络通信中断或系统维护等特殊情况下才可使用手工填写工作票。工作票中所有手写内容应使用黑色或蓝色的钢（水）笔或圆珠笔，字迹清楚。如有个别错字需要修改，应将错字用两条水平横线划去，在旁边写上正确的字，做到被改和改后的字迹清楚，不得将要改的字全部涂黑或擦去。如果补充漏字，在补漏处用"∧"符号，并在下面添加补漏的字。填写工作票时，所有栏目不得空白，若没有内容应填"无"。

（2）工作票由工作负责人填写，也可以由工作票签发人填写。一张工作票中，工作票签发人、工作许可人不得兼任工作负责人。

（3）非本企业的施工、检修单位单独在变电站进行的工作，必须使用工作票、并履行工作许可、监护手续。工作票必须实行设备运维管理单位和施工、检修单位双签发，检修、施工单位为签发人，设备运维管理单位为会签人。

（4）施工、检修单位的工作票签发人和工作负责人应预先经设备运维管理单位安监部门审核确认。

（5）施工、检修单位签发人对工作必要性和安全性、工作票上所填安全措施是否正确完备、所派工作负责人和工作班人员是否适当和充足负责。

（6）设备运维管理单位签发人对工作必要性和安全性、运行管理单位需做安全措施是否正确完备负责。

（7）工作票应由工作票签发人审核无误，手工或电子签名后方可执行。实行双签发的工作票，应经有关部门会签后方可执行。

（8）工作票应将工作班人员全部填写，然后注明"共×人"，工作负责人（监护人）不包括在"共×人"之内。参与该项工作的厂家、辅助工、临时工等其他人员也应纳入"工作班人员"管理。

（9）第一种工作票所列工作地点超过两个，或有两个及以上不同的工作单位（班组）在一起工作时，可采用总工作票和分工作票。总、分工作票应由同一个工作票签发人签发。总工作票上所列的安全措施应包括所有分工作票上所列的安全措施。几个班同时进行工作时，总工作票的工作班成员栏内，只填明各分工作票的负责人姓名等多少人。分工作票上要填写全部工作班人员姓名。

分工作票的负责人应具备工作负责人资格。

总、分工作票在格式上与第一种工作票一致。

分工作票应一式两份，由总工作票负责人和分工作票负责人分别收执。分工作票的许可和终结，由分工作票负责人与总工作票负责人办理。分工作票应在总工作票许可后才可许可；总工作票应在所有分工作票终结后才可终结。

（10）二次工作安全措施票的工作内容及安全措施由二次专业负责人填写，由技术员或班长审核并签发。

（11）持线路或电缆工作票进入变电站或发电厂升压站进行架空线路、电缆等工作，应增填工作票份数，由变电站或发电厂工作许可人许可，并留存。

上述单位的工作票签发人和工作负责人名单应事先送有关运行单位备案。

（12）变电站工作票下列五项不得涂改：

1）工作地点。

2）设备双重名称。

3）接地线装设地点、编号。

4）计划工作时间、许可开始工作时间、工作延期时间、工作终结时间。

5）操作"动词"。操作动词主要是指能够改变设备状态的动作行为。

（13）第一种工作票应在工作前一日送达运维人员。临时工作可在工作开始前直接交给工作许可人。第二种工作票和带电作业工作票可在进行工作的当天预先交给工作许可人。

12.2.2 安全措施设置

1. 停电

（1）应断开停电检修设备可能来电侧断路器、隔离开关（负荷开关、熔断器），手车开关必须拉至试验或检修位置，使各方面有一个明显的断开点。若无法观察到停电设备的断开点，应有两个及以上非同样原理或非同源的能够反映设备状态的电气、机械、遥信、遥测等指示。

（2）与停电设备有关的变压器和电压互感器，应将设备各侧断开，防止向停电检修设备反送电。

（3）应断开停电检修设备和可能来电侧的断路器、隔离开关的控制（操作）电源和合闸能源，隔离开关（刀闸）操作把手应锁住，确保不会误送电。

（4）对难以做到与电源完全断开的检修设备，可以拆除设备与电源之间的电气连接。

（5）应断开检修设备的远方遥控操作回路。

2. 接地

（1）对于可能送电至停电设备的各方面都应装设接地线或合上接地刀闸（装置），所装接地线与带电部分应考虑接地线摆动时仍符合安全距离的规定。

（2）对于因平行或邻近带电设备导致检修设备可能产生感应电压时，应加装工作接地线或使用个人保安线，加装的接地线应登录在工作票上，个人保安线由工作人员自装自拆。

（3）在门型构架的线路侧进行停电检修，如工作地点与所装接地线的距离小于10m，工作地点虽在接地线外侧，也可不另装接地线。

（4）带接地刀闸的隔离开关检修，工作涉及接地刀闸自身检修，或者配合隔离开关调试需要拉合接地刀闸时，必须将接地刀闸视作检修设备，采用其他接地方式实现接地。

（5）检修部分若分为几个在电气上不相连接的部分［如分段母线以隔离开关（刀闸）或断路器（开关）隔开分成几段］，则各段应分别验电接地短路。降压变电站全部停电时，应将各个可能来电侧的部分接地短路，其余部分不必每段都装设接地线或合上接地刀闸（装置）。

（6）接地线、接地刀闸与检修设备之间不得连有断路器（开关）或熔断器。若由于设备原因，接地刀闸与检修设备之间连有断路器（开关），在接地刀闸和断路器（开关）合上后，应有保证断路器（开关）不会分闸的措施。

3．悬挂标识牌和装设遮栏（围栏）

（1）在一经合闸即可送电到工作地点的断路器（开关）和隔离开关（刀闸）的操作把手上，均应悬挂"禁止合闸，有人工作！"的标识牌。

如果线路上有人工作，应在线路断路器（开关）和隔离开关（刀闸）操作把手上悬挂"禁止合闸，线路有人工作！"的标识牌。

对由于设备原因，接地刀闸与检修设备之间连有断路器（开关），在接地刀闸和断路器（开关）合上后，在断路器（开关）操作把手上，应悬挂"禁止分闸！"的标识牌。

在显示屏上进行操作的断路器（开关）和隔离开关（刀闸）的操作处均应相应设置"禁止合闸，有人工作！"或"禁止合闸，线路有人工作！"以及"禁止分闸！"的标识。

（2）在工作地点设置"在此工作！"的标识牌。在围栏出入口处和检修设备上悬挂"在此工作！"标识牌。

（3）在室外部分停电的高压设备上工作，应在工作地点四周装设临时围栏，其出入口要围至临近道路旁边，并设有"从此进出！"的标识牌。工作地点四周围栏上悬挂适当数量的"止步，高压危险！"标识牌，标识牌应朝向围栏里面。

（4）在室内部分停电的高压设备上工作，应在工作地点两旁及对面运行设备间隔的围栏上和禁止通行的过道装设临时围栏上悬挂"止步，高压危险！"的标识牌。

（5）高压开关柜内手车开关拉出后，隔离带电部位的挡板封闭后禁止开启，并设置"止步，高压危险！"的标识牌。

（6）若室外配电装置的大部分设备停电，只有个别地点保留有带电设备而其他设备无触及带电导体的可能时，可以在带电设备四周装设全封闭临时围栏，围栏上悬挂适当数量的"止步，高压危险！"标识牌，标识牌应朝向围栏外面。其他停电设备不必再设临时围栏。

（7）在半高层平台上工作，工作区域一侧与邻近带电设备通道设封闭临时围栏，禁止检修人员通行，另一侧设半封闭临时围栏。

（8）直流换流站单极停电工作，应在双极公共区域设备与停电区域之间设置围栏，在围栏面向停电设备及运行阀厅门口悬挂"止步，高压危险！"标识牌。在检修阀厅和直流场设备处设置"在此工作！"的标识牌。

（9）临时围栏的设置必须完整、牢固、可靠。

（10）临时围栏只能预留一个出入口，设在临近道路旁边或方便进出的地方，出入口方向应尽量背向或远离带电设备，其大小可根据工作现场的具体情况而定，一般以 1.5m 为宜。

（11）35kV 及以下设备检修时，如因工作特殊需要或与带电设备安全距离不足，可用绝缘挡板与带电部分直接接触进行隔离，但此种挡板必须具有高度的绝缘性能，并经高压试验合格。

（12）在室外构架上工作，则应在工作地点邻近带电部分的横梁上，悬挂"止步，高压危险！"的标识牌。在工作人员上下铁架或梯子上，应悬挂"从此上下！"的标识牌。在邻近其他可能误登的带电构架上，应悬挂"禁止攀登，高压危险！"的标识牌。

（13）在全部或部分带电的运行屏（柜）上工作，应将检修设备与运行设备以明显的标识隔开。

（14）一张工作票上所列的检修设备应同时停、送电，开工前工作票内的全部安全措施应一次完成。

12.2.3 工作许可

（1）工作许可人在完成现场安全措施后，应会同工作负责人到现场再次检查所做的安全措施，对具体的设备指明实际的隔离措施，证明检修设备确无电压。对工作负责人指明带电设备的位置和注意事项，工作许可人和工作负责人在工作票上分别对所列安全措施逐一确认，并在"已执行"栏打"√"进行确认、双方签名后，工作班方可开始工作。

（2）变电站第一种工作票工作许可必须采用现场方式并录音。

（3）变电站第二种工作票可采取电话许可方式，但应录音，并各自做好记录。采取电话许可的工作票，工作所需安全措施可由工作人员自行布置，工作结束后应汇报工作许可人。

（4）变电站内连续多日的检修工作，每日收工，应清扫工作地点，开放已封闭的通路，检查所有孔洞的临时封堵措施完好，并做好以下工作：

1）在有人值班变电站，工作负责人应将工作票交回运维人员。次日复工时，工作负责人应与工作许可人履行复工许可手续并录音，取回工作票后方可工作。

2）在无人值班变电站，工作负责人应电话告知工作许可人当日工作收工并录音，双方分别在各自所持工作票相应栏内代为签署收工时间、姓名。次日复工前，工作负责人应检查安全措施完好、与工作许可人电话联系并录音，在得到许可，双方分别在各自所持工作票相应栏内代为签署开工时间、姓名后方可开始工作。

3）无人值班变电站中，工作负责人对安全措施有异议的或重要的、危险性较大的工作，工作许可人应到现场办理复工、收工手续。

（5）对连续多日工作，工作负责人每日开工前应召开开工会并录音。

（6）一张工作票中，工作许可人与工作负责人不得互相兼任。在同一时间内，工作负责人、工作班成员不得重复出现在不同的执行中的工作票上。

12.2.4 执行与变更

（1）严格执行工作票制度，严禁无票作业。

（2）执行中的工作票，严禁擅自超出作业范围、擅自增加工作任务。

（3）第一、二种工作票和带电作业工作票的有效时间，以批准的检修期为限。

（4）非特殊情况不得变更工作负责人，如确需变更工作负责人应由工作票签发人同意并通知工作许可人，工作许可人将变动情况记录在工作票上。工作负责人允许变更一次。原、现工作负责人应对工作任务和安全措施进行交接。

（5）工作人员变动应经工作负责人同意。工作负责人必须对新增人员进行安全交底并录音，在工作票上签字确认后方可参加工作。

（6）在原工作票的停电及安全措施范围内增加工作任务，应由工作负责人征得工作票签发人和工作许可人同意，在工作票上增填工作项目。若需变更或增设安全措施者必须填用新的工作票，并重新履行工作签发、许可手续。

（7）第一、二种工作票需办理延期手续，应在工期尚未结束以前由工作负责人向运维负责人提出申请（属于调控中心管辖、许可的检修设备，还应通过值班调控人员批准），由运维负责人通知工作许可人给予办理。

（8）第一、二种工作票只能延期一次。带电作业工作票不准延期。若工作票延期后，工作仍然未能结束，应办理工作票终结手续，重新办理新工作票。

（9）在同一电气连接部分用同一张工作票依次在几个工作地点转移工作时，全部安全措施由运维人员在开工前一次做完，不需再办理转移手续。但工作负责人在转移工作地点时，应向作业人员交代带电范围、安全措施和注意事项。

（10）在未办理工作票终结手续以前，任何人员不准将停电设备合闸送电。

在工作间断期间，若有紧急需要，运维人员可在工作票未交回的情况下合闸送电，但应先通知工作负责人，在得到工作班全体人员已经离开工作地点、可以送电的答复后方可执行，并应采取下列措施：

1）拆除临时遮栏、接地线和标识牌，恢复常设遮栏，换挂"止步，高压危险！"的标识牌。

2）应在所有道路派专人守候，以便告诉工作班人员"设备已经合闸送电，不得继续工作"。守候人员在工作票未交回以前，不得离开守候地点。

（11）检修工作结束以前，若需将设备试加工作电压，应按下列条件进行：

1）全体作业人员撤离工作地点。

2）将该系统的所有工作票收回，拆除临时遮栏、接地线和标识牌，恢复常设遮栏。

3）应在工作负责人和运维人员进行全面检查无误后，由运维人员进行加压试验。

工作班若需继续工作时，应重新履行工作许可手续。

12.2.5　工作终结

（1）现场许可的工作票，应采用现场方式办理工作终结手续。全部工作完毕后，工作班应清扫、整理现场。工作负责人应先周密地检查，待全体作业人员撤离工作地点后，再向运维人员交代所修项目、发现的问题、试验结果和存在问题等，并与运维人员共同检查设备状况、状态，有无遗留物件，是否清洁等，然后在工作票上填明工作结束时间。经双方签名后，表示工作终结。

在工作负责人所持工作票的"工作终结"工作许可人签名栏右侧空白处，加盖红色"已执行"专用章。

（2）工作终结后，运维人员应拆除临时遮栏、标识牌，恢复常设遮栏，在拉开检修设备的接地刀闸或拆除接地线后，在运维人员收持的工作票上填写"已拆除×号、×号接地线共×组"或"已拉开×、×接地刀闸共×组"，未拆除的接地线、接地刀闸汇报调度员后，方告工作票终结。

（3）如几份工作票共用一组接地线或接地刀闸，该工作票中又没有拆除或操作记录，则应在"备注（2）其他事项"栏注明：×号、×接地线或接地刀闸在×工作票中继续使用，即可对该工作票进行终结。接地线或接地刀闸拆除后，应在该工作票"备注（2）其他事项"栏填写最终拆除时间。

（4）工作票终结后，在工作许可人所持工作票"工作票终结"栏，工作许可人签名时间右侧空白处加盖红色"已执行"专用章。

（5）工作票因故作废应在"确认本工作票"栏工作票许可人签名右侧空白处加盖红色"作废"章，在作废工作票备注栏内注明作废原因。

12.2.6 检查与评价

（1）对已终结的工作票检查中发现的问题，要对原因进行分析，制定相应的整改措施。

（2）各班组每月应对已终结的工作票进行综合评议。经评议票面正确，评议人在工作票"备注（2）其他事项"横线右下方顶格加盖红色"合格"评议章并签名；评议为错票，在工作票"备注（2）其他事项"横线右下方顶格加盖红色"不合格"评议章并签名。

（3）基层部门安全员于每月10日前复审（抽查）上月已执行的工作票，进行综合分析和汇总评价。

（4）基层部门领导、管理专职每月至少应检查一个班组已执行的工作票。对以上所检查的工作票均应在封面上签字，指出存在的问题，提出改进意见。

（5）各单位安监部、运检部有关人员每季度抽查1～2个班组已执行的工作票，抽查后应在装订的工作票封面上签字，审查合格率，指出存在的问题，提出改进意见。

（6）使用过的工作票应按月装订，装订本月内办理终结的全部工作票，工作票由班组分类装订，保存一年。

（7）凡有下列情况之一，均应统计为错票：

1）票面内容不完整，如：编号、时间、签名不全等。

2）票面时间、动词、人员签名、设备编号等错误或有涂改。

3）缺项、漏字、错项、错字及字体潦草无法辨认或安全措施与工作任务不符。

4）时间顺序不正确。

5）已执行或作废的票面未及时盖章。

（8）外包施工单位（包括省管产业施工单位）在系统填用的工作票、现场勘查单、工作任务单，外包施工单位应在工作结束后，将工作票等相关记录复印件报送工作票会签人，由工作票会签部门按月装订、保管。

（9）执行工作票的单位每月对工作票进行检查、考核，有关职能部室应不定期抽查各单位工作票执行情况。

$$月合格率=\frac{该月已执行合格票数}{该月应执行的总票数}\times100\%$$

其中：该月应执行的总票数＝该月已执行合格票数＋该月已执行不合格票数＋该月已执行没有回收票数＋该月应开而未开票数。

（10）作废的工作票不纳入合格率统计。

（11）已执行的工作票和紧急抢修单至少应保存一年。

应急处置篇

第13章

异常处理

13.1 变压器典型异常处理

13.1.1 危急异常处理

运行中发现变压器有下列情况之一，应立即汇报调控人员申请将变压器停运。

（1）变压器声响明显增大，内部有爆裂声。

（2）严重漏油或者喷油，使油面下降到低于油位计的指示限度。

（3）套管有严重的破损和放电现象。

（4）变压器冒烟着火。

（5）变压器正常负载和冷却条件下，油温指示表计无异常时，若变压器顶层油温异常并不断上升，必要时应申请将变压器停运。

（6）变压器轻瓦斯保护动作，信号频繁发出且间隔时间缩短，需要停运检测试验。

（7）变压器附近设备着火、爆炸或发生其他情况，对变压器构成严重威胁时。

（8）强油循环风冷变压器的冷却系统因故障全停，超过允许温度和时间。

13.1.2 一般异常处理

表13-1为主变的一般异常情况、现象及其处理要点。

表13-1   主变一般异常及处理

异常类型	现场现象	运维处理要点
主变冷却器故障	① 主变冷却器停运。 ② 监控后台显示"主变冷却器故障"信号	① 检查主变冷却器故障原因，设法恢复故障冷却器运行。 ② 若不能恢复则汇报检修人员
主变备用冷却器投入	① 主变有工作冷却器停运。 ② 备用冷却器投入运转	① 检查备用冷却器是否已投入。 ② 检查备用冷却器投入的原因
① 主变冷却器全停。 ② 主变冷却器交（直）流控制电源故障	主变冷却器停运	① 检查风冷系统及两组冷却电源工作情况。 ② 监视变压器绕组和上层油温。 ③ 如冷却控制箱内电源存在问题，则立即设法恢复电源
主变冷却器主电源或备用电源故障	监控后台显示"主变冷却器主电源故障""主变冷却器备用电源故障"信号	① 检查冷却器电源是否切换至另一组正常电源。 ② 检查主变冷却器运行正常。 ③ 设法恢复故障电源

异常类型	现场现象	运维处理要点
主变油流停止告警信号	油流低于某一速度值,油流继电器指针指向"停止"	① 立即对油流继电器进行检查,检查潜油泵有无异常声响,油泵电源空开、热偶继电器是否跳开, 如电源空开、热偶继电器跳开,应设法恢复。 ② 若无法恢复应投入备用冷却器,联系检修人员处理,并加强对主变温度的监视
主变本体轻瓦斯告警	① 主变本体保护装置本体轻瓦斯灯亮。 ② 监控后台显示"主变本体轻瓦斯告警"信号	① 检查气体继电器内是否有气体,如有应取气分析。 ② 轻瓦斯动作后禁止将重瓦斯改接信号,并应立即查明原因,且汇报调度
主变本体压力释放告警	① 主变本体保护装置本体压力释放灯亮。 ② 监控后台显示"主变本体压力释放告警"信号	① 检查瓦斯保护是否动作,检查主变本体和压力释放阀是否向外喷油。 ② 如主变保护未动作,立即汇报调度申请主变停役
主变本体压力突变（速动油压）告警	① 主变本体保护装置本体压力突变（速动油压）灯亮。 ② 监控后台显示"主变本体压力突变（速动油压）告警"信号	① 检查瓦斯保护是否动作,检查主变本体。 ② 如主变保护未动作,立即汇报调度申请主变停役
主变本体油温/绕组温度异常	① 主变本体保护装置本体油温/绕组温度异常灯亮。 ② 监控后台显示"主变本体油温/绕组温度异常告警"信号	① 检查变压器的负荷,核对环境温度和油温/绕组温度。检查变压器冷却器是否全部投入运行。 ② 若由于过负荷引起的,应汇报调度,要求转移负荷,同时记录时间和过负荷倍数,并进行特巡,依据过负荷许可运行的时间,及时汇报调度,申请停用主变。 ③ 若其他一切正常,系不明原因的异常升高,必须立即汇报调度及检修,检查处理
主变本体/有载油位异常	① 主变本体保护装置本体/有载油位异常灯亮。 ② 监控后台显示"主变本体油位异常告警"/"主变有载油位异常告警"信号	① 检查油位计是否故障,变压器是否严重漏油。 ② 如因大量漏油而使油位迅速下降时,应立即汇报调度,此时禁止将重瓦斯保护改接信号,要迅速采取制止漏油的措施,并尽快补油。 ③ 当发现变压器的油面较当时油温所应有的油位显著降低时,应立即汇报检修,进行补油,期间将重瓦斯改接信号。 ④ 如变压器油位因温度上升而逐步升高时,若最高油温时的油位可能高出油位计的指示,应检查呼吸器是否畅通以及储油柜的气体是否排尽等问题,以避免假油位现象发生,如不属假油位,则应放油。放油前,必须先将重瓦斯改接信号
主变本体/有载轻瓦斯告警	① 1 号主变保护本体/有载轻瓦斯动作灯亮。 ② 监控后台显示"主变本体轻瓦斯告警"/"主变有载轻瓦斯告警"信号	① 检查有载调压装置气体继电器内是否有气体,如有则应取气分析。 ② 新投运变压器运行一段时间后缓慢产生的气体,如产生的气体不是特别多,一般可将气体放空即可,有条件时可做一次气体分析。 ③ 变压器发生轻瓦斯频繁动作发信时,应注意检查冷却装置油管路渗漏。 ④ 如果轻瓦斯动作发信后经分析已判为变压器内部存在故障,且发信间隔时间逐次缩短,则说明故障正在发展,这时应向值班调控人员申请停运处理
主变有载油位异常	① 主变保护有载油位异常告警灯亮。 ② 监控后台显示"主变有载油位异常"信号	① 检查油位计是否有故障,变压器有载开关是否有严重漏油。 ② 如因大量漏油而使油位迅速下降时,应立即汇报调度,此时禁止将重瓦斯保护改接信号,要迅速采取制止漏油的措施,并立即补油。 ③ 当发现变压器的油面较当时油温所应有的油位显著降低时,应立即汇报检修,进行加油,加油时将有载重瓦斯改接信号

续表

异常类型	现场现象	运维处理要点
主变灭火装置启动灭火	① 监控后台显示"主变灭火动作"信号。 ② 水喷雾系统：阀门室雨淋阀动作，水泵房消防泵启动；现场喷头有水喷出呈现出雾状。 ③ 泡沫灭火系统：阀门室中选择阀（分段阀）动作、氮气启动源的瓶内压力为零、氮气储气瓶压力持续减小、泡沫储液罐及管网有液体流动的声音；相应灭火区域现场喷头有泡沫溶液喷出呈现出白泡状覆盖在设备表面。 ④ 充氮灭火系统：断流阀关闭，主变绝缘油放出，氮气充入主变中	① 赴现场察看，如是正常灭火，可等灭完火后关闭相关启动的消防设备，清理现场。 ② 如是误动作，应立即关闭灭火装置，清理现场并查找原因
主变灭火装置异常	① 主控室报警控制器显示故障点位并发出故障音。 ② 报警装置、水泵控制柜、电磁阀等控制设备存在异常。 ③ 雨淋阀不动作，消防泵不启动，现场喷头不喷水（或泡沫）	① 查找原因，恢复灭火装置正常，如无法解决，应通知供应商或维保单位并尽快解决。 ② 在灭火装置异常期间，做好人工巡查和采用必要的消防器材替代该灭火装置
主变异响	伴有电火花、爆裂声	立即向值班调控人员申请停运处理
	伴有放电的"啪啪"声	贴近变压器油箱仔细听，检查变压器内部是否存在局部放电，汇报值班调控人员并联系检修人员进一步检查
	声响比平常增大而均匀	检查是否为过电压、过负荷、铁磁共振、谐波或直流偏磁作用引起，汇报值班调控人员并联系检修人员进一步检查
	伴有放电的"吱吱"声	检查器身或套管外表面是否有局部放电或电晕，可用紫外成像仪协助判断，必要时联系检修人员处理
	伴有水的沸腾声	检查轻瓦斯保护是否报警、充氮灭火装置是否漏气，必要时联系检修人员处理
	伴有连续的、有规律的撞击或摩擦声	检查冷却器、冷却器等附件是否存在不平衡引起的振动，必要时联系检修人员处理

13.2　断路器典型异常处理

13.2.1　危急异常处理

运行中发现断路器有下列情况之一，应立即汇报调控人员申请设备停运。

（1）套管有严重破损和放电现象。

（2）导电回路部件有严重过热或打火现象。

（3）SF_6 开关严重漏气，发出操作闭锁信号。

（4）真空开关的灭弧室有裂纹或放电声等异常现象。

（5）落地罐式开关防爆膜变形或损坏。

（6）液压、气动操动机构失压，储能机构储能弹簧损坏。

13.2.2 一般异常处理

表 13-2 为断路器的一般异常情况、现象及其处理要点。

表 13-2 断路器一般异常及处理

异常类型	现场现象	运维处理要点
开关 SF_6 气压低告警	① SF_6 压力表指针在告警值范围。 ② 监控后台显示"开关 SF_6 气压低告警"信号	① 检查 SF_6 压力表（密度继电器）指示是否正常，气体管路阀门是否正确开启。 ② 如确是压力低，则应汇报调度并联系检修人员进行检漏并补气，同时加强对压力值的监视，必要时对开关本体及管路进行检漏。如压力下降过快，应汇报调度立即停用该开关。 ③ 如现场压力表指示正常，则为压力接点间绝缘降低引起，则由检修人员对表计进行处理。 ④ 检查人员应按规定使用防护用品；若需进入室内，应开启所有排风机进行强制排风，并用检漏仪测量 SF_6 气体合格，用仪器检测含氧量合格；室外应从上风侧接近开关进行检查
开关 SF_6 气压低闭锁	① SF_6 压力表指针在闭锁值范围。 ② 监控后台显示"开关 SF_6 气压低闭锁"和"控制回路断线"信号	① 检查并记录 SF_6 压力，将开关改为非自动汇报调度。同时做好隔离此开关的操作准备，联系检修人员到现场处理。 ② 如果表压值指示正常，无控制回路断线信号，此时开关仍能正常操作，联系检修人员对表计接点进行处理
开关油压/空气压力低分合闸总闭锁	① 开关油压表/空气压力表指针在总闭锁值范围。 ② 监控后台显示"开关油压低分合闸总闭锁"/"开关空气压力低分合闸总闭锁"和"控制回路断线"信号	① 检查机构压力和液压系统渗漏情况，汇报调度。 ② 将开关改为非自动汇报调度，同时做好隔离此开关的操作准备，联系检修人员到现场处理
开关油压/空气压力低合闸闭锁	① 开关油压表/空气压力表指针在合闸闭锁值范围。 ② 监控后台显示"开关油压低合闸闭锁"/"开关空气压力低合闸闭锁"信号	① 检查机构压力和液压/空压系统渗漏情况，汇报调度和领导。 ② 若开关在断开位置，则不允许合闸操作，待检修人员处理结束后，方可进行合闸操作。 ③ 若开关在运行状态，则监视压力是否继续下降，若继续下降则联系调度拉开此开关，避免分闸闭锁
开关油压/空气压力低重合闸闭锁	① 开关油压表/空气压力表指针在重合闸闭锁值范围。 ② 监控后台显示"开关油压低重合闸闭锁"/"开关空气压力低重合闸闭锁"信号	对液压/空压机构压力进行检查，并联系检修人员处理
开关 N_2 泄漏	① N_2 打压机构停泵。 ② 监控后台显示"N_2 泄漏"信号	① 检查气体继电器内是否有气体，如有应取气分析。 ② 轻瓦斯动作后禁止将重瓦斯改接信号，并应立即查明原因，且汇报调度
开关油泵/气泵启动（频繁）	① 液压/气压压力降至启动值附近。 ② 监控后台显示"开关油泵启动"/"开关气泵启动"信号	① 正常运行时，"油泵启动"/"气泵启动"能复归，为正常信号。 ② 若开关油泵/气泵频繁打压，检查机构是否存在外部泄漏，压力表指示是否正常。 ③ 若外部无泄漏，压力下降很快，可能是液压/气压机构内部故障，联系检修人员处理
开关油泵/气泵打压超时	监控后台显示"开关油泵打压超时"/"开关气泵打压超时"信号	① 检查液压/气压机构压力值，若超过额定压力值，说明液压/气压机构打压不能自动停止，此时可将电机储能电源分合一次，然后联系检修人员释放压力至正常工作压力。

异常类型	现场现象	运维处理要点
开关油泵/气泵打压超时	监控后台显示"开关油泵打压超时"/"开关气泵打压超时"信号	② 检查微动开关，是否返回卡涩。 ③ 检查液压/气压机构压力值，若未达到额定压力值，说明液压/气压机构打压，压力不上升，此时应检查机构有无严重渗漏，高压放油/气阀是否关严。 ④ 检查油泵/气泵是否有故障。 ⑤ 若液压/气压机构存在严重渗漏和油泵/气泵故障，应汇报检修人员前来处理，同时密切注意压力下降情况。 ⑥ 若压力下降至分、合闭锁或零压，同时密切注意压力下降情况，应按"油压/空气压力低分合闸总闭锁"处理
开关气泵空气压力高告警	① 空压系统压力表指针超过设置压力值。 ② 监控后台显示"开关气泵空气压力高告警"信号	① 检查空压系统压力值，若超过额定压力值，说明空压机打压不能自动停止，此时可将空压机电源拉开，联系检修释放压力至正常工作压力。 ② 检查空压系统停泵压力接点开关，是否返回卡涩，必要时更换压力接点开关
开关弹簧未储能	监控后台显示"开关弹簧未储能"信号	① 一般合闸操作时会发弹簧未储能信号，储能结束后应及时复归。 ② 如该信号未复归，运维人员应检查电机电源、电机热耦跳开是否正常，可分合一次储能电源空气开关。 ③ 紧急情况下可联系检修断开电机电源进行手动储能
开关储能电源消失	监控后台显示"开关储能电源消失"信号	① 检查开关马达电源、电机和电源回路是否有异常，可分合一次储能电源空气开关。 ② 如不能恢复电源，应汇报调度和领导
开关加热器故障	① 开关加热器故障灯亮。 ② 监控后台显示"开关加热器故障"信号	检查开关加热电源是否有异常
开关机构就地控制	① 监控后台和现场端子箱（汇控柜）开关的"远方/就地切换把手"在就地位置。 ② 监控后台显示"控制回路断线"信号	① 开关在检修状态时，检修人员需进行分合此开关操作时，需将"远方/就地切换把手"切至就地位置，工作完毕切至远方，送电前该切换开关在远方位置。 ② 开关运行中出现此信号时，应至现场检查开关机构箱（汇控柜）中"远方/就地切换把手"是否切至就地位置
开关拒分、拒合	① 分闸操作时发生拒分，开关无变位，电流、功率指示无变化。 ② 合闸操作时发生拒合，开关无变位，电流、功率显示为零	① 核对操作设备是否与操作票相符，开关状态是否正确，五防闭锁是否正常。 ② 遥控操作时远方/就地把手位置是否正确，遥控连接片是否投入。 ③ 有无控制回路断线信息，控制电源是否正常、接线有无松动、各电气元件有无接触不良，分、合闸线圈是否有烧损痕迹。 ④ 储能操动机构压力是否正常、SF$_6$气体压力是否在合格范围内。 ⑤ 对于电磁操动机构，应检查直流母线电压是否达到规定值。 ⑥ 无法及时处理时，联系检修人员，汇报值班调控人员，终止操作。按照值班调控人员指令隔离该开关
开关控制回路断线	① 后台监控及保护装置显示"控制回路断线"信号。 ② 保护装置监视开关控制回路完整性的信号灯熄灭	① 检查上一级直流电源是否消失。 ② 检查开关控制电源空气开关有无跳闸，若控制电源空气开关跳闸或上一级直流电源跳闸，检查无明显异常，可试送一次。无法合上或再次跳闸，未查明原因前不得再次送电。 ③ 检查机构箱或汇控柜"远方/就地把手"位置是否正确。若机构箱、汇控柜远方/就地把手位置在"就地"位置，应将其切至"远方"位置，检查告警信号是否复归。

异常类型	现场现象	运维处理要点
开关控制回路断线	① 后台监控及保护装置显示"控制回路断线"信号。 ② 保护装置监视开关控制回路完整性的信号灯熄灭	④ 检查弹簧储能机构储能是否正常。若开关 SF_6 气体压力或储能操动机构压力降低至闭锁值、弹簧机构未储能、控制回路接线松动、断线或分合闸线圈烧损，无法及时处理时，汇报值班调控人员，按照值班调控人员指令隔离该开关。 ⑤ 检查液压、气动操动机构是否压力降低至闭锁值。 ⑥ 检查 SF_6 气体压力是否降低至闭锁值。 ⑦ 检查分、合闸线圈是否断线、烧损。 ⑧ 检查控制回路是否存在接线松动或接触不良
开关三相不一致	① 开关三相的分合位置不一致。 ② 监控后台显示"开关三相不一致"信号	① 220kV 开关正常运行中发生非全相运行时，三相不一致保护应动作跳闸。若三相不一致保护未正确动作，应自行迅速恢复全相运行，如无法恢复，则可立即自行拉开该开关，事后汇报调度和领导。 ② 开关合闸操作时，若只合上两相，应立即再合一次，如另一相仍未合上，应立即拉开该开关，汇报调度及领导，终止操作。若只合上一相时，应立即拉开，不允许再合，汇报调度及领导，终止操作。 ③ 开关分闸操作时，若只分开两相时，不准将断开的二相再合上，而应迅速再分一次，如另一相仍未分开，汇报调度及领导，根据调度命令做进一步处理
SF_6 开关爆炸或严重漏气	① 开关爆炸。 ② 开关漏气	① 立即断开该开关的操作电源，立即汇报调度，并根据其命令，采取措施将故障开关隔离。 ② 注意接近设备时应尽量选择上风侧，必要时要戴防毒面具、穿防护服

13.3　隔离开关典型异常处理

13.3.1　危急异常处理

运行中发现隔离开关有下列情况之一，应立即向值班调控人员申请停运处理：

（1）线夹有裂纹、接头处导线断股散股严重。

（2）导电回路严重发热达到危急缺陷，且无法倒换运行方式或转移负荷。

（3）绝缘子严重破损且伴有放电声或严重电晕。

（4）绝缘子发生严重放电、闪络现象。

（5）绝缘子有裂纹。

13.3.2　一般异常处理

表 13－3 为隔离开关的一般异常情况、现象及其处理要点。

表 13－3　　　　　　　　　　隔离开关一般异常及处理

异常类型	现场现象	运维处理要点
绝缘子断裂	① 绝缘子断裂引起保护动作跳闸时：保护动作，相应开关在分位。	① 绝缘子断裂引起保护动作跳闸：检查监控系统开关跳闸情况及光字、告警等信息。结合保护装置动作情况，核对跳闸开关的实际位置，确定故障区域，查找故障点。

异常类型	现场现象	运维处理要点
绝缘子断裂	② 绝缘子断裂引起小电流接地系统单相接地时：接地故障相母线电压降低，其他两相母线电压升高。 ③ 现场检查发现绝缘子断裂	② 绝缘子断裂引起小电流接地系统单相接地：依据监控系统母线电压显示和试拉结果，确定接地故障相别及故障范围。查找时室内不准接近故障点 4m 以内，室外不准接近故障点 8m 以内，进入上述范围人员应穿绝缘靴，接触设备的外壳和构架时，应戴绝缘手套。 ③ 找出故障点后，对故障间隔及关联设备进行全面检查，重点检查故障绝缘子相邻设备有无受损，引线有无受力拉伤、损坏的现象。 ④ 汇报值班调控人员一、二次设备检查结果。 ⑤ 若相邻设备受损，无法继续安全运行时，应立即向值班调控人员申请停运。对故障点进行隔离，按照值班调控人员指令将无故障设备恢复运行
隔离开关拒分、拒合	远方或就地操作隔离开关时，隔离开关不动作	① 隔离开关拒分或拒合时不得强行操作，应核对操作设备、操作顺序是否正确，与之相关回路的开关、隔离开关及接地开关的实际位置是否符合操作程序。 ② 应从电气和机械两方面进行检查。 电气方面： a. 隔离开关遥控连接片是否投入，测控装置有无异常、遥控命令是否发出，远方/就地切换把手位置是否正确。 b. 检查接触器是否励磁。 c. 若接触器励磁，应立即断开控制电源和电机电源，检查电机回路电源是否正常，接触器接点是否损坏或接触不良。 d. 若接触器未励磁，应检查控制回路是否完好。 e. 若接触器短时励磁无法自保持，应检查控制回路的自保持部分。 f. 若空气开关跳闸或热继电器动作，应检查控制回路或电机回路有无短路接地，电气元件是否烧损，热继电器性能是否正常。 机械方面： a. 检查操动机构位置指示是否与隔离开关实际位置一致。 b. 检查绝缘子、机械联锁、传动连杆、导电杆是否存在断裂、脱落、松动、变形等异常问题。 c. 操动机构蜗轮、蜗杆是否断裂、卡滞。 ③ 若电气回路有问题，无法及时处理，应断开控制电源和电机电源，手动进行操作。 ④ 手动操作时，若卡滞、无法操作到位或观察到绝缘子晃动等异常现象时，应停止操作，汇报值班调控人员并联系检修人员处理
合闸不到位	现象：隔离开关合闸操作后，现场检查发现隔离开关合闸不到位	① 应从电气和机械两方面进行检查。 电气方面： a. 检查接触器是否励磁、限位开关是否提前切换，机构是否动作到位。 b. 若接触器励磁，应立即断开控制电源和电机电源，检查电机回路电源是否正常，接触器接点是否损坏或接触不良。 c. 若接触器未励磁，应检查控制回路是否完好；若空气开关跳闸或热继电器动作，应检查控制回路或电机回路有无短路接地，电气元件是否烧损，热继电器性能是否正常。 机械方面： a. 检查驱动拐臂、机械联锁装置是否已达到限位位置。 b. 检查触头部位是否有异物（覆冰），绝缘子、机械联锁、传动连杆、导电杆是否存在断裂、脱落、松动、变形等异常问题。

续表

异常类型	现场现象	运维处理要点
合闸不到位	现象:隔离开关合闸操作后,现场检查发现隔离开关合闸不到位	② 若电气回路有问题,无法及时处理,应断开控制电源和电机电源,手动进行操作。 ③ 手动操作时,若卡滞、无法操作到位或观察到绝缘子晃动等异常现象时,应停止操作,汇报值班调控人员并联系检修人员处理
导电回路异常发热	① 红外测温时发现隔离开关导电回路异常发热。 ② 冰雪天气时,隔离开关导电回路有冰雪立即熔化现象	① 导电回路温差达到一般缺陷时,应对发热部位增加测温次数,进行缺陷跟踪。 ② 发热部分最高温度或相对温差达到严重缺陷时应增加测温次数并加强监视,向值班调控人员申请倒换运行方式或转移负荷。 ③ 发热部分最高温度或相对温差达到危急缺陷且无法倒换运行方式或转移负荷时,应立即向值班调控人员申请停运
绝缘子有破损或裂纹	隔离开关绝缘子有破损或裂纹	① 若绝缘子有破损,应联系检修人员到现场进行分析,加强监视,并增加红外测温次数。 ② 若绝缘子严重破损且伴有放电声或严重电晕,立即向值班调控人员申请停运。 ③ 若绝缘子有裂纹,该隔离开关禁止操作,立即向值班调控人员申请停运
隔离开关位置信号不正确	① 监控系统、保护装置显示的隔离开关位置和隔离开关实际位置不一致。 ② 保护装置发出相关告警信号	① 现场确认隔离开关实际位置。 ② 检查隔离开关辅助开关切换是否到位、辅助触点是否接触良好。如现场无法处理,应立即汇报值班调控人员并联系检修人员处理。 ③ 对于双母线接线方式,应将母差保护相应隔离开关位置强制对位至正确位置。 ④ 若隔离开关的位置影响到短引线保护的正确投入,应强制投入短引线保护

13.4 电流互感器典型异常处理

13.4.1 危急异常处理

运行中发现电流互感器有下列情况之一,应立即向值班调控人员申请停运处理:

(1)外绝缘严重裂纹、破损,严重放电。

(2)严重异音、异味、冒烟或着火。

(3)严重漏油、看不到油位。

(4)严重漏气、气体压力表指示为零。

(5)本体或引线接头严重过热。

(6)金属膨胀器异常伸长顶起上盖。

(7)压力释放装置(防爆片)已冲破。

(8)末屏开路。

(9)二次回路开路不能立即恢复时。

(10)设备的油化试验或 SF_6 气体试验时主要指标超过规定不能继续运行。

13.4.2　一般异常处理

表 13-4 为电流互感器的一般异常情况、现象及其处理要点。

表 13-4　　　　　　　　　　　　电流互感器一般异常及处理

异常类型	现场现象	运维处理要点
本体渗漏油	① 本体外部有油污痕迹或油珠滴落现象。 ② 器身下部地面有油渍。 ③ 油位下降	① 检查本体外绝缘、油嘴阀门、法兰、金属膨胀器、引线接头等处有无渗漏油现象，确定渗漏油部位。 ② 渗油及漏油速度每滴不快于 5s，且油位正常的，应加强监视，按缺陷处理流程上报。 ③ 漏油速度虽每滴不快于 5s，但油位低于下限的；漏油速度每滴快于 5s 及倒立式互感器出现渗漏油时，应立即汇报值班调控人员申请停运处理
本体及引线接头发热	① 引线接头处有变色发热迹象。 ② 红外检测本体及引线接头温度和温升超出规定值	① 对电流互感器进行全面检查，检查负荷情况及其他异常情况，判断发热原因；发现本体或引线接头有过热迹象时，应使用红外热像仪进行检测，确认发热部位和程度。 ② 本体热点温度超过 55℃，引线接头温度超过 90℃，应加强监视，按缺陷处理流程上报。 ③ 本体热点温度超过 80℃，引线接头温度超过 130℃；油浸式电流互感器瓷套等整体温升增大、且上部温度偏高，温差大于 2K 时，可判断为内部绝缘降低，应立即汇报值班调控人员申请停运处理
异常声响	与正常运行时对比有明显增大且伴有各种噪音	① 内部伴有"嗡嗡"较大噪声时，检查二次回路有无开路现象；内部伴有"噼啪"放电声响时，可判断为本体内部故障，应立即汇报值班调控人员申请停运处理。 ② 声响比平常增大而均匀时，检查是否为过电压、过负荷、铁磁共振、谐波作用引起，汇报值班调控人员并联系检修人员进一步检查。 ③ 外部伴有"噼啪"放电声响时，应检查外绝缘表面是否有局部放电或电晕，若因外绝缘损坏造成放电，应立即汇报值班调控人员申请停运处理。 ④ 若异常声响较轻，不需立即停电检修的，应加强监视，按缺陷处理流程上报
末屏接地不良	① 末屏接地处有放电声响及发热迹象。 ② 夜间熄灯可见放电火花、电晕	① 检查电流互感器有无其他异常现象，红外检测有无发热情况。 ② 立即汇报值班调控人员申请停运处理
外绝缘放电	① 外部有放电声响。 ② 夜间熄灯可见放电火花、电晕	① 发现外绝缘放电时，应检查外绝缘表面，有无破损、裂纹、严重污秽情况。 ② 外绝缘表面损坏的，应立即汇报值班调控人员申请停运处理。 ③ 外绝缘未见明显损坏，放电未超过第二伞裙的，应加强监视，按缺陷处理流程上报；超过第二伞裙的，应立即汇报值班调控人员申请停运处理
二次回路开路	① 监控系统发出告警信息，相关电流、功率指示降低或为零。 ② 相关继电保护装置发"TA 断线"告警信息。 ③ 本体发出较大噪声，开路处有放电现象。 ④ 相关电流表、功率表指示为零或偏低，电能表不转或转速缓慢	① 检查当地监控系统告警信息，相关电流、功率指示。 ② 检查相关电流表、功率表、电能表指示有无异常。 ③ 检查本体有无异常声响、有无异常振动。 ④ 检查二次回路有无放电打火、开路现象，查找开路点。 ⑤ 检查相关继电保护及自动装置有无异常，必要时申请停用有关电流保护及自动装置。 ⑥ 如不能消除，应立即汇报值班调控人员申请停运处理

续表

异常类型	现场现象	运维处理要点
冒烟着火	① 监控系统相关继电保护发出动作信号，开关发出跳闸信号，相关电流、电压、功率无指示。 ② 变电站现场相关继电保护装置动作，相关开关跳闸。 ③ 设备本体冒烟着火	① 检查当地监控系统告警及动作信息，相关电流、电压数据。 ② 检查记录继电保护及自动装置动作信息，核对设备动作情况，查找故障点。 ③ 发现电流互感器冒烟着火，应立即确认各来电侧开关是否断开，未断开的立即断开。 ④ 在确认各侧电源已断开且保证人身安全的前提下，用灭火器材灭火。 ⑤ 应立即向上级主管部门汇报，及时报警。 ⑥ 应及时将现场检查情况汇报值班调控人员及有关部门，根据值班调控人员指令进行故障设备的隔离操作和负荷的转移操作

13.5　电压互感器典型异常处理

13.5.1　危急异常处理

运行中发现电压互感器有下列情况之一，应立即向值班调控人员申请停运处理：

（1）高压熔断器连续熔断 2 次。

（2）外绝缘严重裂纹、破损，电压互感器有严重放电，已威胁安全运行时。

（3）内部有严重异音、异味、冒烟或着火。

（4）油浸式电压互感器严重漏油，看不到油位。

（5）电容式电压互感器电容分压器出现漏油。

（6）电压互感器本体或引线端子有严重过热。

（7）膨胀器永久性变形或漏油。

（8）压力释放装置（防爆片）已冲破。

（9）电压互感器接地端子 N（X）开路、二次短路，不能消除。

（10）设备的油化试验时主要指标超过规定不能继续运行。

13.5.2　一般异常处理

表 13-5 为电压互感器的一般异常情况、现象及其处理要点。

表 13-5　　　　　　　　　　　电流互感器一般异常及处理

异常类型	现场现象	运维处理要点
母线电压互感器保护电压空气开关跳开	① 母线电压互感器端子箱中，保护电压次级空气开关跳开。 ② 运行于该条母线的间隔相关保护装置告警，监控显示"TV 断线"信号	① 检查母线电压互感器端子箱内电压互感器次级开关，如果空气开关在分位，现场试送一次。试送成功，信号复归。 ② 若试送不成，联系检修班检查二次回路。汇报调度，将所有失去电压的距离保护停用。 ③ 根据现场规程要求考虑 220kV 主变保护中 220kV 侧电压连接片的投退

219

续表

异常类型	现场现象	运维处理要点
母线电压互感器计量电压空气开关跳开	① 母线电压互感器端子箱中，计量电压次级空气开关跳开。 ② 相关电能表告警	① 检查母线电压互感器端子箱内电压互感器次级开关。 ② 如果空气开关在分位，现场试送一次。试送成功，信号复归；若试送不成，联系检修班检查二次回路
线路电压互感器保护电压空气开关跳开（六统一）	① 线路电压互感器端子箱中，保护电压次级空气开关跳开。 ② 本间隔保护装置告警，监控显示"TV断线"信号	① 检查线路电压互感器端子箱内电压互感器次级开关，如果空气开关在分位，现场试送一次。试送成功，信号复归。 ② 若试送不成，联系检修班检查二次回路。汇报调度，将所有失去电压的距离保护停用
线路电压互感器保护电压空气开关跳开（四统一）	线路电压互感器端子箱中，电压次级空气开关跳开	① 检查线路电压互感器端子箱内电压互感器次级开关，如果空气开关在分位，现场试送一次。试送成功，信号复归。 ② 若试送不成，联系检修班检查二次回路
本体渗漏油	① 本体外部有油污痕迹或油珠滴落现象。 ② 器身下部地面有油渍。 ③ 油位下降	① 检查本体外绝缘、油嘴阀门、法兰、金属膨胀器、引线接头等处有无渗漏油现象，确定渗漏油部位。 ② 油浸式电压互感器电磁单元油位不可见，且无明显渗漏点，应加强监视，按缺陷流程上报。 ③ 渗油及漏油速度每滴不快于5s，且油位正常的，应加强监视，按缺陷处理流程上报。漏油速度虽每滴不快于5s，但油位低于下限的，应立即汇报值班调控人员申请停运处理。 ④ 油浸式电压互感器电磁单元漏油速度每滴时间快于5s，立即汇报值班调控人员申请停运处理。 ⑤ 电容式电压互感器电容单元渗漏油，应立即汇报值班调控人员申请停运处理
本体发热	① 红外检测整体温升偏高。 ② 中上部温度高	① 对电压互感器进行全面检查，检查有无其他异常情况，查看二次电压是否正常。 ② 油浸式电压互感器整体温升偏高，且中上部温度高，温差超过2K，可判断为内部绝缘降低，应立即汇报值班调控人员申请停运处理
外绝缘放电	① 外部有放电声响。 ② 夜间熄灯可见放电火花、电晕	① 发现外绝缘放电时，应检查外绝缘表面，有无破损、裂纹、严重污秽情况。 ② 外绝缘表面损坏的，应立即汇报值班调控人员申请停运处理。 ③ 外绝缘未见明显损坏，放电未超过第二伞裙的，应加强监视，按缺陷处理流程上报；超过第二伞裙的，应立即汇报值班调控人员申请停运处理
二次电压异常	① 监控系统发出电压异常越限告警信息，相关电压指示降低、波动或升高。 ② 相关电压表指示降低、波动或升高。相关继电保护及自动装置发TV断线告警信息	① 测量二次空气开关（熔断器）进线侧电压，如电压正常，检查二次空气开关及二次回路；如电压异常，检查设备本体及高压熔断器。 ② 处理过程中应注意二次电压异常对继电保护、自动装置的影响，采取相应的措施，防止误动、拒动。 ③ 中性点非有效接地系统，应检查现场有无接地现象、互感器有无异常声响，并汇报值班调控人员，采取措施将其消除或隔离故障点。 ④ 二次熔断器熔断或二次开关跳开，应试送二次开关（更换二次熔断器），试送不成汇报值班调控人员申请停运处理。 ⑤ 二次电压波动、二次电压低，应检查二次回路有无松动及设备本体有无异常，电压无法恢复时，联系检修人员处理。 ⑥ 二次电压高、开口三角电压高，应检查设备本体有无异常，联系检修人员处理

异常类型	现场现象	运维处理要点
异常声响	内部伴有"嗡嗡"较大噪声	检查二次电压是否正常
	内部伴有"噼啪"放电声响	判断为本体内部故障,应立即汇报值班调控人员申请停运处理
	声响比平常增大而均匀	检查是否为过电压、铁磁共振、谐波作用引起,汇报值班调控人员并联系检修人员进一步检查
	外部伴有"噼啪"放电声响	应检查外绝缘表面是否有局部放电或电晕,若因外绝缘损坏造成放电,应立即汇报值班调控人员申请停运处理
	若异常声响较轻	不需立即停电检修,应加强监视,按缺陷处理流程上报

13.6　组合电器典型异常处理

13.6.1　危急异常处理

运行中发现组合电器有下列情况之一,应立即向值班调控人员申请停运处理:

（1）设备外壳破裂或严重变形、过热、冒烟。

（2）声响明显增大,内部有强烈的爆裂声。

（3）套管有严重破损和放电现象。

（4）SF_6 气体压力低至闭锁值。

（5）组合电器压力释放装置（防爆膜）动作。

（6）组合电器中开关发生拒动时。

13.6.2　一般异常处理

表 13-6 为组合电器的一般异常情况、现象及其处理要点。

表 13-6　　　　　　　　　　　　组合电器一般异常及处理

异常类型	现场现象	运维处理要点
开关气室SF_6低气压闭锁	① 开关气室 SF_6 压力表指针在闭锁值范围。 ② 监控后台显示"开关气室 SF_6 低气压低闭锁"信号	① 检查并记录 SF_6 压力,判断是否误发信,如确是压力低,则应汇报调度并联系进行检漏并补气,同时立即断开操作电源,锁定操动机构,并立即汇报值班调控人员申请将故障组合电器隔离。 ② 如果现场压力表指示正常,则为压力接点间绝缘降低引起,则由检修对表计进行处理
开关气室SF_6低气压告警	① 开关气室 SF_6 压力表指针在告警值范围。 ② 监控后台显示"开关气室 SF_6 低气压低告警"信号	① 检查并记录 SF_6 压力,判断是否误发信,如确是压力低,则应汇报调度并联系进行检漏并补气,同时加强对压力值的监视,如压力下降过快,应汇报调度立即停用该开关。 ② 如果现场压力表指示正常,则为压力接点间绝缘降低引起,则由检修对表计进行处理

续表

异常类型	现场现象	运维处理要点
其他气室 SF_6 低气压告警	① 其他气室 SF_6 压力表指针在告警值范围。 ② 监控后台显示"其他气室 SF_6 低气压低告警"信号	① 现场检查确定具体发信气室，联系检修人员检漏和补气。 ② 检漏发现漏气比较严重，补气已不能满足要求，应汇报调度停电处理
开关汇控柜加热器异常	① 汇控柜加热装置故障灯亮。 ② 监控后台显示"开关汇控柜加热器异常"信号	检查开关加热电源是否有异常
开关汇控柜储能电源消失	① 汇控柜储能电源空气开关跳开。 ② 监控后台显示"开关汇控柜储能电源消失"信号	检查开关马达电源、电机和电源回路是否有异常
开关汇控柜直流电源消失	① 汇控柜直流电源空气开关跳开。 ② 监控后台显示"开关汇控柜直流电源消失"信号	现场检查汇控柜空气开关跳闸情况，联系检修处理
内部绝缘故障、击穿	① 造成保护动作跳闸。 ② 造成线路保护、母线保护或主变后备保护等动作	① 检查现场故障情况（保护动作情况、现场运行方式、故障设备外观等），汇报值班调控人员。 ② 根据值班调控人员指令隔离故障组合电器，将其他非故障设备恢复运行，联系检修人员处理
分、合闸异常	① 分、合闸指示器指示不正确。 ② 操作过程中有非正常金属撞击声	① 检查分合闸指示器标识是否存在脱落变形。 ② 结合运行方式和操作命令，检查监控系统变位、保护装置、遥测、遥信等信息确认设备实际位置，必要时联系检修人员处理
声响异常	与正常运行时对比有明显增大且伴有各种杂音	① 伴有电火花、爆裂声时，立即申请停电处理。 ② 伴有振动声时，检查组合电器外壳及接地紧固螺栓有无松动，必要时联系检修人员处理。 ③ 伴有放电的"吱吱"等声响时，检查本体或套管外表面是否有局部放电或电晕，联系检修人员处理
局部过热	红外测温发现组合电器罐体温度异常升高	考虑是否为内部发热导致。并联系检修人员进行精确测温判断
	发热部分和正常相温差不超过15K	对该部位增加测温次数，进行缺陷跟踪
	发热部分最高温度≥90℃或相对温差≥80%	加强检测，必要时上报调控中心，申请转移负荷或倒换运行方式
	发热部分最高温度≥130℃或相对温差≥95%	立即上报调控中心，申请转移负荷或倒换运行方式，必要时停运该组合电器
	若异常声响较轻	不需立即停电检修，应加强监视，按缺陷处理流程上报
发生故障后气体泄漏	① 现场气体泄漏 ② 开关室门口 SF_6 报警仪报警	① 室内组合电器发生故障有气体外逸时，全体人员迅速撤离现场，并立即投入全部通风设备。只有在组合电器室彻底通风或检测室内氧气含量正常，SF_6 气体分解物完全排除后才能进入室内，必要时戴防毒面具，穿防护服。 ② 在事故发生后15min之内，只准抢救人员进入室内。事故发生后4h内，任何人员进入室内必须穿防护服，戴手套，以及戴备有氧气呼吸器的防毒面具。 ③ 若有人被外逸气体侵袭，应立即送医院诊治

13.7　开关柜典型异常处理

13.7.1　危急异常处理

运行中发现开关柜有下列情况之一，应立即向值班调控人员申请停运处理：

（1）开关柜内有明显的放电声并伴有放电火花，烧焦气味等。

（2）柜内元件表面严重积污、凝露或进水受潮，可能引起接地或短路时。

（3）柜内元件外绝缘严重裂纹，外壳严重破损、本体断裂或严重漏油已看不到油位。

（4）接头严重过热或有打火现象。

（5）SF_6 开关严重漏气，达到"压力闭锁"状态；真空开关灭弧室故障。

（6）手车无法操作或保持在要求位置。

（7）充气式开关柜严重漏气，达到"压力报警"状态。

13.7.2　一般异常处理

表 13-7 为组合电器的一般异常情况、现象及其处理要点。

表 13-7　　　　　　　　　　　　　　　开关柜一般异常及处理

异常类型	现场现象	运维处理要点
充气式开关柜气压异常	① 气压表显示气压低于正常压力。 ② 监控后台显示"低气压报警"信号	① 发现充气式开关柜发生 SF_6 气体大量泄漏等紧急情况时，人员应迅速撤出现场，开启所有排风机进行排风。未佩戴防毒面具或正压式空气呼吸器人员禁止入内。 ② 进入充气式开关柜配电室前，应检查 SF_6 气体含量显示器指示 SF_6 气体含量合格，入口处若无 SF_6 气体含量显示器，应先通风 15min，并用检漏仪测量 SF_6 气体含量合格。 ③ 检查充气式开关柜压力表指示，确认是否误发信号。 ④ 充气式开关柜严重漏气引起气压过低时，应立即汇报值班调控人员，申请将故障间隔停运处理。 ⑤ 充气式开关柜确因气压降低发出报警时，禁止进行操作。 ⑥ 充气式开关柜气压降低或者压力表误发信号，应汇报值班调控人员，并联系检修人员处理
手车开关不能摇进、摇出	手车开关处于"试验"或"工作"位置时，不能进行正常分、合闸操作	① 检查手车开关分、合闸指示灯是否正常。 ② 检查电气闭锁是否正常，检查线路接地刀闸位置，如在合闸位置应查看操作步骤无误后，拉开接地刀闸。 ③ 检查手车开关是否有机械卡涩、手车操作是否到位。 ④ 检查手车二次插头是否插好、有无接触不良。 ⑤ 若为电动操作，检查电动操作模块"就绪"灯是否正常，模块工作是否正常。 ⑥ 无法自行处理或查明原因时，应联系检修人员处理
手车推入或拉出操作卡涩	操作中手车不能推入或拉出	① 检查操作步骤是否正确。 ② 检查手车是否歪斜。 ③ 检查操作轨道有无变形、异物。 ④ 检查电气闭锁或机械闭锁有无异常。 ⑤ 无法自行处理或查明原因时，应联系检修人员处理

异常类型	现场现象	运维处理要点
电缆室门不能打开	电缆室门在解除五防闭锁和固定螺栓后，无法打开	① 检查接地刀闸位置，如在分闸位置应检查操作步骤无误后，合上接地刀闸。 ② 检查带电显示装置有无异常。 ③ 检查电气或机械闭锁装置是否正常。 ④ 无法自行处理或查明原因时，应联系检修人员处理
手车式开关柜位置指示异常	手车位置指示灯不亮或与实际不符	① 检查手车操作是否到位。 ② 检查二次插头是否插好、有无接触不良。 ③ 检查相关指示灯的工作电源是否正常，如电源开关跳闸，试合电源开关。 ④ 检查指示灯是否损坏，如损坏进行更换。 ⑤ 无法自行处理或查明原因时，应联系检修人员处理
声响异常	① 放电产生的"噼啪"声、"吱吱"声。 ② 产生的"嗡嗡"声或异常敲击声。 ③ 其他与正常运行声音不同的噪声	① 在保证安全的情况下，检查确认异常声响设备及部位，判断声音性质。 ② 对于放电造成的异常声响，应汇报值班调控人员，申请退出运行，联系检修人员处理。 ③ 对于机械振动造成的异常声响，应汇报值班调控人员，并联系检修人员处理。 ④ 无法直接查明异常声响的部位、原因时，可结合开关柜运行负荷、温度及附近有无异常声源进行分析判断，并可采用红外测温、地电压检测等带电检测技术进行辅助判断。 ⑤ 无法判断异常声响部位、设备及原因时，应联系检修人员处理
开关柜过热	① 红外测温发现开关柜柜体表面温度与环境温度温差大于20K。 ② 与其他柜体相比较温度有明显差别，结合运行环境、运行时间、柜内加热器运行情况等综合判断为开关柜内部有过热。 ③ 试温蜡片变色或融化。 ④ 观察窗发现内部设备有过热变色、绝缘护套过热变形等异常现象	① 检查过热开关柜是否过负荷运行。 ② 红外测温发现开关柜过热时，应进一步通过观察窗检查柜内设备有无过热变色、试温蜡片变色或绝缘护套过热变形等异常现象。 ③ 对于因负荷过大引起的过热，应汇报值班调控人员，申请降低或转移负荷，并加强巡视检查。 ④ 对于触头或接头接触不良引起的过热，应汇报值班调控人员，申请降低负荷或将设备停运，并联系检修人员处理。 ⑤ 开关柜有通风装置时，应检查通风装置是否开启，如未开启，应手动启动
线路接地刀闸无法分、合闸	① 接地刀闸操作卡涩。 ② 接地刀闸操作挡板无法打开	① 检查手车开关位置是否处于"试验"或"检修"位置。 ② 检查接地刀闸机械闭锁装置是否解除。 ③ 检查电缆室门是否关闭良好。 ④ 检查带电显示装置有无异常。 ⑤ 检查电气闭锁条件是否满足。 ⑥ 无法自行处理或查明原因时，应联系检修人员处理

13.8 电容器典型异常处理

13.8.1 危急异常处理

运行中发现电容器有下列情况之一，应立即向值班调控人员申请停运处理：

（1）电容器发生爆炸、喷油或起火。

（2）接头严重发热。

（3）电容器套管发生破裂或有闪络放电。

（4）电容器、放电线圈严重渗漏油时。

（5）电容器壳体明显膨胀，电容器、放电线圈或电抗器内部有异常声响。

（6）集合式并联电容器压力释放阀动作时。

（7）当电容器 2 根及以上外熔断器熔断时，配套设备有明显损坏，危及安全运行时。

13.8.2 一般异常处理

表 13-8 为电容器的一般异常情况、现象及其处理要点。

表 13-8 　　　　　　　　　　　　　　电容器一般异常及处理

异常类型	现场现象	运维处理要点
电容器开关不平衡保护出口	① 电容器开关跳闸。 ② 电容器保护动作指示灯、分位指示灯亮，装置有事故报告及相关提示，监控系统发事故总信号	① 检查保护动作情况，是否存在误告警。 ② 检查电容器情况，是否有喷油、变形、放电、损坏等故障现象。 ③ 检查中性点回路内设备及电容器间引线是否有损坏。 ④ 汇报监控、调度，通知专业人员试验
电容器开关欠压保护出口	① 电容器开关跳闸。 ② 电容器保护动作指示灯、分位指示灯亮，装置有事故报告及相关提示，监控系统发事故总信号	① 检查保护动作情况。 ② 若是母线失电后开关跳闸，汇报监控
不平衡保护告警	电容器组不平衡保护告警，但未发生跳闸	① 检查保护装置情况，是否存在误告警现象。 ② 检查电容器有否喷油、变形、放电、损坏等故障现象。 ③ 检查中性点回路内设备及电容器间引线是否有损坏。 ④ 现场无法判断时，联系检修人员检查处理
电容器壳体破裂、漏油、鼓肚	① 片架式电容器壳体破裂、漏油、鼓肚。 ② 集合式电容器壳体严重漏油	① 发现片架式电容器壳体有破裂、漏油、鼓肚现象后，记录该电容器所在位置编号，并查看电容器不平衡保护读数（不平衡电压或电流）是否有异常。情况严重时应立即汇报调度部门，做紧急停运处理。 ② 发现集合式电容器壳体有漏油时，应根据相关规程判断其严重程度，并按照缺陷处理流程进行登记和消缺。 ③ 发现集合式电容器压力释放阀动作时应立即汇报调度部门，做紧急停运处理。 ④ 现场无法判断时，联系检修人员检查处理
声响异常	① 伴有异常振动声、漏气声、放电声。 ② 异常声响与正常运行时对比有明显增大	① 有异常振动声时应检查金属构架是否有螺栓松动脱落等现象。 ② 有异常漏气声时应检查电容器有否渗漏、喷油等现象。 ③ 有异常放电声时应检查电容器套管有否爬电现象，接地是否良好。 ④ 现场无法判断时，联系检修人员检查处理
瓷套异常	① 瓷套外表面严重污秽，伴有一定程度电晕或放电。 ② 有开裂、破损现象	① 瓷套表面污秽较严重并伴有一定程度电晕，有条件的可先采用带电清扫。 ② 瓷套表面有明显放电或较严重电晕现象的，应立即汇报调度部门，做紧急停运处理。 ③ 电容器瓷套有开裂、破损现象的，应立即汇报调度部门，做紧急停运处理。 ④ 现场无法判断时，联系检修人员检查处理

续表

异常类型	现场现象	运维处理要点
温度异常	① 电容器壳体、金属连接部分温度异常。 ② 集合式电容器油温高报警	① 红外测温发现电容器壳体热点温度＞50℃或相对温差$\delta \geqslant 80\%$的，可先采取轴流冷却器等降温措施。如超过55℃且降温措施无效的，应立即汇报调度部门，做紧急停运处理。 ② 红外测温发现电容器金属连接部分热点温度＞80℃或相对温差$\delta \geqslant 80\%$的，应检查相应的接头、引线、螺栓有无松动，引线端子板有无变形、开裂，并联系检修人员检查处理。 ③ 集合式电容器油温高报警后，先检查温度计指示是否正确，电容器室通风装置是否正常。如确实温度较平时升高明显，应联系检修人员处理

13.9 电抗器典型异常处理

13.9.1 危急异常处理

（1）运行中发现干式电抗器有下列情况之一，应立即向值班调控人员申请停运处理：

1）接头及包封表面异常过热、冒烟。

2）包封表面有严重开裂，出现沿面放电。

3）支持绝缘子有破损裂纹、放电。

4）出现突发性声音异常或振动。

5）倾斜严重，线圈膨胀变形。

（2）运行中发现油浸电抗器有下列情况之一，应立即向值班调控人员申请停运处理：

1）严重漏油，储油柜无油面指示。

2）压力释放装置动作喷油或冒烟。

3）套管有严重的破损漏油和放电现象。

4）在正常电压条件下，油温、线温超过限值且继续上升。

5）过电压运行时间超过规定。

13.9.2 一般异常处理

表 13－9 为电抗器的一般异常情况、现象及其处理要点。

表 13－9　　　　　　　　　　电抗器一般异常及处理

异常类型	现场现象	运维处理要点
外包封冒烟、起火	运行中外包封冒烟、起火	① 现场检查保护范围内的一、二次设备的动作情况，开关是否跳开。 ② 如保护未动作跳开开关，应立即自行将干式电抗器停运。 ③ 汇报调度人员和上级主管部门，及时报警。 ④ 联系检修人员组织抢修

异常类型	现场现象	运维处理要点
内部有鸟窝或异物	空心电抗器内部有鸟窝或异物	① 如有异物位置较方便，可采用不停电方法用绝缘棒将异物挑离。 ② 不宜进行带电处理的应填报缺陷，安排计划停运处理。 ③ 如同时伴有内部放电声，应立即汇报调度人员，及时停运处理
外绝缘破损、外包封开裂	① 外绝缘表层破损。 ② 外包封存在开裂	① 检查外绝缘表面缺陷情况，如破损、杂质、凸起等。 ② 判断外绝缘表面缺陷的面积和深度。 ③ 查看外绝缘的放电情况，有无火花、放电痕迹。 ④ 巡视时应注意与设备保持足够的安全距离，应远离进行观察。 ⑤ 发现外绝缘破损、外套开裂，需要更换外绝缘时，应立即按照规定提请停运，做好安全措施。 ⑥ 待设备缺陷消除并试验合格后，方可重新投运电抗器
声响异常	有杂音	检查是否为零部件松动或内部有异物，汇报调度并联系检修人员进一步检查
	干式空心电抗器，在运行中或拉开后发出"咔咔"声	是电抗器由于热胀冷缩而发出的声音，可利用红外检测是否有发热，利用紫外成像仪检测是否有放电，必要时联系检修人员处理
	声响比平常增大而均匀	结合电压表计的指示检查是否电网电压较高，发生单相过电压或产生谐振过电压等，汇报调度并联系检修人员进一步检查
	外表有放电声	检查是否为污秽严重或接头接触不良，可用紫外成像仪协助判断，必要时联系检修人员处理
	内部有放电声	检查是否为不接地部件静电放电、线圈匝间放电，影响设备正常运行的，应汇报调度人员，及时停运，联系检修人员处理

13.10　交、直流系统典型异常处理

13.10.1　危急异常处理

运行中发现站用变压器有下列情况之一，应立即向值班调控人员申请停运处理：

（1）站用变内部响声很大，很不均匀，有爆裂声。

（2）站用变冒烟。

（3）在正常负荷和冷却条件下，站用变温度不正常并不断上升。

（4）站用变套管有严重的破损和放电现象。

（5）站用变着火。

（6）站用电母线发热冒烟。

（7）站用电进线总开关严重发热。

13.10.2 一般异常处理

表 13-10 为交、直流系统的一般异常情况、现象及其处理要点。

表 13-10 交、直流系统一般异常及处理

异常类型	现场现象	运维处理要点
1 号站用变备自投动作出口	① 1 号站用变失电。 ② 低压侧开关 1QF 跳闸，2 号站用变低压侧开关 2QF 在合闸位置，联络开关 3QF 合闸	① 检查失电母线站用变开关跳闸的原因，是否为站用变故障。 ② 检查站用变失电的原因。 ③ 联系检修处理
1 号站用电 400V 电压异常	① 站用电的电压过低，出现主变冷却器故障信号。 ② 直流充电机交流输入异常。 ③ 站用电电压过高，监控后台显示交流母线遥测值高于正常值	① 检查站用电电压异常的原因，排除站用电故障。 ② 实际测量交流电压母线的电压值，排除电压监视继电器故障
站用交流母线全部失压	① 监控系统发出保护动作告警信息，全部站用交流母线电源进线开关跳闸，低压侧电流、功率为零。 ② 交流进线屏进线和母线电压、电流仪表指示均为零，低压开关失压脱扣动作，馈线支路电流为零	① 检查系统失电引起站用电消失，拉开站用变低压侧开关。 ② 若有外接电源的备用站用变，投入备用站用变，恢复站用电系统。 ③ 汇报上级管理部门，申请使用发电车恢复站用电系统
站用交流一段母线失压	① 监控系统发出站用变交流一段母线失压信息，该段母线电源进线开关跳闸，低压侧电流、功率为零。 ② 一段交流进线屏母线电压、电流仪表指示为零，低压开关故障跳闸指示器动作，馈线支路电流为零	① 检查站用变高压侧开关有无动作，高压熔丝有无熔断。 ② 检查站用变低压侧开关确已断开，拉开故障段母线所有馈线支路空气开关，查明故障点并将其隔离。 ③ 合上失压母线上无故障馈线支路的备用电源开关（或并列开关），恢复失压母线上各馈线支路供电。 ④ 无法处理故障时，联系检修人员处理。 ⑤ 若站用变保护动作，按站用变故障处理
空气开关跳闸、熔丝熔断	馈线支路空气开关跳闸、熔丝熔断	① 检查故障馈线回路，未发现明显故障点时，可合上空气开关或更换熔丝，试送一次。 ② 试送不成功且隔离故障馈线后，或查明故障点但无法处理，联系检修人员处理
UPS 系统交流输入故障	① 监控系统显示 UPS 装置发"交流失电告警"信号。 ② UPS 装置蜂鸣器告警，交流输入指示灯灭，装置面板显示切换至直流逆变输入	① 检查主机已自动转为直流逆变输入，主、从机输入、输出电压及电流指示是否正常。 ② 检查 UPS 装置是否过载，各负荷回路对地绝缘是否良好。 ③ 联系检修人员处理
交流系统备自投装置异常告警	交流系统备自投装置发出闭锁、失电告警等信息	① 检查备自投装置的交流采样和交流输入情况。 ② 检查备自投装置告警是否可以复归，必要时将备自投装置退出运行，联系检修人员处理。 ③ 外部交流输入回路异常或断线告警时，如检查发现备自投装置运行灯熄灭，应将备自投装置退出运行。 ④ 备自投装置电源消失或直流电源接入后，应及时检查，停止现场与电源回路有关的工作，尽快恢复备自投装置的运行。 ⑤ 备自投装置动作且交流联络开关未合上时，应在检查工作电源开关确已断开，站用交流电源系统无故障后，手动投入备用电源开关

异常类型	现场现象	运维处理要点
站用变过流保护动作	① 监控系统发出过电流保护动作信息，站用变高压侧开关跳闸，各侧电流、功率显示为零。 ② 保护装置发出站用变过电流保护动作信息	① 现场检查站用变本体有无异状，重点检查站用变有无喷油、漏油等，检查站用变本体油温、油位变化情况。 ② 检查站用变套管、引线及接头有无闪络放电、断线、短路，有无小动物爬入引起短路故障等情况。 ③ 核对站用变保护动作信息，检查低压母线侧备自投装置动作情况、运行站用变及其馈线负载情况。 ④ 检查故障发生时现场是否存在检修作业，是否存在引起保护动作的可能因素。 ⑤ 记录保护动作时间及一、二次设备检查结果。 ⑥ 确认故障设备后，应提前布置检修试验工作的安全措施，联系检修人员处理
站用变着火	① 站用变本体冒烟着火。 ② 油式站用变可能存在喷油、漏油等现象	① 检查站用变各侧开关是否断开，保护是否正确动作。 ② 站用变保护未动作或者开关未断开时，应立即断开站用变各侧电源及故障站用变回路直流电源，迅速采取灭火措施，防止火灾蔓延。 ③ 灭火后检查直流电源系统和站用电系统运行情况，及时恢复失电低压母线及其负载供电。 ④ 检查故障发生时现场是否存在引起站用变着火的检修作业。 ⑤ 记录保护动作时间及一、二次设备检查结果。 ⑥ 汇报上级管理部门，提前布置检修试验工作的安全措施，联系检修人员处理
干式站用变超温告警	① 监控系统发出干式站用变超温告警信息。 ② 干式站用变温度控制器温度指示超过告警值	① 开启室内通风装置，检查站用变温度及冷却风机运行情况。 ② 检查站用变负载情况，若站用变过负载运行，应转移、降低站用变负载。 ③ 检查温度控制器指示温度与红外测温数值是否相符。如果判明本体温度升高，应停用站用变，联系检修人员处理
直流接地	① 对于 220V 直流系统两极对地电压绝对值差超过 40V 或绝缘降低到 25kΩ 以下。 ② 绝缘监察装置发出直流接地告警信号，并显示具体支路。 ③ 监控显示"直流接地告警"信号	① 现场检查若发生直流系统接地而绝缘监测装置不能正确监测到接地，应及时消除直流接地，并更换绝缘监测装置。 ② 直流系统接地后，运维人员应记录时间、接地极、接地检测装置提示的支路号和绝缘电阻等信息，汇报调度及分部工区。 ③ 直流接地后，应立即停止站内相关工作，检查直流接地是否由站内工作引起。 ④ 直流接地后，正常应由继保人员采用专用仪器进行查找。紧急情况下，经分部同意并汇报调度，可用试拉的方法寻找接地回路，先拉接地检测装置提示的支路，接地不能消失再拉其他支路，并按照先次要后重要的顺序逐路进行。具体为： a. 不影响正常运行或影响较小的直流回路。 b. 有工作的回路。 c. 热备用或冷备用回路。 d. 直流母线上非保护和控制回路，如逆变器、蓄电池、充电机、试验电源、中央信号电源等。 e. 影响正常运行的回路，拉路（直流支路）必须得到有关调度的许可，并且直流失电时间要尽可能短。 f. 如确需拉操作电源或保护、测控装置电源，应先联系调度，申请缺陷处理流程后，按调度指令进行操作。 ⑤ 处理直流系统接地时的注意事项： a. 使用拉路法查找直流接地时，至少应由两人进行。 b. 电压互感器的控制直流电源禁止拉停。 c. 直流系统接地，禁止在直流系统上进行任何带电工作，除继保人员寻找接地故障外，其他二次回路上的工作应立即停止。 d. 雷雨天气时，禁止拉路查找直流接地

续表

异常类型	现场现象	运维处理要点
直流母线电压异常	① 直流母线电压过高或者过低。 ② 监控显示"直流母线电压异常"信号	① 测量直流系统各极对地电压，检查直流负荷情况。 ② 检查电压继电器动作情况。 ③ 检查充电装置输出电压和蓄电池充电方式，综合判断直流母线电压是否异常。 ④ 因蓄电池未自动切换至浮充运行导致的，应手动调整至浮充状态。 ⑤ 因充电装置故障导致的，应停用该充电装置，投入备用充电装置
充电机交流输入故障	① 直流充电机无交流电源输入，直流负载改由蓄电池组供电。 ② 缺少一路电源输入。 ③ 监控显示"充电机交流输入故障"信号	① 一路交流开关跳闸，检查备自投装置及另一路交流电源是否正常。 ② 充电装置报交流故障，应检查充电装置交流电源开关是否正常合闸，进出量测电压是否正常。 ③ 交流电源故障较长时间不能恢复时，应尽可能减少不影响正常运行的直流负载输出，并尽可能采取措施恢复交流电源及充电装置正常运行。 ④ 当交流电源中断不能及时恢复，使蓄电池组放出容量超过其额定容量的 20%及以上时，在恢复交流电源供电后，应立即手动或自动启动充电装置，按照制造厂或按恒流限压充电—恒压充电—浮充电方式对蓄电池组进行补充充电
交流窜入直流	① 监控显示"交流窜入直流"告警信号。 ② 绝缘监察装置显示"直流系统接地""交流窜入直流"告警信号	① 立即检查交流窜入直流的时间、支路各母线对地电压和绝缘电阻等信息。 ② 立即停止正在进行的倒闸操作和检修工作，汇报调控人员。 ③ 根据选线结果、当日工作情况、天气和直流系统绝缘状况，找出窜入支路。 ④ 停用具体窜入支路，联系检修人员处理
逆变装置异常	① 装置（屏柜面板）交流输入、直流输入、交流输出的运行灯没有全部点亮。（不同设备指示灯状态有异） ② 针对不同的设备，装置有异常或者故障灯点亮。 ③ 逆变指示灯熄灭。 ④ 过载指示灯点亮	① 检查逆变器系统交、直流电源输入是否正常。 ② 若无法处理，则通知相关专职，联系检修班组处理

13.11 继电保护、综合自动化典型异常处理

13.11.1 危急异常处理

运行中发现保护装置、自动化装置有下列情况之一，应立即向值班调控人员申请停运处理：

（1）装置出现异常发热、冒烟着火。

（2）装置内部出现放电或异常声。

（3）装置出现严重故障信号且不能复归。

（4）其他能引起有明显误动或拒动危险的情况。

13.11.2　一般异常处理

表 13-11 为保护装置、自动化装置的一般异常情况、现象及其处理要点。

表 13-11　　　　　　　　　　　保护装置、自动化装置一般异常及处理

异常类型	现场现象	运维处理要点
保护装置告警	① 装置的报警信号灯亮，装置内部发装置告警信号，装置显示面板有报警指示。 ② 监控系统显示"装置告警"信号	① 检查"运行"灯是否正常亮。 ② 检查保护装置面板信息和内部报文。 ③ 经调度同意并停用相关保护后可重启保护装置一次，如无法恢复，应汇报调度，联系检修处理
保护装置故障	① 保护发装置故障信号，装置运行灯熄灭。 ② 监控系统显示"装置故障"或"装置闭锁"信号	① 检查保护装置面板信息和内部报文。 ② 经调度同意并停用相关保护后可重启保护装置一次，如无法恢复，应汇报调度，联系检修处理
保护装置通信中断	保护装置发通信中断告警	① 对保护装置网口进行检查，检查网线是否松动。 ② 网线经过的交换机是否失电，保护管理机是否运行正常。 ③ 必要时，联系厂家处理
保护装置 TV 断线	① 保护装置 TV 断线灯亮。 ② 监控后台显示"TV 断线"告警信号。 ③ 与电压相关的保护功能退出	① 确认保护 TV 断线的相别，排查 TV 断线原因，及时恢复。 ② 若不能排除，汇报调度，听候处理。 ③ 如主变保护某侧 TV 断线，还应根据现场运行规程投入或退出某侧电压元件
主变、线路、开关保护装置 TA 断线（不包括母线保护）	① 保护装置 TA 断线灯亮。 ② 监控后台显示"TA 断线"告警信号。 ③ 若电流互感器二次开路，则电流互感器会产生异响	① 检查保护装置采样值是否正确。 ② 确认保护 TA 断线的相别，确定 TA 断线原因，如二次接线松动等。 ③ 暂时无法处理的汇报调度，听候处理
母线保护 TA 断线告警	① 母差 TA 断线告警。 ② 母差保护被闭锁	① 检查母线保护屏上液晶窗口的差流是否正常。 ② 电流互感器二次回路接线是否完好。 ③ 电流互感器本体有无异常响声。 ④ 若为一次设备异常，应立即汇报调度，申请开关停役。 ⑤ 若检查无异常，则试将信号复归，若不能恢复，必要时汇报调度，停用母差保护，派人员处理
主变保护过负荷告警	① 保护装置过负荷灯亮。 ② 监控后台显示"主变过负荷"告警信号。 ③ 主变各侧或单侧超负荷	① 记录过负荷起始时间、负荷值及当时环境温度。 ② 手动投入全部冷却器。 ③ 将过负荷情况向调度汇报，采取措施压降负荷。根据本变压器的过负荷规定及限值，对正常过负荷和事故过负荷的幅度和时间进行监视和控制。 ④ 对过负荷变压器巡视，检查风冷系统运转情况及各连接点有无发热情况。 ⑤ 指派专人严密监视过负荷变压器的负荷及温度，若过负荷运行时间已超过允许值时，应立即汇报调度将变压器停运
主变保护过负荷闭锁有载调压	① 主变保护过负荷灯告警灯亮。 ② 监控后台显示"主变过负荷闭锁有载调压"告警信号。 ③ 主变有载调压机构无法进行调挡工作	① 检查主变是否确实过负荷。 ② 若是则按主变过负荷原则处理。 ③ 若否，则检查保护装置是否存在问题

异常类型	现场现象	运维处理要点
母线保护互联	① 母线保护"互联"灯亮。 ② 母差保护变为单母方式	① 热倒操作时出现此信号正常。 ② 若正常运行时出现此信号，立即联系现场检查闸刀位置。 ③ 若母差屏上闸刀位置与当前的运行方式不符，且母差上"开入异常"灯亮，应通过强制方式，使其与一次对应，并汇报工区，联系继保人员处理。 ④ 若为误投互联连接片，取下误投连接片即可。 ⑤ 如为母联开关 TA 断线，检查屏后 TA 端子是否松动，母联开关 TA 是否有异声，如为一次设备原因，将开关停役处理。 ⑥ 如检查无异常，且不能恢复，汇报调度和工区，联系继保人员处理
母线保护差流越限	① 母差装置液晶屏显示"差流越限"告警信息。 ② 监控后台母差保护显示"差流越限"报文	① 对母差保护加强监视。 ② 汇报上级管理部门，联系检修人员处理
母线保护复压开放	① 母差装置液晶屏显示"复压开放"告警信息。 ② 监控后台母差保护显示"复压开放"报文	① 检查母差保护电压回路。母差保护装置上显示的母线电压是否存在异常，如存在异常联系专业班组进行进一步检查。 ② 屏后交流电压小开关是否跳开，如跳开立即合上。 ③ 正（或副）母线是否失电。结合当时运方，联系调度处理
母差开入异常	① 母差装置液晶屏显示"开入异常"告警信息。 ② 监控后台母差保护显示"开入异常"报文	① 若母线闸刀操作后，现场可复归此信号为正常。 ② 检查刀闸辅助接点状态与实际是否相符。 ③ 检查母联开关动合与动断触点是否对应。 ④ 检查是否为母联运行状态下误投"双母分列运行"连接片造成，取下"双母分列运行"连接片，复归信号即可。 ⑤ 检查是否有失灵启动开入。 ⑥ 若无法复归，联系现场依据现场要求进行处理
线路保护重合闸闭锁	保护面板充电或重合允许灯不亮	① 检查开关压力、重合闸回路等。 ② 联系检修人员处理
远跳收信	保护装置面板显示"远跳收信"	检查保护装置是否有收信报文，逻辑是否正确
线路保护光纤通道异常	① 保护面板显示"差动保护通道异常"。 ② 保护告警灯亮	① 检查保护动作报文。 ② 汇报调度，联系检修人员处理。 ③ 若差动保护为单通道，或双通道均异常，则应立即停用差动保护。 ④ 若差动保护为双通道，其中一条通道异常，则可以继续运行，但也应立即汇报调度，听候处理
线路无压	后台显示"线路无压"光字牌	① 检查监控线路电压值。 ② 根据现场其他光字牌信息判断是线路失电或线路电压互感器二次侧 ZKK 空气开关跳开
TV 失压	① 保护装置告警灯亮。 ② 监控后台显示"TV 失压"告警信息	① 若开关在冷备用状态，发此信号正常。 ② 若在运行状态，应立即检查。 ③ 如果单套保护装置 TV 断线，检查保护屏后电压互感器二次侧空气开关，测量其电压，检查保护是否有 TV 断线信号及报告。 ④ 如多套保护装置 TV 断线，检查母线电压互感器二次侧开关、一次闸刀辅助接点或熔丝，测量其电压
电压切换继电器同时动作	① 操作箱上的 L1、L2 灯同时亮。 ② 监控后台显示"电压切换继电器同时动作"告警信息	① 热倒操作过程中，同时合上同一间隔的两把母线刀闸时，出现此信号正常。 ② 其余情况检查该间隔的母刀位置及其辅助触点情况，如无法返回，将 TV 二次并列开关切至并列位置，联系检修人员处理

续表

异常类型	现场现象	运维处理要点
开关控制回路断线	① 操作箱开关位置灯不亮。 ② 监控后台显示"控制回路断线"告警信息	① 现场检查控制直流电源是否消失或电压降低。 ② 检查合闸或分闸位置指示是否正确。 ③ 若信号不能恢复正常应汇报调度
测控装置就地控制	装置面板切换把手切至就地位置	① 若有检修工作,为正常。 ② 若正常运行时出现,检查测控装置远方/就地切换开关切至就地位置的原因,并将把手切回远方
测控逻辑闭锁解除	装置上闭锁切换开关切至解闭锁位置	① 若有检修工作,为正常。 ② 若正常运行时出现,检查现场测控装置闭锁解除的原因,并将把手切回联锁
遥测不刷新/测控装置A、B网同时中断	① 遥测数据长时间不刷新。 ② 监控后台显示测控装置的 A\B 网通信标识变为红色	① 在厂站工况界面查看相应变电站网络通信状况。 ② 若两个网络同时中断,联系自动化进行检查,并将厂站监控职权移交现场
GPS 失步或异常	① GPS 异常灯亮。 ② 监控后台显示"对时异常"告警信息	检查 GPS 屏交直流电源是否消失。若为装置内部故障,联系检修进行处理

13.12 智能设备异常处理

13.12.1 危急异常处理

运行中发现智能设备有下列情况之一,应立即向值班调控人员申请停运处理:

(1)装置出现异常发热、冒烟着火。

(2)装置内部出现放电或异常声。

(3)装置出现严重故障信号且不能复归。

(4)其他能引起有明显误动或拒动危险的情况。

13.12.2 一般异常处理

表 13－12 为智能设备的一般异常情况、现象及其处理要点。

表 13－12 智能设备一般异常及处理

异常类型	现场现象	运维处理要点
GOOSE 链路中断	① 装置面板链路异常灯或告警灯点亮,装置液晶面板显示××GOOSE 链路中断。 ② 后台监控显示"××GOOSE 链路中断"信号	通知现场检查确认具体中断的 GOOSE 链路,判断影响范围,对影响主保护运行的,停用保护;对可能导致间隔开关拒动的,拉停开关;根据检修人员排查故障申请,停用相关保护。检查结果可能为: ① GOOSE 发送方故障导致数据无法发送或发送错误数据,如发送方装置通信板卡断电或故障等。 ② GOOSE 传输的物理链路发生中断,如光纤端口受损、受污、收发接反、光纤受损、损耗等原因导致的光路不通或光功率下降至接收灵敏度以下,交换机断电或光模块故障等。 ③ GOOSE 接收方故障导致数据无法接收或接收错误数据,如接收方装置通信板卡断电或故障等

异常类型	现场现象	运维处理要点
母线合并单元电压互感器二次并列异常	操作电压强制把手后,母线合并单元"电压并列"灯不亮,"并列异常"灯亮	① 电压并列操作过程中出现该信号,应及时检查并列条件后继续操作。 ② 若母线电压并列运行时出现该信号,将导致母线 MU 中 TV 检修段母线二次失压。现场检查确认具体的并列异常原因,判断影响范围;根据检修人员排查故障申请,停用相关保护。 ③ 检查母线合并单元接收母联智能终端开关、刀闸位置是否异常。 ④ 检查接收母联智能终端 GOOSE 回路是否断链
保护采样异常	保护装置报"采样异常"信号,装置告警灯亮	① 检查合并单元发送的数据本身是否存在问题,例如等间隔性差、数据品质异常、丢帧、错序、数据无效、数据中断、检修不一致等。 ② 检查采样值传输的物理链路是否发生中断,如光纤端口受损、受污、收发接反、光纤受损、损耗等原因导致的光路不通或光功率下降至接收灵敏度以下,交换机断电或光模块故障等。 ③ 现场检查保护装置的告警情况、合并单元的运行状态、以及链路状态。及时根据现场申请,停用相关保护进行处理
网络交换机异常	① 装置运行异常灯点亮。 ② 可能伴有接入该交换机的装置通道中断等指示灯点亮的现象	① 站控层交换机异常,与本站控层交换机相连接的站控层功能失去,通知检修人员处理,汇报监控,如影响远方监控,监控员下放监控权限到现场。 ② 过程层交换机异常,与本过程层交换机相连的所有保护、测控、电能表、合并单元、智能终端等装置通信中断,应根据交换机所处网络位置以及网络结构确定其影响范围,可能影响母线保护、变压器保护等公用设备,应汇报调度申请停用相应设备,及时调整保护装置状态并通知检修人员处理。 ③ 公用交换机异常和故障若影响保护正确动作,应申请停用相关保护设备,当不影响保护正确动作时,可不停用保护装置。 ④ 按间隔配置的交换机故障,当不影响保护正常运行时(如保护采用直采直跳方式)可不停用相应保护装置;当影响保护装置正常运行时(如保护采用网络跳闸方式),应视为失去对应间隔保护,应及时汇报调度,停用相应保护装置,必要时停运对应的一次设备
合并单元/智能单元或采样失步	装置前面板"对时异常"或"同步异常"灯点亮	① 检查是否为外部对时装置接入,同时没有同步上外界时间信号。 ② 检查时钟装置发送的对时信号是否异常。 ③ 检查外部时间信号是否丢失。 ④ 对时光纤连接是否异常。 ⑤ 装置对时插件是否故障
检修不一致	① 装置液晶面板上报"检修不一致"。 ② 监控后台显示"检修不一致"告警信号	① 检查是否为保护装置与保护装置之间检修连接片投退不一致。 ② 检查是否为保护装置与合并单元之间检修连接片投退不一致。 ③ 检查是否为保护装置与智能终端之间检修连接片投退不一致。 ④ 经检查后,尽快消除异常
双 A/D 采样不一致	① 保护装置液晶面板上报"双A/D 采样不一致""采样异常"。 ② 监控后台显示"双 A/D 采样不一致""采样异常"告警信号	① 检查现场保护装置、合并单元的运行情况,合并单元用于电流采集的单个 A/D 模块或用于电压采集的单个 A/D 模块是否异常。 ② 核对保护装置双 A/D 采样值是否一致,必要时停用保护装置

续表

异常类型	现场现象	运维处理要点
合并单元异常	合并单元发"装置异常"信号	① 检查是否为合并单元硬件缺陷，光口损坏，通知检修人员处理。 ② 检查合并单元装置电源空气开关是否跳闸。若有，经调度同意，应退出对应保护装置的出口软连接片，将装置改停用状态后重启装置一次，如异常消失，将装置恢复运行状态；如异常未消失，汇报调度，通知检修人员处理。 ③ 合并单元异常或故障时，应执行好临时安全措施，同时向有关调度汇报，并通知检修人员处理。 ④ 当后台发"SV 总告警"，应检查相关保护装置采样，汇报调度，申请退出相关保护装置，通知检修人员处理。 ⑤ 当后台发"GOOSE 总报警"时，检查合并单元闸刀位置指示是否正确，汇报调度，通知检修人员处理。 ⑥ 对于继电保护采用"直采"方式的合并单元失步，不会影响保护功能，但是需要通知检修人员处理。对于继电保护采用"网采"方式的合并单元失步，相关保护装置将闭锁，停用相关保护装置。 ⑦ 当合并单元失步时，装置告警，应检查相关的交换机、时钟同步装置是否正常，如同步时钟装置失电，可以试送装置电源。如无法恢复，则汇报调度和通知相关部门进行处理
智能终端异常	智能终端发"装置异常"信号	① 检查是否为硬件缺陷，光口损坏，装置电源损坏等，通知检修人员联系厂家处理。 ② 智能终端异常或故障时，应执行临时安全措施，同时向有关调度汇报，并通知检修人员处理。 ③ 检查是否为开关及跳合闸回路异常，如控制回路断线、开关压力异常、GOOSE 断链等，汇报调度，必要时申请退出该智能终端及相关保护装置，并通知检修人员处理。 ④ 智能终端内部操作回路损坏，表现为继电器拒动、抖动、遥信丢失等。首先检查开入开量是否正确，检查装置接受发送的 GOOSE 报文是否正确，装置 CPU 运行是否正常。排除以上情况，确定为内部元件损坏，通知检修人员处理联系厂家处理

13.13　小电流接地系统异常处理

表 13–13 为小电流接地系统（10kV 或 35kV 系统）的一般异常情况、现象及其处理要点。

表 13–13　　　　　　　　　　小电流接地系统一般异常及处理

异常类型	现场现象	运维处理要点
母线单相接地	① 故障相电压降为 0（金属性接地）或接近 0（非金属性接地）。 ② 非故障相相电压上升为线电压（金属性接地）或升高（非金属性接地）。 ③ 有接地告警信号。 ④ $3U_0$ 为 100V（金属性接地）或接近 100V（非金属性接地）	① 先检查后台机 10kV 或 35kV 母线电压及有无接地告警信号判断故障。若符合前述现象，汇报值班调控人员后确定是否使用拉路法进行接地间隔查找，在接地故障消失或确定故障点前，不得进入设备区。如站内设备接地人员必须进入，应穿绝缘靴，接触设备的外壳和构架时应戴绝缘手套。 ② 室外不准接近故障点 8m 以内，室内不准接近故障点 4m 以内。 ③ 检查母线及相连设备，确定接地点，时间不得超过 2h。按值班调控人员指令隔离接地点，进行处理。 ④ 如若没有发现接地点，汇报值班调控人员申请停电进行详细检查、处理

续表

异常类型	现场现象	运维处理要点
母线电压互感器高压熔丝	① 熔断相电压变为 0。 ② 非熔断相电压不变。 ③ 有接地告警信号（完全熔断时）	① 先检查后台机 10kV 或 35kV 母线电压及有无接地告警信号判断故障。 ② 若符合前述现象，且无接地告警时，先取下二次侧熔丝，检查是否熔断。 ③ 若二次熔丝完好，应向调度申请电压互感器停役，将手车拉至检修位置，取下一次熔丝，重新更换合格的一次熔丝（三相熔丝型号需保持一致，导通完好且阻值相近）后将电压互感器投入运行。 ④ 若电压互感器恢复送电后高压侧熔丝再次熔断，则立即向调度申请该电压互感器停役，联系检修进行处理
母线电压互感器低压熔丝熔断	① 熔断相电压变为 0。 ② 非熔断相电压不变。 ③ 无接地告警信号	① 先检查后台机 10kV 或 35kV 母线电压及有无接地告警信号判断故障。 ② 若满足前述现象，检查电压互感器二次熔丝是否熔断。若熔断，更换相同规格容量的二次熔丝后再将其放上

13.14 各类典型异常案例

13.14.1 主变压器异常案例

变压器中、低压侧 B 相绕组变形：

现象：2018 年 4 月 29 日 13 时 25 分，××变电站 35kV ××线 395 线路 AB 相间故障，过电流 I 段保护动作跳闸，重合不成加速动作跳闸。与此同时，2 号主变比率差动、本体重瓦斯保护动作，跳开 2 号主变三侧开关，35kV 和 10kV 备自投动作成功，未损失负荷。

检查情况：2 号主变进行外观检查未发现异常，但绝缘油色谱、低电压短路阻抗、直流电阻、空载等试验均存在异常。具体为乙炔、氢气、总烃含量明显超标，三比值法编码为 102，说明变压器本体内可能发生了绕组匝间、层间短路或对地放电等故障；高一中三相低电压短路阻抗最大差 3.1%（B 相超标），高一低三相低电压短路阻抗最大差 15%（B 相超标）；中压 B 相绕组直阻不合格。

图 13-1 主变中压侧 B 相绕组线圈

从现场解体情况观察，主变中压侧 B 相绕组有明显变形，中下部 10 匝左右线圈出现不同程度的焦黑痕迹，其中三匝线圈外部纸绝缘已烧毁，线圈有放电痕迹，发生过匝间短路。如图 13-1 所示。

故障原因分析：××线 395 线路 B 单相接地故障发展为 AB 相间故障，造成××线 395 线路过流 I 段动作，重合失败后加速跳闸。2 号主变 35kV 侧受到 AB 相间短路大电流（2628A）及之后重合闸的连续两次的穿越性短路电流冲击，造成了×

×变 2 号主变中低压侧 B 相绕组发生变形和匝间短路。最终导致 2 号主变差动保护和本体重瓦斯保护动作，主变三侧开关 702、302、102 分闸。

处置情况：更换一台备用主变。

13.14.2　断路器异常案例

220kV 分段断路器异常：

现象：2017 年 6 月 5 日 15 时 34 分，220kV ××变电站 220kV GIS Ⅰ、Ⅲ段母线分段 2500 断路器复役操作，在合上 25002 隔离开关时，220kV Ⅰ、Ⅲ段母线故障跳闸。

检查情况：通过外观检查发现 2500 断路器气室外壳表面存在一处明显的油漆受热痕迹，可能为内部短路故障引起，触摸壳体表面有明显温热感。25001 隔离开关气室与 25002 隔离开关气室外观完好，未见明显异常情况。2500 断路器 A 相气室压力 0.68MPa，高于正常相气室压力（0.62MPa）。如图 13-2 所示。

图 13-2　2500 断路器外壳及 A 相气室压力

对故障间隔气室进行 SF_6 气体分解物检测，检测结果标示 2500 断路器气室内部 SO_2、H_2S 含量超标，相邻隔离开关气室 SF_6 气体分解物检测未见异常，初步判断 2500 断路器气室内发生短路故障。

原因分析：对故障气室进行返厂解体分析发现，绝缘拉杆上接头与筒体底部的绝缘拉杆导向件烧损严重，判断绝缘拉杆发生放电；由于绝缘拉杆整体较为完整，未出现明显断裂，仅表面烧蚀严重，初步排除绝缘拉杆内部缺陷引发放电的可能性。因此，推断断路器内部存在自由金属微粒或绝缘拉杆表面脏污引起绝缘拉杆沿面放电，最终造成短路故障。

处置情况：对这台断路器进行更换。

13.14.3　隔离开关异常案例

隔离开关分合闸不到位异常：

现象：2020 年 11 月 9 日 12 时 19 分，220kV ××变电站×× 4993 间隔执行由冷备用

改热备用于 220kV 正母线操作时，运维人员电动操作 49933 隔离开关合闸时刀闸合闸不到位，电动将该隔离开关分闸。再次进行电动合闸操作时，刀闸依然合闸不到位，随后进行手动合闸遇到较大阻力且无法合闸到位。

现场检查：检修人员到现场后申请×× 49933 隔离开关冷备用检查。电动合闸 49933 隔离开关，拐臂动作至大约至 70%行程时即停止，采用手动合闸明显遇到阻力。如图 13-3 所示，检查发现 49934 接地刀闸机械闭锁在半解锁状态，导致 49933 隔离开关在半分半合状态被机械闭锁。如图 13-4 所示，49934 接地刀闸垂直连杆拐臂受力变形，动触头破冰罩受力变形。49935 接地刀闸机械闭锁正常。

图 13-3　49934 接地刀闸机械闭锁在半解锁状态

原因分析：49934 接地刀闸操作时冲击力大于设备接地刀闸破冰罩的强度导致破冰罩变形，挤压接地刀闸动触头与破冰罩间的有效安全间隙，导致接地刀闸合闸时无法有效顶升插入接地刀闸静触头内。在发现接地刀闸无法有效合闸后加大操作力度导致拐臂变形、机械闭锁盘移位，致使 49933 主刀与 49934 接地刀闸机械连锁没有完全匹配到位，最终导致 49933 无法正常合闸操作。

处置情况：现场调整 49934 接地刀闸闭锁位置，使分闸状态下机械闭锁处于解锁状态，同时调整机构箱抱箍与传动连杆，将分合闸行程调整到位，最终分合闸正常。

13.14.4　电流互感器异常案例

220kV 电流互感器爆炸故障：

现象：2013 年 1 月 5 日 5 时 06 分，500kV ××变电站 2Y41 电流互感器 B 相发生爆炸故障，导致 220kVⅢ母、Ⅳ母跳闸。

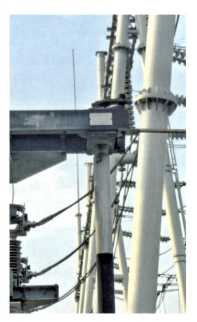

图 13-4　49934 接地刀闸
垂直连杆拐臂受力变形

现场检查：如图 13-5 所示，对电容芯棒进行解体，并检查、测量电容屏，发现电容芯棒外层表面烧损严重，随着解体的深入，内层电容屏外观完整、位置正常且绝缘完好，未见电容屏贯穿型击穿现象。电流互感器头部残存罩壳可见绝缘外观无击穿现象，呈过火烧损痕迹；解体头部发现，一次导电管因受力已变形而难以取出，切割后取出二次绕组，发现顶部位置绝缘有一因击穿形成的贯穿的空洞，说明导致爆炸的绝缘击穿点位于电流互感器顶部位置。

图 13-5 2Y41 电流互感器 B 相爆炸现场

原因分析：12 月 13 日，2Y41 电流互感器在发生爆炸故障前，曾出现二次端子渗油缺陷，此时油位已低至指示器最下端。检修人员与制造厂售后服务人员到场检查后，制定的检修方案为结合 12 月 27 日～28 日停电计划对电流互感器进行现场补油处理，后因天气原因，检修计划调整至 1 月 5 日～6 日，结果于 1 月 5 日 5 时 06 分，该组电流互感器最终发生爆炸故障。电流互感器持续渗油，造成头部绝缘出现露空，顶部绝缘击穿。故障电流产生的热量使电流互感器内部气体急剧膨胀，压力迅速升高，金属膨胀器顶起，并导致头部罩壳沿焊接缝处爆裂，故障电流产生的电动力使互感器头部快速上窜，并将连在一起的电容芯子从互感器底部的接地装置中拔出（接地回路断开），此时故障尚未切除，瓷套内故障电流因接地回路突然断开形成拉弧，致使瓷套中部发生爆炸。

处置情况：更换新的电流互感器。

13.14.5 电压互感器异常案例

线路电压互感器油位异常：

现象：2019 年 3 月 21 日，运维人员巡视发现××变电站 220kV ×× 2M01 线路电压互感器 C 相看不到油位，经检修现场检查、三相对比，确认 C 相电压互感器油位低，并申请强停线路进行补加油工作。

检查情况：现场检查电压互感器 C 相油位，观察窗油位不可见。接线盒处发现异响，同时外观未见明显油迹。如图 13-6 所示，左侧为 C 相油位，右侧为正常相油位。

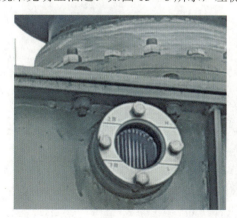 

图 13-6 C 相电压互感器油位与正常油位对比

检查电压互感器二次接线盒，发现底部有少量油迹，二次管线内部有油迹，二次端子绝缘电阻数值低，电容分压器 N 端子悬空未与接地端相连。如图 13－7 所示。

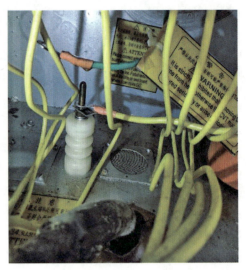

图 13－7　电压互感器二次接线盒内部情况

打开 C 相观察窗，检查邮箱内部油位，可见线圈已经部分露出油面。如图 13－8 所示。

原因分析：根据检查情况判断，电容分压器 N 端子未接地导致低压端在二次接线盒处对接地端子持续放电，接线盒密封环氧树脂受损，密封破坏造成电磁单元渗漏油。

处置情况：检修人员立即对该电压互感器进行补油，同时更换受损的环氧树脂。

图 13－8　电压互感器线圈已部分露出油面

13.14.6　组合电器异常案例

220kV 副母线气室漏气异常：

现象：10 月 12 日 17 时 18 分，220kV ××变电站 220kV 副母线气室漏气且漏气速度加快，现场申请 220kV 副母线停电处理。

检查情况：10 月 1 日 14 时，220kV ××变 220kV 副母线气室报 SF_6 压力低报警信号，运维人员现场检查确认该气室压力低后，联系检修补气至 0.54MPa，信号复归。10 月 8 日，现场巡视时发现 220kV 副母线气室压力值 0.52MPa，通知检修人员现场进行检漏，发现自封阀与母线筒连接处有漏气现象，如图 13－9 所示。

厂家推测该检漏点部位可能因为绝缘板破裂或绝缘板左右两侧的密封面（或者 O 型密封圈）密封不良造成漏气，且漏气部位无法进行堵漏处理，需停电检查处理，在此之间加强监视。监视发现 10 月 1~8 日，压力由 0.54MPa 降至 0.52MPa，8 天共降低 0.02MPa；10 月 8~9 日，压力由 0.52MPa 降至 0.51MPa，2 天共降低 0.01MPa；10 月 9~10 日，压力由 0.51MPa 降至 0.5MPa，1 天共降低 0.01MPa；10 月 10~11 日，压力由 0.5MPa 降至 0.48MPa，1 天共降低 0.02MPa。停电后现场拆下自封阀后，发现自封阀绝缘板存在 3 处裂纹，且有 1 处裂纹较为严重，如图 13-10 所示。

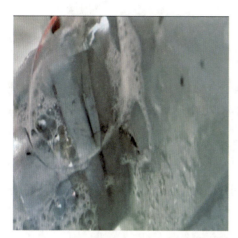 

图 13-9 自封阀与母线筒连接处漏气现象   图 13-10 自封阀绝缘板的 3 处裂纹

原因分析：① 安装工艺问题。绝缘板中心密封圈固定区域承载了全部的紧固力，当紧固力过大、受力不均情况下，可能导致内部裂纹缺陷的扩展，导致开裂；② 制作工艺问题。环氧树脂内部颗粒度大小不一，浇注过程形成的内应力未完全释放，在凹槽、拐角及边缘处形成应力集中区；大量不规则气孔聚集形成微裂纹，运行中裂纹扩展，使绝缘板强度衰减甚至开裂。

处置情况：更换新的绝缘板，同时对同批次已投运的自封阀，密切关注其现场密封情况，验收过程中加强对组合电器设备密封性能的关注，要求厂家严格按照制造工艺和安装工艺规范执行，必要对密封部件进行材质抽检。

13.14.7 开关柜异常案例

开关柜手车动静触头烧蚀：

现象：2017 年 8 月 30 日 00:15，220kV ××变电站 1 号主变比率差动动作，跳开主变高压侧 2501、中压侧 701、低一分支 201A 及低二分支 201B 开关，××变 1 号主变失电，20kV Ⅰ、Ⅱ 段母线失电。

检查情况：201A 开关柜及桥架仓有明显烟熏现象，1 号主变及中性点设备、701 间隔、20kV Ⅱ 段母线开关柜、20kV Ⅰ 段母线开关柜（除 201A 间隔以外）均无异常。将 201A 开关手车拖出发现 201A 断路器手车三相母线侧动触头有不同程度的烧蚀，其中 C 相母线侧触头烧蚀最严重，且部分触指已熔融掉落。如图 13-11 所示。

图 13-11　201A 断路器 C 相母线侧触头烧蚀情况

　　检查故障断路器母线仓发现，C 相母线侧静触头盒完全烧熔、B 相母线侧静触头盒基本烧熔仅有小部分残留、A 相母线侧静触头盒完好。母线侧三相静触头座的导向锥面均有不同程度的烧蚀现象，推断三相静触头座在接触不良情况下发生局部接触过热、出现烧蚀凹痕。拆下主变侧三相静触头，发现三相主变侧静触头表面触指咬合痕迹不均匀，表面动静触头存在三相不对中现象。如图 13-12 所示。

图 13-12　201A 开关柜动静触头烧蚀照片

　　进一步检查柜体内表面及柜内绝缘件，发现 A 相穿柜套管、分支排热缩套等绝缘件外形完整，未见灼烧痕迹；B 相分支排热缩套部分烧毁，其余绝缘件外形完整；C 相穿柜套管也已严重烧毁，母排热缩套已大部分烧毁、母排支撑绝缘子表面因电弧灼烧出一道贯穿性裂纹。进入母线仓内部发现 C 相母线侧触头下方的母线仓底板（地电位）表面发现一处明显的电弧烧蚀点，表面附着金属喷溅物，判断此处为放电通道接地位置。如图 13-13 所示。

图 13-13　201A 间隔母线仓底板电弧烧蚀点

原因分析：20kV 开关柜手车动触头与静触头不对中，搭接面接触电阻过大引起触头发热，长期运行导致 C 相触头熔融造成单相接地短路，进而引发 AC 相间短路，最终发展至三相短路故障。

处置情况：紧急更换一台新的开关柜，以保证供电。

13.14.8　电容器异常案例

1 号电容器异常：

现象：20××年 6 月 13 日 13 时 58 分，500kV ××变电站 4 号主变 1 号电容器差流保护动作，跳开 341 开关，现场检查 1 号电容器组 B 相有一只电容器套管下桩头脱落，外敷热缩套处可见明火，数分钟后熄灭。14 时 29 分向网调申请 1 号电容器组转检修，开展现场检查工作。

检查情况：1 号电容器避雷器计数器未动作，故障时现场无操作，可排除过电压影响。1 号电容器 B 相有一台电容器套管下桩头脱落，电容器下方有油迹，故障电容器上下桩头均有明显电弧灼伤痕迹，外敷热缩套烧毁。如图 13-14 所示。

图 13-14　发生异常的电容器

原因分析：电容器套管桩头与内部引线焊接工艺控制不良，存在虚接现象，如图 13-15 所示。因投运后电容器一直未运行，当日，投运 1h 后电容器内部在较短时间内压力激增，最终导致电容器套管下桩头接线端子冲出，并引发电弧，电容器外敷热缩套燃烧，电容器差流保护动作。由于故障电容器仅存在局部过热，未引发元件击穿，故障电容器电容量测试未见异常。

图 13-15 电容器内部引线焊接不良

处置情况：现场更换两台电容器，一台为故障电容器，一台为正下方有燃烧残留物的电容器，于 6 月 14 日恢复运行。

13.14.9 电抗器异常案例

35kV 电抗器异常：

现象：2021 年 8 月 18 日 18 时 21 分，220kV ××变电站 35kV 2 号电抗器 3K2 开关保护过电流Ⅰ段出口跳闸；×× 1 号 322 开关过电流Ⅰ段出口跳闸、重合闸动作、开关后加速出口、开关跳闸。2 号电抗器 3K2 开关 C 相炸裂、三相电流互感器外绝缘受损、地上有微弱火光。如图 13-16 所示。

检查情况：2 号电抗器 3K2 开关 C 相灭弧室及支撑绝缘子炸裂，分别由连接铜排挂接在网架和横担上，C 相绝缘拉杆烧损，B 相支柱绝缘子被削掉半边，三相电流互感器绝缘子不同程度受损，网门受损严重，墙壁上有开关炸裂时痕迹，出线铜排有拉弧放电痕迹。

图 13-16 2 号电抗器现场情况

25 日再次对断路器及电流互感器进行检查，发现断路器 C 相绝缘拉杆气室受损严重，拉杆连接导电端及接地端有明显灼烧痕迹，拉杆被炸裂为数片玻璃纤维散落在气室底部，玻璃纤维条均呈现一侧严重烧蚀一侧保持完整的状态；断路器 B 相电流互感器侧导电端在靠近 C 相侧有明显放电痕迹。如图 13-17 所示。

图 13-17　断路器 B 相电流互感器侧导电端部受损情况

A 相电流互感器绝缘子底座在面向断路器方向上有明显放电灼烧痕迹，导电端部也有灼烧痕迹，且 C1C2 串并联排间有明显放电通道。B 相电流互感器外表无异常，C 相电流互感器电缆侧导电端部存在明显放电痕迹。

原因分析：经现场一二次设备检查初步分析，2 号电抗器 3K2 断路器合闸后 C 相绝缘拉杆发生放电导致母线接地，放电导致内部绝缘下降造成断路器炸裂，炸裂的 C 相断路器引发断路器 BC 相间短路并拉弧，引发电流互感器 A 相接地短路，最终引发三相短路。

处置情况：检修人员对 3K2 开关间隔清扫后，拆除开关及电流互感器对应两侧铜排，于 19 日 16 时恢复 35kV Ⅱ 段母线送电。

13.14.10　交、直流系统异常案例

1. 直流系统电源电缆异常

现象：2022 年 4 月 17 日，500kV ××变电站站内电缆沟 220V 视频监控电缆发生短路着火，导致 51、52 保护小室站用直流系统电源电缆受损，造成保护小室内 500kV 线路保护、500kV Ⅰ、Ⅱ 母线保护和站内稳控装置失电，6 回 500kV 线路停运。

检查情况：检查现场过火处为主控楼至 51、52 保护小室电缆沟拐弯处，事发时段着火点处无施工、无操作，无其他非电类着火条件。检查视频电源情况，站内视频电源电缆由 3 芯不带铠电缆（RVV3×1.5）向场地摄像头提供 220V 交流电源，共用一个低压空气开关（C16）。分析视频监控记录，4 时 48 分 27、28 秒，两根视频电源所供摄像头视频信号相继消失，同一 PVC 管敷设的视频电源 1 和视频电源 2 中断，此时 51 小室和 52 小室直流分屏电缆尚未受到影响，视频电源 1 电缆和视频电源 2 电缆为该电缆沟内第一个中断的有源电缆。分析烧损情况，处于第一层的同一 PVC 管敷设的视频电源 1 电缆和视频电源 2 电缆烧毁严重，其下方动力电缆铠甲层完好，无机械受损现象，烤焦现象明显，其周边动力电缆仅存在阻燃层受损，最下方电缆外侧有灼伤痕迹。同一 PVC 管敷设的视频电源 1 电缆和视频电源 2 电缆为第一起火点。如图 13-18 所示。

图 13-18　现场电缆放置情况

原因分析：第一层敷设的视频电源电缆外绝缘受损，因近期连续下雨受潮引起短路。

处置情况：电缆每层加装防火板，并用防火槽盒进行固定。

2. 站用电馈线开关失压脱扣未带延时造成交流系统失电

现象：20××年 07 月，35kV××变电站因雷雨天气造成所用变高压侧电网电压严重波动引起所变次级 3QF、4QF 空气开关失压装置动作（属正常动作）造成 3QF、4QF 空气开关跳闸，随后自投成功，交流母线重新带电，但交流屏所有的负荷开关均失电。

检查情况：现场检查无异常，情况如上文所述。

原因分析：由于 3QF、4QF 开关有自投功能，瞬时自投成功，但交流屏所有的馈线开关自带失压脱扣功能且未设置延时，所以所有的负荷开关瞬时跳闸。由于该开关必须手动复归，在交流母线再次来电时不能自动投入，导致交流馈线屏所有出线开关全部失电。

处置情况：交流系统进行改造，将所有馈线空气开关全部更换为带延时失压脱扣功能的空气开关。

13.14.11　继电保护异常案例

220kV 线路操作箱异常：

现象：6 月 24 日 3 时 27 分，220kV ××变电站 2965 线 C 相跳闸，重合闸动作出口，C 相开关合上约 40ms 后再次跳开，随后非全相保护动作开关三相跳开。6 月 30 日 20 时 55 分该故障再次发生。

检查情况：220kV ××变电站×× 2965 开关两次跳闸后，现场查看 2965 开关本体以及端子箱、机构箱等一次设备均无异常。6 月 30 日跳闸后，检查发现 2965 保护操作箱有放电痕迹，并有轻微水痕。2965 开关两次跳闸均在地区短时阵雨结束后，同时 220kV ××变电站为装配式变电站，2965 线路保护屏上方为金属钢梁，且该保护屏顶散热孔正对该金属钢梁，登高检查后发现金属钢梁潮湿。如图 13-19 所示，检查操作箱 C 相跳闸出口插件，发现 1TBIJ 继电器有放电痕迹，继电器周围疑似有水痕，同时操作箱外壳上部开有孔洞，用于内部元器件散热，初步怀疑有水通过孔洞侵入操作箱。

图 13-19　第一组 C 相跳闸出口插件

原因分析：湿热水汽在遇金属钢梁冷凝后滴落，通过 2965 线保护屏散热孔侵入操作箱中导致开关跳闸。

处置情况：更换操作箱跳闸板插件，加强变电站运行环境监视，提升保护屏柜顶部防护水平。

13.14.12　智能设备异常案例

220kV ××变电站操作顺序错误造成母线保护误动：

现象：20××年 9 月 21 日，220kV ××变电站 220kV 开关合并单元更换。17 时 30 分，现场工作结束。17 时 37 分，运行人员按调度令开始操作恢复 220kV Ⅰ－Ⅱ段母线及Ⅲ－Ⅳ段母线 A 套差动保护，在退出Ⅰ－Ⅱ段母线 A 套差动保护"投检修"连接片后，操作批量投入各间隔的"GOOSE 发送软压板"和"间隔投入软压板"。17 时 42 分，Ⅰ－Ⅱ段母线母差保护动作，跳开Ⅰ－Ⅱ母母联 212 开关、2 号主变 232 开关、241 开关以及 242 开关，243 开关、244 开关因"间隔投入软压板"还未投入，未跳闸。

原因分析：在恢复 220kV Ⅰ－Ⅱ段母线 A 套差动保护过程中，运行人员错误地将母差保护"投检修"连接片提前退出，并投入了Ⅰ、Ⅱ母各间隔"GOOSE 发送软压板"，使母差保护具备了跳闸出口条件，在批量投入"间隔投入软压板"过程中，母差保护出现差流并达到动作门槛，母差保护动作。

处置情况：故障发生后，运维单位按正确的操作方法投入母差保护，恢复母线的正常运行。

第 14 章
事故处理

14.1　事故处理一般原则

14.1.1　事故处理的基本原则

（1）应遵守《国网公司电力安全工作规程　变电部分》、各级《电网调度管理规程》《变电站现场运行通用规程》《变电站现场运行专用规程》及安全工作规定，在值班调控人员统一指挥下处理，变电运维人员应按当值调度员的命令迅速正确地进行处置。

（2）下列情况下，为防止事故扩大，现场变电运维人员可在先做紧急处理后再汇报调度：

1）将直接威胁人员安全的设备停电。

2）确知无来电可能，将已损坏的设备隔离。

3）变电站站用电部分或全部失去时恢复站用电源。

4）当备用电源因故未能自投，手动投入备用电源恢复供电。

14.1.2　事故处理的主要任务

（1）尽快弄清事故发生的原因，限制事故的发展，清除事故的根源，解除对人员和设备安全的威胁。

（2）用一切可能的方法，保持设备继续安全运行，以保持对用户的正常供电。

（3）尽可能对已停电的用户恢复供电。

（4）根据调度指令调整电力系统方式，使其恢复正常。

14.2　事故处理基本流程

事故处理基本流程如图 14-1 所示。

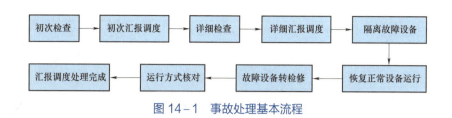

图 14-1 事故处理基本流程

14.3 变压器故障事故处理

14.3.1 处理原则

（1）重瓦斯和差动保护同时动作跳闸，未查明原因和消除故障之前不得强送。

（2）重瓦斯或差动保护之一动作跳闸，在检查外部无明显故障，经过瓦斯气体检查（必要时还要测量直流电阻和色谱分析）证明变压器内部无明显故障后，经设备运检单位分管领导同意，可以试送一次。有条件者，应进行零起升压。

（3）变压器后备保护动作跳闸，进行外部检查、初步分析（必要时进行相关电气试验）无异常，并经设备运行维护单位同意，可以试送一次。

（4）变压器其他故障情况，按现场运行规程及有关规定进行处理。

14.3.2 故障现象及处理流程

表 14-1 为故障现象及处理流程。

表 14-1 故障现象及处理流程

变压器故障类别	故障现象	处理流程
本体保护动作	（1）监控系统发出重瓦斯保护动作、差动保护动作、差动速断保护动作信息，主画面显示主变各侧断路器跳闸，各侧电流、功率显示为零。 （2）保护装置发出重瓦斯保护动作、差动保护动作、差动速断保护动作信息	（1）主变压器保护动作跳闸后，运行变电运维人员首先应记录事故发生时间、设备名称、断路器变位情况、主要保护和自动装置动作信号等事故信息。 （2）当并列运行中的一台主变压器跳闸后，应密切关注运行中的主变压器有无过负荷现象。 （3）主变压器跳闸后应密切关注站用电的供电，及时调整站用电的负荷。 （4）将以上信息、天气情况、停电范围和当时的负荷情况及时汇报调度和有关部门。 （5）记录保护及自动装置屏上的所有信号，检查故障录波器的动作情况。打印故障录波报告及保护报告。 （6）检查保护范围，重点检查一次设备（遇到主变压器火灾、爆炸等情况时，检查过程中注意人身安全）。 1）如果是套管等爆炸事故，也应该检查套管爆炸引起其他设备的损坏情况。 2）如果是主变压器着火等情况，首先应检查主变压器各侧断路器是否已跳闸，消防设施是否启动，否则立即手动拉开故障主变压器各侧断路器，立即停运冷却装置，否则立即手动启动消防设施，并同时向消防部门报警。

续表

变压器故障类别	故障现象	处理流程
变压器有载调压重瓦斯动作	（1）监控系统发出有载调压重瓦斯保护动作信息，主画面显示主变各侧断路器跳闸，各侧电流、功率显示为零。 （2）保护装置发出变压器有载调压重瓦斯保护动作信息	3）将详细检查结果汇报调度和相关专职、领导，并根据调度命令进行处理。 4）事故处理完毕后，变电运维人员填写运行日志、事故跳闸记录等，并根据断路器跳闸情况、保护及自动装置的动作情况、事件记录、故障录波、微机保护打印报告及处理情况，整理详细的事故经过，编写事故报告
变压器后备保护动作	（1）监控系统发出复合电压闭锁过流保护、零序保护、间隙保护等信息，主画面显示主变相应断路器跳闸，电流、功率显示为零。 （2）保护装置发出变压器后备保护动作信息	

14.4 母线故障事故处理

14.4.1 处理原则

（1）母线故障不允许未经检查即强行送电。

（2）如母线失压造成站用电失电，优先恢复站用电，并立即上报调度，同时将失压母线上的断路器全部拉开。

（3）如有明显的故障点，应用隔离开关将其隔离，恢复母线送电。

（4）经检查若确系母差或失灵保护误动作，应停用母差或失灵保护，立即对母线恢复送电。

（5）如故障点不能隔离，对于双母线接线，一条母线故障停电时，采用冷倒母线方法，将无故障元件倒至运行母线上，恢复送电。

（6）找不到明显故障点的，可试送电一次，应优先用外部电源，其次是选择主变压器或母联断路器；试送断路器必须完好，并有完备的继电保护。如用线路对侧给母线充电，应将本侧高频保护的收发信机、线路对侧的重合闸停用。

（7）双母线接线同时停电时，如母联断路器无异常且未断开应立即将其拉开，经检查排除故障后再送电。要尽快恢复一条母线运行，另一条母线不能恢复则将所有负荷倒至运行母线。

（8）母线故障跳闸若是某一出线断路器拒动（包括失灵保护动作）越级所致，对拒动断路器首先隔离（拉开断路器两侧隔离开关），对失电母线进行外部检查（包括出线断路器及其保护），尽快恢复送电。拒动断路器故障如不能很快消除，有条件时应采用旁路断路器代替运行。

（9）当 GIS 发生故障时，必须查明故障原因，同时将故障点进行隔离或修复后对 GIS 恢复送电。

14.4.2 故障现象及处理流程

表 14-2 为母线故障现象及处理流程。

表 14-2 母线故障现象及处理流程

母线故障现象		处理流程
母线电压为零，母线所连元件电流、有功功率、无功功率为零	母线配置母差保护，若发出"母差保护动作"光字牌，各出线断路器在分位，可能是母线有故障，母差保护动作跳闸	（1）母线保护动作跳闸后，变电运维人员首先应记录事故发生时间、设备名称、断路器变位情况、主要保护及自动装置动作信号等事故信息及时汇报调度和有关部门。 （2）检查运行主变压器的负荷情况，考虑主变压器中性点接地方式。 （3）如有工作现场或操作现场，应立即停止工作并对现场进行检查。 （4）记录保护及自动装置屏上的所有信号，打印故障录波报告及微机保护报告。 （5）现场检查跳闸母线上所有设备，是否有放电、闪络痕迹或其他故障点。 （6）将详细检查结果汇报调度和相关专职、领导，按照当值调度指令进行事故处理。 （7）事故处理完毕后，变电运维人员填写运行日志、断路器分合闸等记录，并根据断路器跳闸情况、保护及自动装置的动作情况、故障录波报告以及处理过程，整理详细的事故处理经过，编写事故报告
	母线未配置母差保护，在220kV变电站中，一般为35kV（或10kV）母线，若仅发出"主变压器低压侧过电流保护动作"光字牌，则可能是母线故障	

14.5 线路故障事故处理

14.5.1 处理原则

（1）一般情况下，非充电线路故障跳闸后，值班调度员应待变电运维人员完成现场检查，确认站内设备无异常、具备送电条件后，对故障线路强送一次。充电线路故障跳闸后，值班调度员宜待设备运检单位完成巡线检查并确认不影响运行后试送一次。

（2）重要联络线故障跳闸且变电运维人员短时内无法赶到现场检查时，若出现以下情况之一，为加速事故处理，在确认具备远方试（强）送条件后，值班调度员可不经变电站现场检查即进行远方强送：

1）线路跳闸后造成变电站全停。

2）线路跳闸后造成部分厂站通过单线与主网连接，或系统间单线连接。

3）线路跳闸后电网其他重要元件或断面超稳定限额，且无法在短时间内通过调整发电厂出力、倒负荷等手段进行有效控制。

（3）当遇到下列情况时，未经变电站、线路现场检查确认，不允许对故障跳闸线路进行试（强）送：

1）全部或部分是电缆的线路。

2）判断故障可能发生在站内。

3）线路有带电作业，且明确故障后不得试（强）送。

4）存在已知的线路不能送电的情况。包括：严重自然灾害、外力破坏导致线路倒塔或导线严重损坏、人员攀爬等。

（4）对故障跳闸线路试（强）送时优先采用远方操作方式。监控远方操作前，必须确认满足以下条件：

1）调度自动化系统没有影响远方操作的缺陷或异常信号。

2）待操作开关间隔一、二次设备没有影响正常运行的异常告警信息。

3）故障跳闸线路站内有关设备完好。（变电运维人员在现场时，由其检查确认；变电运维人员未在现场时由值班监控员通过站内工业视频确认不存在影响设备正常运行的明显缺陷。）

4）对故障跳闸线路送电不会对站内人员造成安全威胁。（变电运维人员在现场时，由其核实确认；变电运维人员未在现场时由值班监控员联系变电运检单位核实确认。）

（5）全部是电缆的线路故障跳闸后，经过检查确认无异常可正常送电后，对线路试送一次。电缆与架空线混合的线路，全线经过检查确认无异常可正常送电后，对线路试送一次；经过检查发现架空线路有明显故障点且不影响运行时，也可对线路试送一次。

（6）强送端的选择，除考虑线路正常送电注意事项外，还应考虑：

1）一般宜从距离故障点远的一端强送。

2）避免在振荡中心和附近进行强送。

3）避免在单机容量为 30 万 kW 及以上大型机组所在母线进行强送。

4）20kV 馈供线路宜从送端强送。

（7）线路强送不成，应将线路改为检修。若电网运行急需，可以采用零起升压方式以判明线路是否有故障；无条件零起升压时，经请示省调领导同意后再强送一次。

（8）带电作业的线路故障跳闸后，值班调度员应立即与申请带电作业的单位联系，值班调度员在得到申请单位同意后方可进行强送电。

14.5.2　故障现象及处理流程

表 14-3 为线路故障现象及处理流程。

表 14-3　　　　　　　　　　　线路故障现象及处理流程

线路故障类型	故障现象	处理流程
瞬时性故障跳闸，重合闸重合成功	（1）事故警报，监控后台机主接线图断路器标志先显示绿闪，继而又转为红闪。 （2）故障线路功率瞬间为零，继而又恢复数值（电流可查阅故障录波器波形）。由于是瞬时性故障，重合闸动作时间较短，上述故障的中间转换过程变电运维人员不易看到。 （3）监控后台机出现告警窗口，显示故障线路某种保护动作、重合闸动作、故障录波器动作等信息。故障线路保护屏显示保护及重合闸动作信息（信号灯亮），分相控制的线路则还有某相跳闸或三相跳闸的信息（信号）	（1）记录跳闸时间、跳闸断路器，检查并记录相关设备潮流指示、告警信息、继电保护及自动装置动作情况，并根据故障信息进行初步分析判断。并汇报调度，初次汇报内容包括：时间、跳闸开关、潮流变化、保护动作情况，详细情况待运行值班员详细检查后再汇报。（目前该步骤由监控中心值班员检查汇报调度并通知变电站值班员。） （2）现场有工作时应通知现场人员停止工作、保护现场，了解现场工作与故障是否关联。 （3）变电运维班人员迅速赶赴现场详细检查继电保护、安全自动装置动作信号、故障相别、故障测距等故障信息，复归信号，综合判断故障性质、地点和停电范围。然后检查保护范围内的设备情况，检查跳闸线路断路器位置及线路保护范围内的所有一次设备外观、油位、导线、绝缘子、SF_6 压力、液压等是否完好。将检查结果汇报调控人员和上级主管部门。

线路故障类型	故障现象	处理流程
永久性故障跳闸，重合闸重合不成功	（1）事故警报，监控后台机主接线图断路器标志显示绿闪。 （2）故障线路电流、功率指示均为零。 （3）监控后台机出现告警窗口，显示故障线路某种保护动作、重合闸动作、故障录波器动作等信息。故障线路保护屏显示保护及重合闸动作信息（信号灯亮），分相控制的线路则还有某相跳闸及三相跳闸信息（信号）	（4）检查发现故障设备后，应按照调控人员指令将故障点隔离，若检查发现其余设备存在异常影响送电也应将异常设备隔离，将无故障设备恢复送电

14.6　电抗器故障事故处理

14.6.1　处理原则

（1）电抗器着火时的处理。电抗器着火时，立即拉开电抗器各侧断路器和冷却器交流电源，迅速启用消防灭火装置，并向 119 报警同时采取其他灭火措施。如油溢在电抗器顶盖上着火时，则应打开下部阀门放油至适当油位；如电抗器内部故障引起着火时，则不能放油，以防电抗器发生严重爆炸。

（2）其他原则同第三节变压器故障处理一般原则。

14.6.2　故障现象及处理流程

表 14-4 为电抗器故障现象及处理流程。

表 14-4　　　　　　　　　　电抗器故障现象及处理流程

电抗器故障现象	处理流程
（1）事故警报，监控后台机主接线图，电抗器断路器标志显示绿闪。 （2）故障电抗器电流、功率指示均为零。 （3）监控后台机出现告警窗口，显示故障电抗器某种保护动作信息。故障电抗器保护屏显示保护动作信息（信号灯亮）。 （4）电抗器外部设备短路故障伴随声光现象。充油电抗器内部故障可有冒烟、喷油现象	（1）记录跳闸时间、跳闸断路器，检查并记录相关设备潮流指示、告警信息、继电保护及自动装置动作情况，并根据故障信息进行初步分析判断，并初次汇报调度，详细情况待运行值班员详细检查后再汇报。 （2）现场有工作时应通知现场人员停止工作、保护现场，了解现场工作与故障是否关联。 （3）变电运维人员迅速赶赴现场详细检查继电保护、安全自动装置动作信号、故障相别等故障信息，复归信号，综合判断故障性质、地点和停电范围。然后检查保护范围内的设备情况，检查跳闸断路器位置及电抗器保护范围内的所有一次设备外观、油位、温度、导线、绝缘子、SF_6 压力等是否完好。将检查结果汇报调控人员和上级主管部门。 （4）检查发现故障设备后，应按照调控人员指令将故障点隔离，若检查发现其余设备存在异常影响送电也应将异常设备隔离，将无故障设备恢复送电（线路需符合无高抗运行规定）

14.7 电容器故障事故处理

14.7.1 处理原则

（1）并联电容器断路器跳闸后，没有查明原因并消除故障前不得送电，以免带故障点送电引起设备的更大损坏和影响系统稳定。

（2）并联电容器电流速断、过电流保护或零序电流保护动作跳闸，同时伴有声光现象时，或者密集型并联电容器压力释放阀动作，则说明电容器发生短路故障，应重点检查电容器，并进行相应的试验。如果整组检查查不出故障原因，就需要拆开电容器组，逐台进行试验。若电容器检查未发现异常，应拆开电容器连接电缆头，用 2500V 绝缘电阻表遥测电缆绝缘（遥测前后电缆都应放电）。若绝缘击穿，应更换电缆。

（3）并联电容器不平衡保护动作跳闸应检查有无熔断器熔断。对于熔断器熔断的电容器应进行外观检查。外观无异常的应对其放电后拆头，进行极间绝缘遥测及极间对外壳绝缘遥测，20℃时绝缘电阻不应低于 2000MΩ。若绝缘测量正常，对电容器进行人工放电后更换同规格的熔断器。若绝缘电阻低于规定或外观检查有鼓肚、渗漏油等异常，应将其退出运行。同时要将星形接线的其他两相各拆除一只电容器的熔断器，以保持电容器组的运行平衡。

（4）工作前，在确认并联电容器断路器断开后，应拉开相应隔离开关，然后验电、装设接地线，让电容器充分放电。由于故障电容器可能发生引线接触不良、内部断线或熔断器熔断，装设接地线后有一部分电荷可能未放出来，所以在接触故障电容器前应戴绝缘手套，用短路线将故障电容器的两极短接，方可接触电容器。对双星形接线电容器的中性线及多个电容器的串接线，还应单独放电。

（5）若发现电容器爆炸起火，在确认并联电容器断路器断开并拉开相应隔离开关后，进行灭火。灭火前要对电容器放电（装设接地线），没有放电前人与电容器要保持一定距离，防止人身触电（因电容器停电后仍储存有电量）。若使用水或泡沫灭火器灭火，应设法先将电容器放电，要防止水或灭火液喷向其他带电设备。

（6）并联电容器过电压或低电压保护动作跳闸，一般是由于母线电压过高或系统故障引起母线电压大幅度降低引起的，应对电容器进行一次检查。待系统稳定以后，根据无功负荷和母线电压再投入电容器运行。电容器跳闸后至少要经过 5min 方可再送电。

（7）接有并联电容器的母线失压时，应先拉开该母线上的电容器断路器，待母线送电后根据无功负荷和母线电压再投入电容器运行。拉开电容器断路器是为了防止母线送电时造成母线电压过高、损坏电容器。因为母线送电、空母线运行时，母线电压较高，如果带着电容器送电，电容器在较高的电压下突然充电，有可能造成电容器喷油或鼓肚。同时，因为母线没有负荷，电容器充电后大量无功向系统倒送，致使母线电压升高，超过了电容器允许连续运行的电压值（电容器的长期运行电压不应超过额定电压的 1.05 倍）。另外，变压器空载投入时产生大量的 3 次谐波电流，此时，如果电容器电路和电源的阻抗接近于谐振条件，其电流可达电容器额定电流的 2～5 倍，持续时间 1～30s，可能引起过电流保护动作。

（8）并联电容器过电流保护、零序保护或不平衡保护动作跳闸后，经检查试验未发现故障，应检查保护有无误动可能。

14.7.2 故障现象及处理流程

表 14-5 为电容器故障现象及处理流程。

表 14-5   电容器故障现象及处理流程

电容器故障现象	处理流程
（1）事故警报，监控后台机主接线图，电容器断路器标志显示绿闪。 （2）故障电容器电流、功率指示均为零。 （3）监控后台机出现告警窗口，显示故障电容器某种保护动作信息。故障电容器保护屏显示保护动作信息（信号灯亮）。 （4）电容器设备短路故障，可伴随声光现象。充油电容器内部故障时可有冒烟、鼓肚、喷油现象。 （5）电容器跳闸同时伴有系统或本站其他设备故障，则往往是由母线电压波动引起的电容器跳闸，应根据现象区别处理	（1）记录跳闸时间、跳闸断路器，检查并记录相关设备电压指示、告警信息、继电保护及自动装置动作情况，并根据故障信息进行初步分析判断。汇报调度，初次汇报内容包括：时间、跳闸开关、电压变化、保护动作情况，详细情况待运行值班员详细检查后再汇报。（目前该步骤由监控中心值班员检查汇报调度并通知变电站值班员。） （2）现场有工作时应通知现场人员停止工作、保护现场，了解现场工作与故障是否关联。 （3）变电运维人员迅速赶赴现场详细检查继电保护、安全自动装置动作信号、故障相别等故障信息，复归信号，综合判断故障性质、地点和停电范围。然后检查保护范围内的设备情况，检查跳闸断路器位置及变压器保护范围内的所有一次设备外观、导线、绝缘子、SF_6 压力等是否完好。检查电容器组、电抗器、电流互感器、电力电缆有无爆炸、鼓肚、喷油，接头是否过热或融化，套管有无放电痕迹，电容器的熔断器有无熔断。如果发现设备着火，应确认电容器断路器断开后，拉开隔离开关，电容器装设地线（或合接地刀闸）后灭火。将检查结果汇报调控人员和上级主管部门。有无功自投切装置的还要将对应故障设备自投切停用。 （4）如果是过电压或低电压保护动作跳闸，且检查设备没有异常，待系统稳定并经过 5min 放电后，电容器方可投入运行。 （5）如果电容器速断保护、过电流保护、零序保护或不平衡保护动作跳闸，或者密集型并联电容器压力释放阀动作，或者电容器组、电流互感器、电力电缆有爆炸、鼓肚、喷油，接头过热或融化，套管有放电痕迹，电容器的熔断器有熔断现象时，应将电容器停用。 （6）不平衡保护动作跳闸，运维人员应检查电容器的熔断器有无熔断。如有熔断，汇报调度进行停电，接地并充分放电后由检修人员处理。 （7）故障电容器经检修、试验正常后方可投入系统运行。如果故障点不在电容器内部，可不对电容器进行试验。排除故障后可恢复电容器送电。 （8）检查发现故障设备后，应按照调控人员指令将故障点隔离，若检查发现其余设备存在异常影响送电也将异常设备隔离

14.8 复合故障事故处理

14.8.1 死区事故处理

1. 事故概述

保护动作之后是通过跳开断路器切除故障，断路器跳开后，故障仍未消除，此时由后备保护进行切除故障。这种现象表明在两种设备之间就存在一个特殊的位置，也就是通常所说的死区。死区的存在对系统的安全稳定运行有很大的威胁，因为死区大都位于母线（主变压器）附近，一旦死区范围内发生故障，不能快速切除，对设备和电网的影响大，所以要采取措施尽快切除死区故障。

2. 处理原则

（1）值班员迅速赶赴现场详细检查继电保护、安全自动装置动作信号、时间、故障相别、故障测距、天气情况、短路电流等信息，记录并复归信号。现场有工作时应通知现场人员停止工作、保护现场，了解现场工作与故障是否关联。

（2）根据后台和二次设备的动作情况（保护动作的时序来分析），然后通过各保护动作顺序和保护范围判断故障点大致范围，判断为何种死区事故，现场一次设备检查时除站内停电设备的检查外重点检查保护范围内设备是否有接地、短路、闪络、绝缘击穿等现象。

（3）由于死区事故一般会造成故障范围扩大，尽快隔离故障点，恢复非故障设备送电。

（4）死区故障与对应断路器拒动时的现象类似，但死区故障没有断路器拒动情况，需要值班员根据事故现象综合分析，做出正确判断，若能及时发现死区故障，可大大提高事故处理速度，尽快恢复无故障设备送电。

14.8.2　断路器拒动事故处理

1．事故概述

断路器拒动事故：断路器在继电保护及安全自动装置动作后发出指令的情况下拒绝动作。运行中断路器发生的异常和故障大多数是由于操动机构和断路器控制回路的元件故障引起的。因此，变电运维人员必须熟悉现场断路器的操作和控制回路图以及断路器的有关操动机构，以便在断路器出现故障时能正确地做出判断和处理。

2．处理原则

（1）事故判断。

1）在后台检查保护时序动作和断路器分合情况、告警信息。

2）现场检查保护装置动作情况、故障报文。

3）调取故障录波器波形分析故障设备的电流、电压情况。

4）现场检查故障设备和断路器运行情况。

（2）事故处理。确定故障点后，隔离故障和拒动断路器。在调度指令下恢复无故障设备送电。

（3）处理步骤。

1）记录跳闸时间、跳闸和拒动断路器，检查并记录相关线路、母线或主变压器的电压及潮流变化情况，检查运行设备的情况、告警信息、继电保护及自动装置动作情况，站用变及直流系统运行情况，并根据故障信息进行初步分析判断。并汇报调度，初次汇报内容包括：时间、跳闸断路器、潮流变化、保护动作情况，详细情况待现场值班员详细检查后再汇报。

后台检查保护装置的保护动作信息和时间顺序记录，检查有无明显的保护故障信号和断路器故障信号。后台检查已经跳闸的断路器和未跳闸但没有负荷的断路器、失压的线路/主变压器/母线，判断事故时受影响的一次设备范围。

2）值班员迅速赶赴现场详细检查继电保护、安全自动装置动作信号、故障相别等故障信息，复归信号，综合判断故障性质、地点和停电范围，检查相关一二次设备情况。现场有工作时应通知现场人员停止工作、保护现场，了解现场工作与故障是否关联。

检查保护范围内的所有一次设备外观、油位、温度、导线、绝缘子、SF_6 压力等是否完好。检查相关保护装置、分相操作箱的指示灯是否正常，有无告警信号，保护装置内有无故障报文，装置电源是否正常，断路器控制电源空开是否合上，保护屏后端子有无断股、松动、放电现象。检查拒动断路器本体三相位置、实际分合闸状态与机械、电气位置指示相一致，SF6 和油压力是否正常，液压机构油箱油位、空压机构压缩机压力、弹簧操动机构储能是否正常、有无渗漏油，断路器外观是否有异常，绝缘子有无闪络（若能观察到断路器内部传动机构，应检查断路器传动连杆是否断裂、连杆位置是否在分合闸对应位置）。机构箱内空气开关是否正常、接线有无断股/松动等现象。值班员将检查结果汇报调度和上级领导。

3）值班员按照调度指令将故障隔离（包括拒动断路器），若检查发现其余设备存在异常影响送电也应将异常设备隔离，将无故障设备恢复送电。

14.9　各类典型事故处理案例

14.9.1　变压器故障案例

1. 事件经过

2021 年 12 月 27 日 04 时 09 分,220kV ××变电站 2 号主变 A 保护比率差动保护动作，三侧开关跳闸。所连接 110kV 变电站备自投成功，本次故障无负荷损失。经查故障原因为××变电站 2 号主变上方 110kV 引出线 B 相悬挂绝缘子因异物击穿导致差动保护动作。14 时 23 分，更换绝缘子并对主变检测无异常后恢复送电。

2. 故障前运行方式

220kV ××变电站 220kV、110kV 系统均为双母线接线，35kV 系统为双母线带旁母接线。故障前 220kV 1、2 号主变分列运行，母联 2510、710、310 均处于分位。

××变电站 2 号主变型号 SFS10－18000/220，接线组别 YN，yn0，yn0＋d11，济南西门子变压器有限公司产品，2005 年 4 月出厂，2005 年 9 月 7 日投运。上次检修日期为 2019 年 4 月，各例行试验数据正常。最近一次油色谱试验日期为 2020 年 11 月 9 日，各项数据正常。

××变电站 2 号主变 A 保护生产厂家为南瑞科技，型号为 NSR－378，投运日期为 2020 年 7 月 2 日；B 保护国电南自的 PST 1200U 数字式变压器保护装置，投运日期为 2018 年 5 月 27 日，上次校验日期为 2019 年 4 月 29 日。

3. 现场检查情况

（1）二次设备检查情况。如图 14－2 所示，××变电站 2 号主变差动回路高、中压侧 A 保护（NSR－378 保护）抽取独立电流互感器二次绕组构成差动保护回路，B 保护（PST－1200U 保护）抽取主变套管电流互感器二次绕组构成差动保护回路。

1）A 保护（NSR－378 保护）动作情况分析：0ms 整组启动；7ms 比差动作故障相别为 AB 相；故障差流一次值 2337A（二次 $4.948I_{eA}$）。故障录波调取完好，并及时汇报省调监控。动作报告及故障波形如图 14－3～图 14－6 所示。

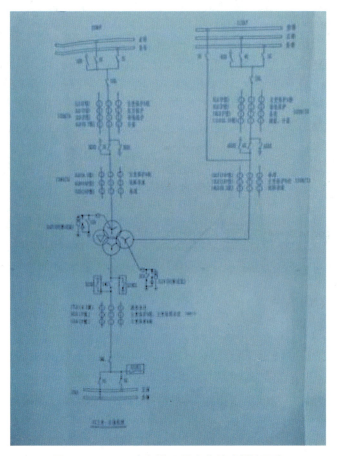

图 14-2 ××变电站 2 号主变差动保护回路

图 14-3 A 保护动作报告

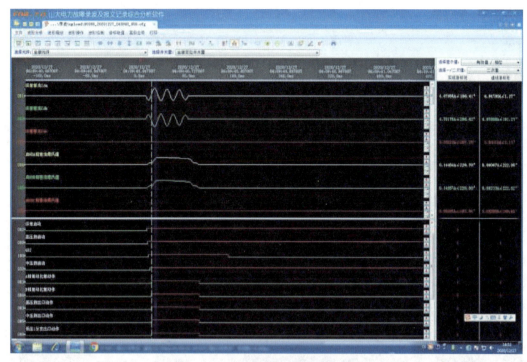

图 14-4 A 保护动作故障录波（1）

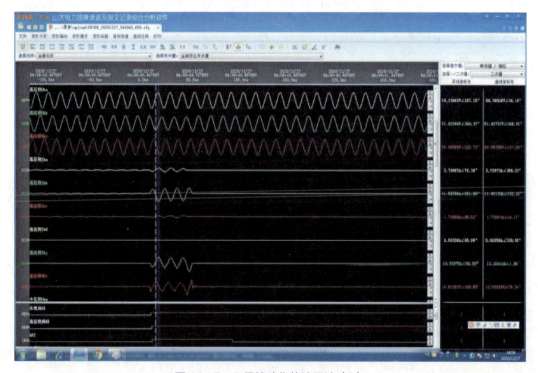

图 14-5 A 保护动作故障录波（2）

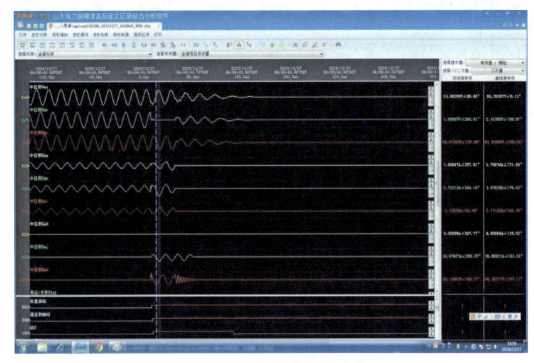

图 14-6　A 保护动作故障录波（3）

主变保护纵差保护启动电流定值为 $0.8I_e$。如图 14-7 所示，在 04 时 09 分 40 秒 659 时刻，保护装置纵差启动。

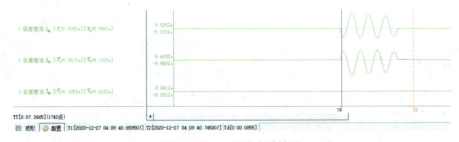

图 14-7　A 保护启动情况

如图 14-8 所示，在 04 时 09 分 40 秒 666 时刻，A 相差流、B 相差流达到 $5I_e$，大于定值 $0.8I_e$，此时制动电流和差动电流满足动作特性，纵联差动动作。

中压侧电压电流波形如图 14-9 所示，符合中压侧 B 相接地故障的特征。

保护要求变压器各侧 TA 均按 Y 形接线，并要求各侧 TA 均按相同极性接入，极性端靠近母线侧。变压器各侧 TA 二次电流相位由软件调整，本装置采用 Y→△ 变换进行相位校正。其相位校正方法如下：

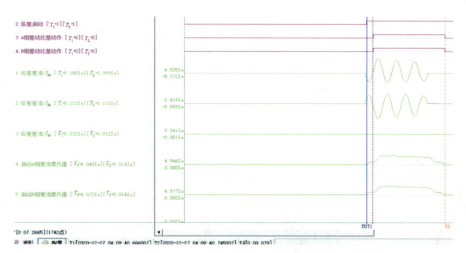

图 14-8　A 相、B 相差动比差动作

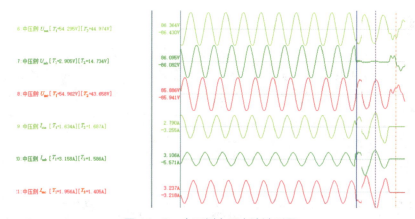

图 14-9　中压侧电压电流波形图

Y 侧：　$\dot{I}'_A = (\dot{I}_A - \dot{I}_B) / \sqrt{3}$

$\dot{I}'_B = (\dot{I}_B - \dot{I}_C) / \sqrt{3}$

$\dot{I}'_C = (\dot{I}_C - \dot{I}_A) / \sqrt{3}$

该方法只对 Y 侧电流相位进行校正，△侧电流相位不作校正处理。故而计算山来的差流显示 A、B 两相。

现场进一步排查后证实故障点在中压侧套管和开关 TA 之间，由于差动保护高中两侧 TA 取的是开关 TA，故差动保护反映出来为区内故障差流，满足动作条件，保护动作行为正确。

2）B 保护（PST-1200U 保护）动作情况分析：

0ms 保护启动，启动报文及定值单如图 14-10 所示。

图 14-10　启动报文及保护定值

后备保护启动时刻的波形如图 14-11 所示，其中高压侧 B 相电流，中压侧 B 相电流明显增大，突变的电流导致后备保护启动，此时高压侧 B 相电流角度和中压侧 B 相电流角度相差为 180°，判读故障点对差动保护而言为区外故障，差动保护不会动作。根据保护分析，初步确定故障点为 702 电流互感器至 2 号主变中压侧套管之间，由于差动保护 TA 取的是套管 TA，故差动保护反映出来为区外故障差流不满足动作条件。

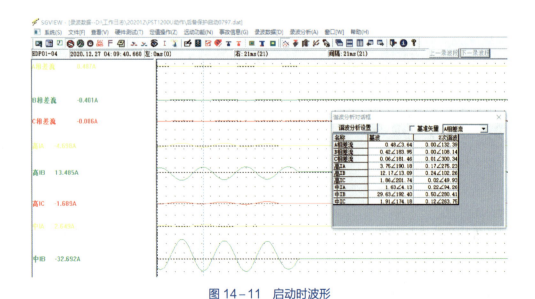

图 14-11　启动时波形

B 保护差动保护判断为区外故障，故后备保护启动，差动不动作，保护动作行为正确。

（2）一次设备检查情况。调阅现场监控，从××变电站 3 号球机判断现场有明显放电现象，结合保护动作情况及故障录波信息，现场初步判断故障区域在变压器 110kV 套管电流互感器至 702 电流互感器之间。

安措布置完毕后，检修人员对 2 号主变及三侧设备进行检查及试验。变压器及三侧设备外观无异常，无渗漏油痕迹，油位正常。在 110kV 出线侧悬式绝缘子下方发现有碳化痕迹的树枝，随即安排人员登上构架对 110kV 出线绝缘子进行检查。发现 B 相绝缘子有明显的放电痕迹，故障点位置及相别与二次分析结果一致。拆除绝缘子后，对故障绝缘子进行详细检查，端部与第二、第三片绝缘子之间有放电痕迹，其余绝缘子表面检查无异常，排查污闪可能。如图 14−12 和图 14−13 所示。

对 B 相绝缘子开展绝缘电阻测试，发现端部存在放电痕迹的两片绝缘子绝缘电阻相对较低，分别为 627、654MΩ，其他相绝缘电阻均超过 1GΩ，说明绝缘子符合相关绝缘要求，无低值、零值绝缘子。随即检修人员对其他相的绝缘子进行绝缘电阻测试，无异常情况，排除绝缘子问题。

由于该绝缘子位于最高处构架位置，上方并无鸟巢，附近发现正在筑建的鸟巢，初步怀疑树枝由鸟筑巢过程中叼衔树枝造成。

为确保主变未受影响，组织试验人员对 2 号主变开展诊断性试验，低电压短路阻抗、介损及电容量、油色谱等试验数据正常。

图 14−12　绝缘子放电情况

图 14−13　造成放电的树枝

4. 故障原因

结合保护动作信息、故障录波及现场检查情况，判断本次故障原因是受鸟类活动影响，××变电站 2 号主变上方 110kV 引出线 B 相悬挂绝缘子有树枝掉落，导致第一、第二片绝缘子击穿，造成差动保护动作。该故障点位于主变 110kV 套管与 702 电流互感器之间，造成主变差动 A 套保护动作，B 套保护未动作。主变差动回路高、中压侧 A 保护抽取独立电流互感器二次绕组，故障点在 A 保护的保护范围内，保护动作。B 保护抽取主变套管电流互感器二次绕组，故障点在 B 保护的保护范围外，B 保护差动不动作。

5. 故障处理情况

检修人员对 2 号主变 110kV 出线侧故障相悬式绝缘子进行了更换后恢复送电，27 日下午 220kV ××变电站已恢复正常运行方式。下一步将探索新型驱鸟、防鸟方式，减少鸟害对变电设备影响。同时，加快巡检机器人、高清视频等智能化设备部署，提升可视化能力，提高故障查找效率。

14.9.2 母线故障案例

1. 事件经过

5 月 27 号 10 点 32 分，220kV ××变电站 Ⅰ 段母差保护动作，220kV Ⅰ、Ⅲ 段母线失电、1 号主变失电、110kV 副母线失电、10kV Ⅰ、Ⅱ A 段母线失电，损失负荷 3.6 万 kW。下级 110kV 变电站相关备自投均动作成功，未损失负荷。

2. 故障前运行方式

2502 断路器生产厂家：北京 ABB 公司，型号：LTB245E1，投运时间：2015 年 5 月 30 日；25021 隔离开关生产厂家：湖南长高高压开关公司，型号为：GW16A－252W，单柱单臂垂直伸缩式隔离开关，投运时间为：2015 年 5 月 30 日。2 号主变高压侧测控装置生产厂家：国电南自，型号：PSR661U，投运时间：2015 年 5 月 30 日。

3. 现场检查情况

（1）现场工作情况。5 月 20～26 日，××变电站 Ⅰ、Ⅲ 段母线停电，间隔轮停开展正母线刀闸检修。

5 月 26 日，执行两张工作票，分别为：① I202005014 号工作票，工作任务为 220kV 2 号主变 2502 断路器机构修理、加装 SF_6 内绝缘监测系统和机械特性在线监测系统、主变 25023 隔离开关大修、主变 25020 中性点接地刀闸大修等，工作时间为 5 月 26～28 日。② I202005015 号工作票，工作任务为 220kV 2 号主变 25021 隔离开关大修，工作时间为 5 月 26 日一天。执行安措主要包括：分开 2 号主变 2502 开关操作电源及储能电源。合上 2 号主变 25027 接地刀闸。分开 2 号主变 2502 端子箱刀闸操作电源。在 2 号主变 25023 刀闸与 2 号主变 2502 电流互感器之间挂接地线一组等。

5 月 26 日当日，25021 刀闸修理结束后，手动分合试验验收正常。17:20，I202005015 号工作票 220kV 2 号主变 25021 隔离开关大修工作结束。运维人员验收时，在 Ⅰ、Ⅲ 段母线接地刀闸（21007、21008、23007、23008）分闸及 25025、25027 接地刀闸分闸状态下，对 25021 刀闸进行了电动分合验收，验收合格。19:40，××变电站 Ⅰ、Ⅲ 段母线恢复。

5 月 27 日，继续执行 I202005014 号工作票，对××变电站 2502 断路器开展机构修理、加装机械特性在线监测工作。工作中，检修人员由于对 2502 断路器开展机械特性试验需要短时分开 25027 接地刀闸。10:31，检修人员合上 2502 端子箱内隔离开关操作电源并于 25027 机构箱就地分开 25027 接地刀闸，约 1 分 25 秒后，25021 隔离开关合闸，2502 断路器工作 B 相试验线发生接地短路导致 220kV Ⅰ 段母差保护动作。SOE 报文如图 14－14 所示。

47	2020-05-27 10:33:08		遥信变位	状态 0	双位遥信	220kV压般#2线2Y16断路器分闸位置
46	2020-05-27 10:33:08		遥信变位	状态 分	双位遥信	220kV压般#2线2Y16断路器合闸位置
45	2020-05-27 10:33:07		遥信变位	状态 分	双位遥信	220kV压般#1线2Y15开关位置
44	2020-05-27 10:33:07		遥信变位	状态 0	双位遥信	220kV压般#1线2Y15断路器分闸位置
43	2020-05-27 10:33:07		遥信变位	状态 分	双位遥信	220kV压般#1线2Y15断路器合闸位置
42	2020-05-27 10:33:07		遥信变位	状态 分	双位遥信	#1主变变一侧2501开关位置
41	2020-05-27 10:31:42	765ms	测控出口4命令发	动作柱LDI06	#2主变高压侧及本体测控LDI06	
40	2020-05-27 10:31:43		遥信变位	状态 分	双位遥信	#2主变高25027地刀位置
39	2020-05-27 10:31:43		遥信变位	状态 1	#2主变高压侧及本体测控LDI06	25022遥控闭锁接点状态
38	2020-05-27 10:31:43		遥信变位	状态 1	#2主变高压侧及本体测控LDI06	25021遥控闭锁接点状态
37	2020-05-27 10:31:42	826ms	SOE	状态 1	#2主变高压侧及本体测控LDI06	25022遥控闭锁接点状态
36	2020-05-27 10:31:42	826ms	SOE	状态 1	#2主变高压侧及本体测控LDI06	25021遥控闭锁接点状态
35	2020-05-27 10:31:42	716ms	测控出口2命令发	动作柱LDI06	#2主变高压侧及本体测控LDI06	
34	2020-05-27 10:31:41		遥信变位	状态 0	#2主变高压侧及本体测控DI4	25027和25027L合位
33	2020-05-27 10:31:41		遥信变位	状态 1	#2主变高压侧及本体测控DI4	25027和25027L分位
32	2020-05-27 10:31:41	621ms	SOE	状态 0	#2主变高压侧及本体测控DI4	25027和25027L合位
31	2020-05-27 10:31:41	620ms	SOE	状态 1	#2主变高压侧及本体测控DI4	25027和25027L分位
30	2020-05-27 06:54:01		遥信变位	状态 分	双位遥信	220kV2-4母26002刀闸位置
29	2020-05-27 06:53:55		遥信变位	状态	双位遥信	220kV2-4母26002刀闸位置
28	2020-05-27 06:53:45		遥信变位	状态 分	双位遥信	220kV2-4母26001刀闸位置
27	2020-05-27 06:53:33		遥信变位	状态	双位遥信	220kV2-4母26001刀闸位置
26	2020-05-27 06:51:52		遥信变位	状态 分	双位遥信	220kVⅡ母PT22001刀闸位置

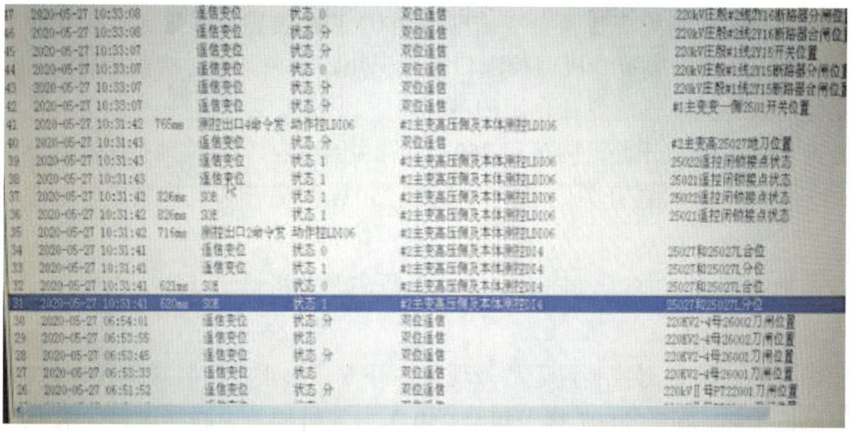

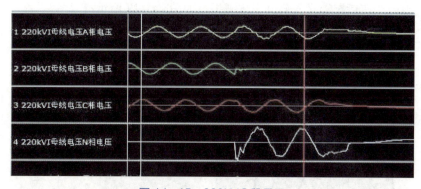

图 14－14　××变 SOE 报文

（2）二次设备初步检查分析。调取故障录波器波形，母差保护装置录波图及动作报告。由图 14－15 中可见故障时 220kV Ⅰ段母线 B 相电压降低为零；苏唐 4Y37 开关（运行于Ⅰ母）电流如图 14－16 所示，B 相有较大的故障电流，并且包括苏唐 4Y37 开关在内的各支路故障电流相位相同，呈现明显的母线内部故障特征。

图 14－15　220kV Ⅰ段母压

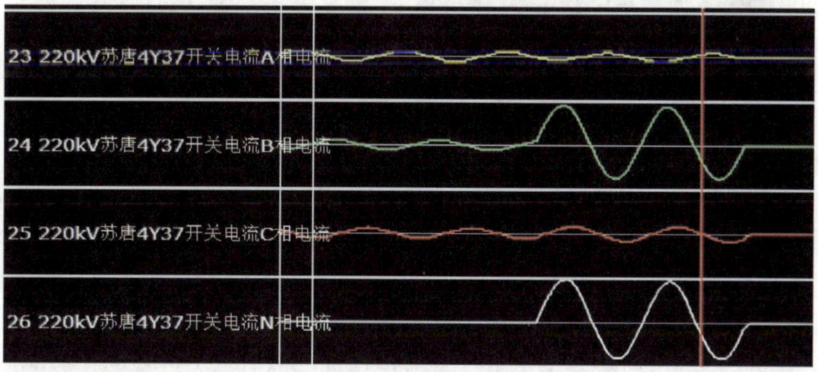

图 14－16　苏唐 4Y37 开关三相电流

打印保护录波图，与故障录波器录波相吻合，由前述波形分析，发生了区内故障，220kV 母差保护动作正确。

（3）其他检查。现场检查 2 号主变高压侧 2502 测控装置，装置运行正常，装置内部无异常告警，现场测量测控装置背板遥控出口接点无短路现象，后台检查历史事件记录，相关刀闸遥信变位记录齐全，排除遥控合闸的可能。

现场检查 25021 隔离开关机构箱和 2502 间隔端子箱内远方/就地把手均位于远方位置，2502 间隔端子箱内电气解锁开关位于闭锁位置，25021 隔离开关机构箱操作电源空开位于合闸位置。

经调阅视频确认 2502 间隔端子箱、25021 隔离开关机构箱处均无人操作，排除现场人为误操作原因。

（4）现场处理。检查测控装置无故障现象，开入开出正常，装置运行良好。

检查刀闸机构箱，拆除 2502 端子箱至 25021 刀闸机构箱内联络电缆，用 1000V 绝缘电阻表分别对 25021 刀闸机构箱内部二次回路及外部二次回路电缆芯进行绝缘检测，25201 机构箱内元器件及内部操作回路绝缘状况均正常；外部二次回路 A11'、A18、A22 三根电缆芯对地绝缘降低，A11' 与 A18 之间绝缘降低，测量绝缘值均低于绝缘电阻表最小量程 0.2MΩ（规程要求户外二次电缆绝缘不低于 1MΩ）。

随即拆除 2502 断路器端子箱至 25021 刀闸机构箱内联络电缆，并进行更换。拆除电缆时，检查发现电缆在镀锌管穿入部位表皮破损，如图 14-17 所示：

图 14-17　电缆穿入部位破损电缆

从破损部位分析，2015 年某单位在施工安装穿管过程中，剥开外部铠装层时，割伤电缆内绝缘，甚至可能划破部分电缆芯绝缘层。内部电缆芯受潮后，在带电环境下绝缘不断裂化，电缆芯之间、电缆芯与屏蔽层之间绝缘不断降低。

现场对 25021 控制电缆进行了更换，更换后 A11'、A18、A22 电缆回路绝缘恢复正常。对故障控制电缆解体后，三根电缆芯 A11'、A18、A22 有明显的灼伤焦痕，电缆芯绝缘层破损严重，如图 14-18 所示。

图 14-18　电缆芯绝缘层破损严重

4. 故障原因

根据 25021 刀合闸操作回路图（如图 14-19 所示），并结合前述故障检查结果，判断：由于控制电缆破损、绝缘下降，A11' 与 A18 回路之间的绝缘电阻较小、使得交流控制电源与合闸回路勾通，是导致 25021 刀闸非正常合闸的根本原因。

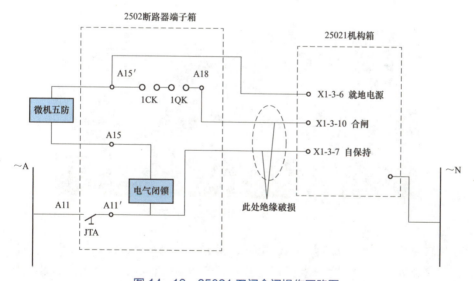

图 14-19　25021 刀闸合闸操作回路图

5. 故障处理情况

经现场检查确认 25021 母线侧静触头外观正常，汇报省调后 12 点 17 分，省调下令恢复Ⅰ、Ⅲ段母线。为进一步检查分析 25021 隔离开关误合闸原因，运检人员后跟省调申请 220kVⅠ、Ⅲ段母线停电检查 25021 隔离开关，大约 18 点 220kVⅠ、Ⅲ段母线转检修。

14.9.3 线路故障案例

1. 事件经过

2020 年 11 月 18 日 20 时 23 分 50 秒，500kV5642 线两套主保护动作，A 相故障，跳开两侧开关。甲变侧 5061 开关重合成功，5062 开关分位（重合闸停用），931 保护测距 75.9km，103 保护测距 76.5km，故障电流 6.88kA。乙变侧 5033 开关 A 相跳闸，重合闸动作出口，但开关 A 相未合闸，三相不一致动作跳开 5033 开关 B、C 相，5032 开关 A 相跳闸，重合闸停用，三相不一致动作跳开 5032 开关 B、C 相，931 保护测距 19.8km，103 保护测距 20km，故障电流 13.1kA。线路全长 93.4km，现场天气雨。

2. 故障前运行方式

5033 开关厂家：河南平高电气股份有限公司，型号：LW10B-550/CYT，出厂日期：2011年 1 月 1 日，投运时间：2011 年 4 月 8 日，上次检修时间：2019 年 11 月 15 日，上次检修项目：开关机构大修，非全相回路完善，上次检修未见异常。

KB10 继电器厂家：ABB，型号：NSL22E-86。

3. 现场检查情况

（1）一次检查。19 日线路巡检发现 55 号塔 A 相（中相）绝缘子均压环有放电痕迹，如图 14-20 所示，结合雷电定位系统及现场天气情况，判断为雷电绕击导致跳闸，设备无损伤，不影响正常运行。

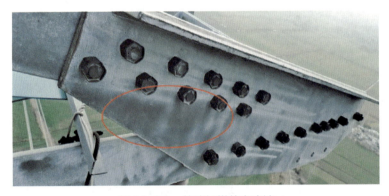

图 14-20 故障杆塔放电痕迹

（2）二次检查。乙变 5033 开关 A 相无法合闸原因分析：现场测量至 KB10 的 22 接点时，接点正常带负电，但测量 21 接点时，接点不带电。初步判断中控箱内 A 相操作回路中 KB10 的 21/22 这副接点不通，导致合闸回路断开，开关 A 相无法合闸，三相不一致动作三跳，三相不一致保护动作正确。KB10 继电器图如图 14-21 所示。

4. 故障原因

500kV 5642 线跳闸故障中关于二次设备存在三点异常情况：一是乙变侧 5032 开关在故障时刻未沟通三跳，最终由三相不一致保护动作出口跳开 B/C 相；二是乙变 5033 开关 A 相油压低闭锁继电器 KB10 动断触点打开，但是相对应的油压低闭锁告警信号未发出；三是

5033 开关 A 相合闸回路不通，但是后台在开关分位时也一直未发出控制回路断线告警信号。关于以上三点，分析如下：

（1）乙变 5032 开关三相不一致动作原因分析：5032 开关保护沟通三跳逻辑（见图 14-22）加入了电流判据，由于 18 日当日乙变 500kV I 母线停电检修未恢复送电，5031 开关为分位，且 5031 和 5032 间没有出线，5032 开关相当于导线，故障时 5032 开关并未感受到故障电流，不满足沟通三跳启动条件，导致接收线路保护跳令后未沟通三跳。同时 5032 开关重合闸停用，因此 5032 开关 A 相跳开后未重合，直接由三相不一致动作跳开其他两相。

图 14-21　KB10 继电器图

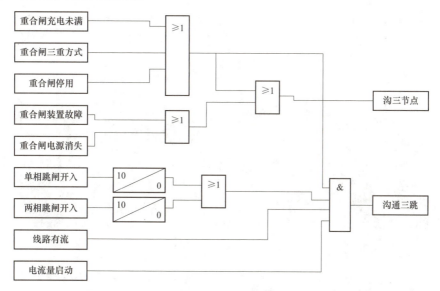

图 14-22　国电南自 PSL-632C 沟通三跳出口逻辑

（2）乙变 5033 开关 A 相油压低闭锁信号未发出分析：现场检查 5033 开关 A 相压力表，A 相开关压力正常，对 KB10 继电器手动按压分合数次后，并查阅告警信号记录（见图 14-23），发现在 11 月 18 日 22 时 28～35 分，现场手动按压 KB10 过程中确有闭锁信号发出，证实此继电器励磁线圈正常，只是其 21/22 这副接点损坏，而告警信号发出的动合触点在此前一直是打开状态，所以信号未发出，如图 14-24 所示。

（3）乙变 5033 开关 A 相合闸控制回路断线，但后台在开关分位情况未发控制回路断线信号原因分析：如图 14-25 所示，设计院设计的接线图中，将操作箱中开关 A 相合闸监视回路的端子接到了开关机构箱的 129 号端子上，导致 TWJ 无法监视整个合闸控制回路，甚至当开关机构箱中的远近控切换把手切至近控位置时，控制回路断线信号都不会发出，暴露出前期设计院设计图纸存在不足；现场河南平高厂家设计人员已出整改措施：将操作箱的跳位监视回路接至开关机构箱 103 号端子上。

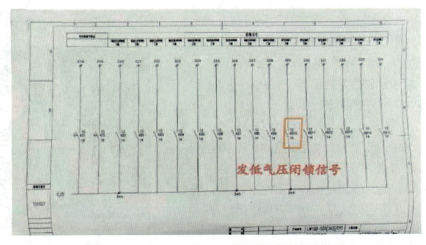

图 14-23　5033 开关油压低闭锁告警信号回路图

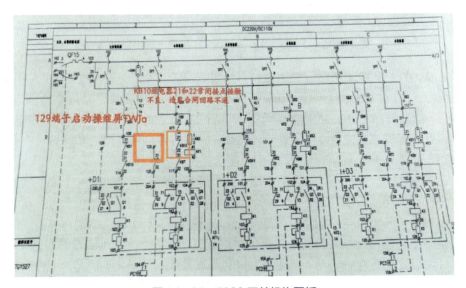

图 14-24　现场手动按压 KB10 继电器时，后台告警信号

图 14-25　5033 开关机构图纸

5. 故障处理情况

500kV 5642 线计划于 11 月 19 日至 12 月 3 日开展停电检修工作。19 日 08 时 14 分,5642 线改为检修,目前乙变 5031、5032、5033 开关检修。计划结合此次停电对 5033 开关 KB10 同型号继电器进行更换,备品预计 23 日到场。

14.9.4　电抗器故障案例

1. 事件经过

2020 年 8 月 17 日 10:05 分,×× 500kVA 变电站 AVC 投入 3 号主变 3 号电容器,10 时 15 分,3 号主变 3 号电容器保护过电流Ⅰ段动作,333 开关跳闸。当时 A 变电站附近天气为晴天。

2021 年 3 月 8 日 13 时 32 分,另一 500kV B 变电站 AVC 投入 2 号主变 4 号电容器,13 时 40 分,现场巡视发现该电容器 A 相串联的干式空心电抗器发生严重烧损故障,但该电容器间隔的过电流保护及相应主变的后备保护均未动作,324 开关未跳闸。当时 ×× 变电站附近天气为晴天。

2. 故障前运行方式

×× 500kV A 变电站 3 号主变 3 号电容器、另一 500kV B 变电站 2 号主变 4 号电容器故障前的状态为热备用。

3. 现场检查情况

接到省集控电话后,A 变电站、B 变电站运维人员立即赴现场巡视。经现场查看:两台干式空心电抗器起火源头均为内腔线圈的下部、有明显的过热灼烧痕迹,火势未蔓延时中部和上部线圈正常,说明电抗器整体包封运行时温度正常,部分部位存在布局过热点。

运维人员确定故障点后,逐级向上级汇报。

A 变和 B 变的故障点情况均为干式空心电抗器内腔线圈的下部起火、有明显的过热灼烧痕迹。

4. 故障原因

A 变 324 间隔干式空心电抗器的主要参数见表 14-6。

表 14-6　　　　　　　　　　烧损限流电抗器主要参数

型号	厂家	额定电流(A)	额定电抗率(%)	绝缘介质	绝缘耐热等级	导磁结构	投运日期	上次检修日期
CKGKL-2400/35-12W	西安西电电力电容器有限公司	824.74	12	干式	F	空心	2018 年 2 月 25 日	2020 年 3 月 5 日

B 变 333 间隔干式空心电抗器的主要参数见表 14-7。

表 14-7　　　　　　　　　　烧损限流电抗器主要参数

型号	厂家	额定电流(A)	额定电抗率(%)	绝缘介质	绝缘耐热等级	导磁结构	投运日期	上次检修日期
CKDK-2400/35-12	山东泰开电力电子有限公司	833.30	3.2	干式	F	空心	2016 年 6 月 24 日	2019 年 10 月 11 日

由表 14-6 和表 14-7 可知：上述设备从投运到发生故障不足 5 年，且均未长时间处于运行状态，理论上绝缘老化程度应不严重。

通过故障现场和当时气象条件分析，判断如下：引起两起设备故障的主要原因为内腔线圈下部部分位置的铝导线存在杂质，导致运行时发生局部温升过大情况，进而导致绝缘材料提前老化，在投切电容器过程中，由于投切过电压的作用，形成了匝间短路，导致相应位置的匝间绝缘被烧毁，最终导致事故的发生。

由上述可知：A 变电站的保护没有动作，B 变电站的本间隔电容器过电流保护动作。造成两者区别的原因是 A 变电站 2 号主变 4 号电容器 A 相串联的干式空心电抗器内部发生匝间短路，进而起火，但由于当时火势较小，且运维人员及时拉开 324 开关，故造成的故障电流较小，保护没有动作；B 变电站 3 号主变 3 号电容器 B 相串联的干式空心电抗器是由于当时火势较大，上下蔓延，造成其发生贯穿性短路，同时向下掉落的熔渣引发瞬时性弧光接地，故相应的保护动作。

5. 故障处理情况

（1）A 变电站运维人员及时向省集控申请将 AVC 中 333 开关闭锁，并退出站内无功自投切屏上 333 开关分、合连接片；××变电站运维人员及时向省集控申请将 AVC 中 324 开关闭锁，并退出站内无功自投切屏上 324 开关分、合连接片，拉开 324 开关。

（2）向运维站领导汇报，同时拨打 119 申请灭火车进站灭火。

（3）向华东网调汇报，B 变电站申请将 3 号主变 3 号电容器改为检修；另一变电站申请将 2 号主变 4 号电容器改为检修，拉开 3520 开关、陪停 2 号主变 35kV 侧。

14.9.5 复合故障案例

1. 事件经过

2021 年 3 月 30 日 13 时 42 分，××变电站 110kV 正、副母线保护动作，2 号主变后备保护动作，110kV 正、副母线失电，2 号主变跳闸。

2. 故障前运行方式

××变电站两台主变，220kV 双母线接线，合环运行；110kV 双母线接线，正副母线分列运行，母联 710 开关热备用。110kV 正母线运行的间隔为：澄品 723、1 号主变 701、澄高 726、子勤 713（热备用）；110kV 副母线运行的间隔为：澄秦 824、110kV 旁路 720、澄黄 722、澄龙 724、2 号主变 702、澄临 728、澄文 927。

3. 现场检查情况

现场天气多云，变电站内无工作。现场故障发展过程见表 14-8。

表 14-8　　　　　　　　　现 场 故 障 发 展 过 程

0	2 号主变中压侧开关与 TA 间死区 C 相接地
4ms	110kV 副母差动保护动作跳闸
50ms	110kV 副母所有开关跳闸，故障仍然存在
480ms	C 相接地发展为 BC 两相接地
907ms	2 号主变中压侧复流Ⅰ段 1 时限动作跳母联（本在分位）

1207ms	2 号主变中压侧复流 I 段 2 时限动作跳中压侧开关
1430ms	正母区内 BN 故障，110kV 正母差动保护动作
1475ms	110kV 正母开关跳开，正母区内故障切除
1507ms	2 号主变中压侧复流 I 段 3 时限动作跳三侧开关
1512ms	2 号主变高压侧复流 I 段 1 时限、零流 I 段 1 时限动作跳本侧开关
1559ms	2 号主变三侧开关跳开，死区 BCN 故障切除

A 时刻（0ms），110kV C 相电压降为 0，2 号主变中压侧 702 开关 TA 的 C 相出现故障电流，一次电流有效值为 8211A。110kV 副母差 C 相出现差流，主变差流为零，4ms 后 110kV 副母母差保护 C 相动作，702 开关跳闸，C 相故障电流及副母母差 C 相差流仍然存在，判断主变中压侧 702 开关与 TA 之间发生 C 相死区故障，属于 110kV 副母母差保护区内故障，主变差动保护未动作。

B 时刻（50ms），110kV 副母所有开关跳开，故障仍然存在。

C 时刻（480ms），702 开关 TA 的 B 相出现故障电流，110kV 副母 B 相也出现差流（推测 C 相故障电弧导致 B 相故障），副母母线保护 B、C 动作，BC 相故障电流及副母母差 BC 相差流仍然持续，期间主变差动电流为零未动作。

D 时刻（907ms），2 号主变中压侧复流 I 段 I 时限动作，跳 110kV 母线分段 710（故障前分位）。E 时刻（1207ms），2 号主变中压侧复流 I 段 II 时限动作，跳 702 开关。

F 时刻（1430ms），110kV 正母 B 相电压降为 0，且出现差流，故障电流幅值 7617A。正母母线保护 B 相动作，G 时刻（1475ms），正母跳闸，正母 B 相差流消失。

H 时刻（1507ms），2 号主变中压侧复流 I 段 III 时限动作，跳 2 号主变三侧开关。1512ms，2 号主变高压侧复流 I 段 1 时限、零流 I 段 1 时限动作。I 时刻（1559ms），702 开关 TA 的 B，C 相故障电流消失。

故障示意如图 14－26 所示。

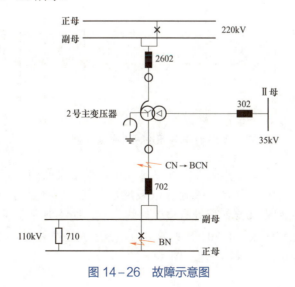

图 14－26 故障示意图

2 号主变及母线保护故障录波分别如图 14-27 和图 14-28 所示。

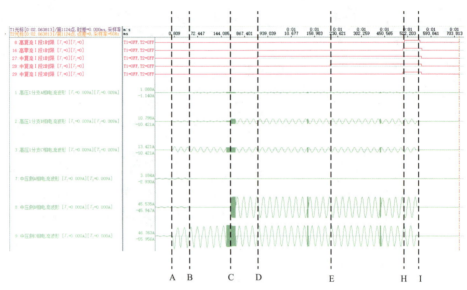

图 14-27　2 号主变故障录波

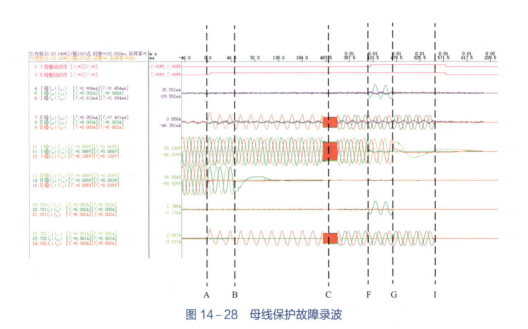

图 14-28　母线保护故障录波

经现场检查，2 号主变 702 开关 C 相至 702 电流互感器之间的双排引线有一根烧断，引线正上方天桥下的金属构支架方角铁处有电弧烧灼痕迹，经测量引线与天桥角铁距离为 95cm。702 开关 C、B 相顶部接线板处有电弧烧灼痕迹，现场地面发现一只鸟（羽毛已被烧焦）和一根约 20cm 长细金属丝，702 开关放电点全景示意图如图 14-29 所示。引线放电点见图 14-30，鸟见图 14-31，金属丝见图 14-32。

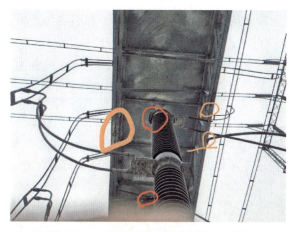

图 14-29　702 开关放电点全景示意图

图 14-30　引线放电点

图 14-31　鸟

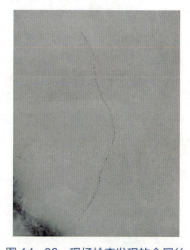

图 14-32　现场检查发现的金属丝

4. 故障原因

经分析,疑似鸟衔细金属丝经过 702 开关 C 相至 702 电流互感器引线上方时,造成引线对地（上方天桥支架角铁）绝缘距离不足，引起 C 相引线与天桥支架之间放电拉弧，导致 110kV 副母母差动作。

由于故障点位于间隔开关与电流互感器之间的保护死区，2 号主变 702 开关跳开后，故障点仍未切除，故障电流依旧存在，放电电弧并未熄灭。电弧产生的金属蒸汽飘移至 702 开关 B、C 相顶部，造成 B、C 相开关顶部与天桥支架之间放电拉弧，直至主变后备保护动作（C 相对地放电 1507ms 后），2 号主变三侧开关跳闸，故障切除。

同时，在 1430ms 左右，B、C 相开关顶部放电产生的金属蒸汽飘移至 2 号主变 7021 刀闸刀口之间，造成 7021 刀闸 B 相刀口放电，110kV 正母母差动作。现场故障发展分析见表 14－9。

表 14－9　　　　　　　　　　　　　现场故障发展分析

时间		保护动作	现场放电痕迹	原因
A 时刻	0ms	110kV 副母差保护 C 相动作	2 号主变 110kV 侧 702 开关 C 相双排引线对天桥放电、引线烧断	鸟害、铜导线异物导致的 C 相引线对顶部天桥金属支架接地放电
C 时刻	480ms	副母母线保护 B、C 动作	2 号主变 110kV 侧 702 开关 B、C 相开关顶部与天桥支架之间放电拉弧；702 开关 B 相至副母侧引线电弧烧灼痕迹明显	702 开关 C 相引线拉弧，导致 BC 相及天桥放电
F 时刻	1430ms	正母母线保护 B 相动作	2 号主变 110kV 侧 7021 刀闸 B 相刀口放电	受附近 702 开关 BC 相电弧影响，持续 1.4s 以上的电弧产生的金属蒸汽导致 7021B 相刀口击穿

5. 故障处理情况

对 110kV 副母线本体及故障前运行在副母线上的所有出线间隔的副母刀闸进行了绝缘电阻检测及直流耐压试验，试验结果合格。

31 日 20 时 22 分，110kV 副母线充电正常；20 时 53 分，110kV 正母线充电正常。22 时 31 分，除 2 号主变外其余设备均恢复运行。

对 2 号主变开展电气试验、取油样色谱分析。油色谱对比上次试验结果无异常；变压器低电压空负载试验、绕组绝缘、介质损耗及电容量、套管介质损耗及电容量、绕组直流电阻试验结果对比上次试验数据无显著差异。

对 702 开关、7021 电弧灼烧痕迹打磨处理，更换放电烧断的引线，完成 702 开关检查，机械特性试验合格，SF_6 压力正常，检漏无异常，7021 刀闸直流电阻合格。

702 电流互感器完成绝缘电阻、介质损耗及电容量试验，结果对比上次无显著差异。

31 日 08 时 10 分，2 号主变恢复运行。

附录 A 全面巡视作业卡编制模板

××变电站全面巡视作业卡

编　制　人：＿＿＿＿＿＿＿＿＿＿

审　核　人：＿＿＿＿＿＿＿＿＿＿

巡　视　人：＿＿＿＿＿＿＿＿＿＿

巡视日期：＿＿＿＿＿＿＿＿＿＿

评　价　人：＿＿＿＿＿＿＿＿＿＿

评价意见：＿＿＿＿＿＿＿＿＿＿

××kV 变压器全面巡视作业卡

序号	巡视部位	内容及要求	执行完打√或记录数据或描述异常					
			#1 主变 A 相	#1 主变 B 相	#1 主变 C 相	#2 主变 A 相	#2 主变 B 相	#2 主变 C 相
1	本体	各部位无渗油、漏油；声响均匀、正常；外壳及箱沿应无异常发热；外壳、铁芯和夹件接地良好……	√	√	√	√	√	√
		抄录主变油温及油位	油面温度表：＿＿℃；绕组温度表：＿＿℃；油位指示：＿＿	油面温度表：＿＿℃；绕组温度表：＿＿℃；油位指示：＿＿	油面温度表：＿＿℃；绕组温度表：＿＿℃；油位指示：＿＿	油面温度表：＿＿℃；绕组温度表：＿＿℃；油位指示：＿＿	油面温度表：＿＿℃；绕组温度表：＿＿℃；油位指示：＿＿	油面温度表：＿＿℃；绕组温度表：＿＿℃；油位指示：＿＿
		……						
2	套管	各部位无渗油、漏油；套管油位正常，套管外部无破损裂纹、无严重油污、无放电痕迹及其他异常现象；套管末屏接地良好……	套管升高座处有渗漏油迹象	√	√	√	√	√
3	……	……						
4	运行状态	运行监控信号、灯光指示、运行数据等均应正常……	√	√	√	√	√	√
5	……	……						

××kV 断路器全面巡视作业卡

序号	巡视部位	内容及要求	执行完打√或记录数据或描述异常					
			2201 断路器 A 相	2201 断路器 B 相	2201 断路器 C 相	2202 断路器 A 相	2202 断路器 B 相	2202 断路器 C 相
1	本体	外观清洁、无异物、无异常声响。油断路器本体油位正常，无渗漏油现象	√	√	√	√	√	√
		SF$_6$断路器管道阀门开闭状态正确	√	√	√	√	√	√
		……						
2	SF$_6$ 压力表	抄录压力表（密度继电器）指示数值	A 相压力:（ ）MPa	B 相压力:（ ）MPa	C 相压力:（ ）MPa	A 相压力:（ ）MPa	B 相压力:（ ）MPa	C 相压力:（ ）MPa
		压力表（密度继电器）外观无破损或渗漏，防雨罩完好	√	√	√	√	√	√
3	外绝缘	……						
4	液压操动机构	抄录压力表指示数值	A 相压力:（ ）MPa	B 相压力:（ ）MPa	C 相压力:（ ）MPa	A 相压力:（ ）MPa	B 相压力:（ ）MPa	C 相压力:（ ）MPa
		压力表指示正常；分、合闸指示正确，与实际位置相符	√	√	√	√	√	√
5	其他	……						

××kV 隔离开关全面巡视作业卡

序号	巡视部位	内容及要求	执行完打√或记录数据或描述异常					
			#1 主变 220kV 正母刀闸	#1 主变 220kV 副母刀闸	#1 主变 220kV 变压器刀闸	#2 主变 220kV 正母刀闸	#2 主变 220kV 副母刀闸	#2 主变 220kV 变压器刀闸
1	导电部分	合闸触头接触良好，合闸角度符合要求……	√	√	√	√	√	√
		触头、触指（包括滑动触指）……	√	√	√	√	√	√
2	绝缘子	外观清洁……	√	√	√	√	√	√
3	……	……						

附录 B 标准化作业卡模板

××××××××维护工作标准化作业卡

1. 作业信息

设备双重名称 （1 号主变压器）	城南变电站	工作时间	2016 - 5 - 16 8:00 至 2016 - 5 - 16 18:00	作业卡编号	城南变电缆维护 201605001

2. 工序要求

序号	关键工序	质量标准及要求	风险辨识与预控措施	执行情况
1	变压器硅胶更换的准备工作			
1.1	备件、工器具运至工作现场	检查备件一切正常和所需工器具合格备齐	对备件进行检查，保证完好	
1.2	工作人员就位		测试人员应分工明确，任务落实到人，安全措施明了	
1.3	检查安全措施	1.3.1 核实工作变压器瓦斯保护已由跳闸改投信号。 1.3.2 核对工作设备名称正确，检查现场符合工作条件	注意保持与带电设备的安全距离	
2	变压器硅胶更换工作			
2.1	吸湿器解体	2.1.1 关闭吸湿器阀门。 2.1.2 拆除油封罩。 2.1.3 拆除上下法兰座。 2.1.4 无吸湿器阀门的变压器拆下吸湿器后，应用专用密封垫将呼吸口密封，或用塑料布等措施封堵，防止潮气进入。 2.1.5 ……	若发现吸湿器堵塞等呼吸不畅现象，运维人员应立即报检修人员处理	
……		……		

3. 签名确认

工作人员签名

4. 执行评价

工作负责人签名:

参 考 文 献

[1] 张全元. 变电运行现场技术问答［M］. 第三版. 北京：中国电力出版社，2016.

[2] 国家电力调度通信中心. 国家电网公司继电保护培训教材［M］. 北京：中国电力出版社，2009.

[3] 国网江苏省电力有限公司. 技能人员单元制岗位能力培训教材　第 5 部分：变配电运行值班员（220kV 及以下）［M］. 北京：中国电力出版社，2020.

[4] 国家电网公司人力资源部. 国家电网公司生产技能人员职业能力培训专用教材 变电运行（220kV）上. 北京：中国电力出版社，2010.

[5] 国网江苏省电力公司运维检修部. 变电站值班员岗位技能培训教材　第一分册：基础知识［M］. 北京：中国电力出版社，2017.

[6] 林冶. 智能变电站二次系统原理与现场实用技术［M］. 北京：中国电力出版社，2016.

[7] 袁清云. 特高压直流输电技术现状及在我国的应用前景［J］. 电网技术，2005，29（14）：1－3.

[8] 赵畹君. 高压直流输电工程技术［M］. 北京：中国电力出版社，2004.

[9] Wang H J, Peng-Fei L, Zeng N C, et al. Research on DC Line Fault Recovery Sequence of Guizhou-Guangdong HVDC Project［J］. Power System Technology, 2006, 30(23): 32-35.

[10] Axelsson U, Holm A, Liljegren C, et al. The Gotland HVDC Light project-experiences from trial and commercial operation［C］. Electricity Distribution. 2001: 1－5.

[11] 聂定珍，马为民，李明. 锦屏—苏南特高压直流输电工程换流站绝缘配合［J］. 高电压技术，2010，36（1）：92－97.

[12] 吴萍，林伟芳，孙华东，等. 多馈入直流输电系统换相失败机制及特性［J］. 电网技术，2012，36（5）：269－274.

[13] 李伟，肖湘宁，郭琦. 直流换相失败期间阀换相过程微观分析方法［J］. 电力自动化设备，2017，37（3）：115－119.

[14] 王玲，文俊，李亚男，等. 谐波对多馈入直流输电系统换相失败的影响［J］. 电工技术学.